eons
艺　文　志

拜德雅·人文丛书

学 术 委 员 会

○ ● ○

潘多拉的希望

科学论中的实在

[法]布鲁诺·拉图尔（Bruno Latour）| 著

史　晨　刘兆晖　刘　鹏 | 译

上海文艺出版社
Shanghai Literature & Art Publishing House

谨以此书献给雪莉·斯特鲁姆（Shirley Strum）与她的猩猩、唐娜·哈拉维（Donna Haraway）与她的赛博格，以及史蒂夫·格里克曼（Steve Glickman）与他的鬣狗。

目 录

重拾拜德雅之学

1

中国古代，士之教育的主要内容是德与雅。《礼记》云："乐正崇四术，立四教，顺先王《诗》《书》《礼》《乐》以造士。春秋教以《礼》《乐》，冬夏教以《诗》《书》。"这些便是针对士之潜在人选所开展的文化、政治教育的内容，其目的在于使之在品质、学识、洞见、政论上均能符合士的标准，以成为真正有德的博雅之士。

实际上，不仅是中国，古希腊也存在着类似的德雅兼蓄之学，即 paideia（παιδεία）。paideia 是古希腊城邦用于教化和培育城邦公民的教学内容，亦即古希腊学园中所传授的治理城邦的学问。古希腊的学园多招收贵族子弟，他们所维护的也是城邦贵族统治的秩序。在古希腊学园中，一般教授修辞学、语法学、音乐、诗歌、哲学，当然也会讲授今天被视为自然科学的某些学问，如算术和医学。不过在古希腊，这些学科之间的区分没有那么明显，更不会存在今天的文理之分。相反，这些在学园里被讲授的学问被统一称为paideia。经过 paideia 之学的培育，这些贵族身份的公民会变得"καλὸς κἀγαθός"（雅而有德），这个古希腊语单词形容理想的人的行为，而古希腊历史学家希罗多德（Ἡρόδοτος）常在他的《历史》中用这个词来描绘古典时代的英雄形象。

在古希腊，对 paideia 之学呼声最高的，莫过于智者学派的演说家和教育家伊索克拉底（Ἰσοκράτης），他大力主张对全体城邦公民开展 paideia 的教育。在伊索克拉底看来，paideia已然不再是某个特权阶层让其后嗣垄断统治权力的教育，相反，真正的paideia教育在于给人们以心灵的启迪，开启人们的心智，与此同时，paideia 教育也让雅典人真正具有了人的美德。在伊索克拉底那里，paideia 赋予了雅典公民淳美的品德、高雅的性情，这正是雅典公民获得独一无二的人之美德的唯一途径。在这个意义上，paideia 之学，经过伊索克拉底的改造，成为一种让人成长的学问，让人从 paideia 之中寻找到属于人的德性和智慧。或许，这就是中世纪基督教教育中，及文艺复兴时期，paideia 被等同于人文学的原因。

2

　　在《词与物》最后，福柯提出了一个"人文科学"的问题。福柯认为，人文科学是一门关于人的科学，而这门科学，绝不是像某些生物学家和进化论者所认为的那样，从简单的生物学范畴来思考人的存在。相反，福柯认为，人是"这样一个生物，即他从他所完全属于的并且他的整个存在据以被贯穿的生命内部构成了他赖以生活的种种表象，并且在这些表象的基础上，他拥有了能去恰好表象生命这个奇特力量"[1]。尽管福柯这段话十分绕口，但他的意思是很明确的，人在这个世界上的存在是一个相当复杂的现象，它所涉及的是我们在这个世界上的方方面面，包括哲学、语言、诗歌等。这样，人文科学绝不是从某个孤立的角度（如单独从哲学的角度，单独从文学的角度，单独从艺术的角度）去审视我们作为人在这个世界上的存在，相反，它有助于我们思考自己在面对这个世界的综合复杂性时的构成性存在。

　　其实早在福柯之前，德国古典学家魏尔纳·贾格尔（Werner Jaeger）就将 paideia 看成是一个超越所有学科之上的人文学总体之学。正如贾格尔所说，"paideia，不仅仅是一个符号名称，更是代表着这个词所展现出来的历史主题。事实上，和其他非

1　米歇尔·福柯，《词与物》，莫伟民译，上海：上海三联书店，2001年，第459–460页。

常广泛的概念一样，这个主题非常难以界定，它拒绝被限定在一个抽象的表达之下。唯有当我们阅读其历史，并跟随其脚步孜孜不倦地观察它如何实现自身，我们才能理解这个词的完整内容和含义。……我们很难避免用诸如文明、文化、传统、文学或教育之类的词汇来表达它。但这些词没有一个可以覆盖 paideia 这个词在古希腊时期的意义。上述那些词都只涉及 paideia 的某个侧面：除非把那些表达综合在一起，我们才能看到这个古希腊概念的范阈"[1]。贾格尔强调的正是后来福柯所主张的"人文科学"所涉及的内涵，也就是说，paideia 代表着一种先于现代人文科学分科之前的总体性对人文科学的综合性探讨研究，它所涉及的，就是人之所以为人的诸多方面的总和，那些使人具有人之心智、人之德性、人之美感的全部领域的汇集。这也正是福柯所说的人文科学就是人的实证性（positivité）之所是，在这个意义上，福柯与贾格尔对 paideia 的界定是高度统一的，他们共同关心的是，究竟是什么，让我们在这个大地上具有了诸如此类的人的秉性，又是什么塑造了全体人类的秉性。paideia，一门综合性的人文科学，正如伊索克拉底所说的那样，一方面给予我们智慧的启迪；另一方面又赋予我们人之所以为人的生命形式。对这门科学的探索，必然同时涉及两个不同侧面：一方面是对经典的探索，寻求那些已经被确认为

---

1 Werner Jaeger, *Paideia: The Ideals of Greek Culture. Vol. 1*, Oxford：Blackwell, 1946, p. i.

人的秉性的美德，在这个基础上，去探索人之所以为人的种种学问；另一方面，也更为重要的是，我们需要依循着福柯的足迹，在探索了我们在这个世界上的生命形式之后，最终还要对这种作为实质性的生命形式进行反思、批判和超越，即让我们的生命在其形式的极限处颤动。

这样，paideia 同时包括的两个侧面，也意味着人们对自己的生命和存在进行探索的两个方向：一方面它有着古典学的厚重，代表着人文科学悠久历史发展中形成的良好传统，孜孜不倦地寻找人生的真谛；另一方面，也代表着人文科学努力在生命的边缘处，寻找向着生命形式的外部空间拓展，以延伸我们内在生命的可能。

3

这就是我们出版这套丛书的初衷。不过，我们并没有将 paideia 一词直接翻译为常用译法"人文学"，因为这个"人文学"在中文语境中使用起来，会偏离这个词原本的特有含义，所以，我们将 paideia 音译为"拜德雅"。此译首先是在发音上十分近似于其古希腊词汇，更重要的是，这门学问诞生之初，便是德雅兼蓄之学。和我们中国古代德雅之学强调"六艺"一样，古希腊的拜德雅之学也有相对固定的分目，或称为"八艺"，即体操、语法、修辞、音乐、数学、地理、自然史与哲学。这八门学科，体现出拜德雅之学从来就不是孤立地在某一个门类下的专门之学，而是统摄了古代的科学、哲学、艺术、语言学甚至体育等门类的综合性之学，其中既强调了亚里士多德所谓勇敢、节制、正义、智慧这四种美德（ἀρετή），也追求诸如音乐之类的雅学。同时，在古希腊人看来，"雅而有德"是一个崇高的理想。我们的教育，我们的人文学，最终是要面向一个高雅而有德的品质，因而我们在音译中选用了"拜"这个字。这样，"拜德雅"既从音译上翻译了这个古希腊词汇，也很好地从意译上表达了它的含义，避免了单纯叫作"人文学"所可能引生的不必要的歧义。本丛书的 logo，由黑白八点构成，以玄为德，以白为雅，黑白双色正好体现德雅兼蓄之意。同时，这八个点既对应于拜德雅之学的"八艺"，也对应于柏拉图在《蒂迈欧篇》中谈到的正六面体（五种柏拉图体之一）的八个顶点。它既是智慧美德的象征，也体现了审美的典雅。

不过，对于今天的我们来说，更重要的是，跟随福柯的脚步，向着一种新型的人文科学，即一种新的拜德雅前进。在我们的系列中，既包括那些作为人类思想精华的**经典作品**，也包括那些试图冲破人文学既有之藩篱，去探寻我们生命形式的可能性的**前沿著作**。

　　既然是新人文科学，既然是新拜德雅之学，那么现代人文科学分科的体系在我们的系列中或许就显得不那么重要了。这个拜德雅系列，已经将历史学、艺术学、文学或诗学、哲学、政治学、法学，乃至社会学、经济学等多门学科涵括在内，其中的作品，或许就是各个学科共同的精神财富。对这样一些作品的译介，正是要达到这样一个目的：在一个大的人文学的背景下，在一个大的拜德雅之下，来自不同学科的我们，可以在同样的文字中，去呼吸这些伟大著作为我们带来的新鲜空气。

- 致 谢 -

    本书的部分章节基于已发表过的论文。我并未试图保留原稿的形式，而是选取了其中必要的主要论证。为了便于不具备科学论知识储备的读者阅读，我尽可能地减少了参考文献，更多的注释可以参见最初发表的论文。

    感谢相关期刊与著作的编辑与出版商最先接受了我的奇怪论文，并允许我在此处将它们连结起来。这些论文是：

"Do Scientific Objects Have a History? Pasteur and Whitehead in a Bath of Lactic Acid," *Common Knowledge 5*, no. 1 (1993): 76-91 (translated by Lydia Davis).

"Pasteur on Lactic Acid Yeast–A Partial Semiotic Analysis," *Configurations 1*, no. 1 (1993): 127-142.

"On Technical Mediation," *Common Knowledge 3*, no. 2 (1994): 29-64.

"Joliot: History and Physics Mixed Together," in Michel Serres, ed., *History of Scientific Thought* (London: Blackwell, 1995), 611-635.

"The 'Pedofil' of Boa Vista: A Photo-Philosophical Montage," *Common Knowledge 4*, no. 1(1995): 145-187.

"Socrates' and Callicles' Settlement, or the Invention of the Impossible Body Politic," *Configurations 5*, no. 2 (Spring 1997): 189-240.

"A Few Steps toward the Anthropology of the Iconoclastic Gesture," *Science in Context 10*, no. 1 (1998): 62-83.

许多人都读过本书的部分初稿，以至于我已分不清书中的哪些观点是他们的、哪些是我的。米歇尔·卡隆（Michel Callon）和伊丽莎白·斯唐热（Isabelle Strngers）如往常一样提供了必要的指导。马里奥·比亚吉奥利（Mario Biagioli）作为匿名评审为本书的定稿做出了贡献。十多年来，我一直受益于编辑林赛·沃特斯（Lindsay Waters）的慷慨相助。他一次次为我的作品提供了"庇护地"。不过，我最感激的还是约翰·特雷施（John Tresch），他精简了书稿的语言与逻辑。读者们如果对本书所呈现的结果不满意，不妨试着想象一下约翰在丛林中开辟出这条错综小路的情景。

我需要敬告读者，本书既非一部关于新事实的作品，也非严格意义上的哲学专著。我只是使用非常原始的工具，试图在本书中呈现主客体二分留下的空白之处，由人与非人所组成的概念图景。我认同这样的观点，有力的论证和详细的实证案例研究会更利于表达。但是，正如有时在侦探小说中发生的那样，一种更弱、更孤独、更冒险的策略可能会成功地抵御科学斗士对科学理论的绑架，而其他策略则失败了。

最后再提醒一点。我在本书中使用了"科学论"（science studies）这一说法，仿佛它是一个已经存在的学科，并且是具有单一、融贯的形而上学基础的同质研究领域。若这样说，便与实际情况相去甚远。我的大多数同事都不同意我所描绘的内容。由于我不喜欢被孤立，而是喜欢在集体事业之下展开对话，所以我将科学论定位为我所从属的一个统一领域。

作者说明

　　正文中使用的技术性词汇或短语均标注了星号（*），关于它们的定义，读者可参见术语表。

潘多拉的希望

科学论中的实在

———————

Pandora's Hope

Essays on the Reality of Science Studies

路西法（Lucifer）带来虚假之光……我则用真理的黑暗将其笼罩。

——拉卡托斯致费耶阿本德

1 "你相信实在吗？"：科学大战的战地报道

"我有一个问题，"他边说边从口袋里掏出一张皱巴巴的纸片，上面潦草地写着几个关键词。他喘了口气，接着问道："你相信实在吗？"

"当然相信，"我忍不住笑了，"这算什么问题！实在是我们不得已才相信的东西吗？"

他邀请我出来见面，进行一场私人讨论，但我发现，他选择的地方就像他的那个问题一样古怪：坐落于巴西特雷索波利斯（Teresopolis）的热带山脉中的一个湖泊边，附近是一间小木屋，非常怪异地效仿着瑞士度假胜地的格调。我想知道，对于那个尽管严肃但又以一种局促不安的口吻从嗓子眼里挤出来的问题，难道其答案就是实在真的已经成为人们不得已才相信的东西？难道实在就像上帝，是在经历一场冗长的私人讨论之后才能获得告解的话题吗？世界上真的有人会不相信实在？

在听到我不假思索而又带有笑意的回答后，他松了一口气。注意到这一举动，我更加困惑，因为他的这种放松足以清晰表明他预期着一个否定性的回答，比如"当然不相信，你觉得我会如此幼稚？"这并非玩笑，因为他在提问的时候一本正经，表情流露出关切。

　　他补充道，"我还有两个问题，"提问的语气听起来已经轻松多了，"与过去相比，我们是否知道得更多了呢？"

　　"当然！已经多了上千倍都不止！"

　　"那科学是累积性的吗？"他略显紧张地追问道，仿佛他没有料想到自己这么快就获得了胜利。

　　"我猜是这样的，"我回答道，"尽管我对此并非那么肯定，因为科学也遗忘了很多自身的过去，还遗忘了那些逝去的研究纲领——不过，总体而言，答案应该是肯定的。您为何问我这些问题？您认为我站在何种立场上？"

　　我不得不迅速调整我的解释，这样才能够领会到，当他向我提出这些问题时，他已经把我视为一个怪物了，而他敢于同这样一个怪物私下会谈并吐露自己的开放思想却又让人感动。在他眼中，我是能够威胁整个科学事业的群体中的一员，是来自所谓"科学论"的神秘研究领域的一个代表人物。他此前从未在现实中碰到过这样的人，但至少他被告知，这在美国是另一种对科学的威胁，美国从来都没有为科学探究确立起一个安全无虞的根基。现在，他却要与这样一个人会面，那必定是鼓足了勇气。

　　他是一位备受尊敬的心理学家，我们两人都曾应温纳－格伦基金会（Wenner-Gren Foundation）的邀请参加一次会议，与会人员中有三分之二是科学家，另外三分之一是"科学研究者"[1]。我对主办方的这种划分困惑不已。我们怎么就被划分到科学家的对立面了呢？我们从事有关某个主题的研究，并不意味着我们就是在攻击它。难道生物学家是反生命的？难道天文学家是反天体的？而免疫学者是反抗体的？不仅如此，我在理工科学校中从教二十余年，我的文章一般发表在科学类期刊上，我与我的同事在开展一些对我们的生存来说至关重要的合同研究项目时，所代表的也是产业界和学术界中许多科学家团体的利益。本人难道不是法国科学事业[2]的一部分吗？这么随意地就被排除在外，也让我略感懊恼。当然，我确实是一位哲学家，不过，我在科学论领域中的朋友们又如何看待这样的情况呢？他们中的大多数人都接受过科学方面的专业训练，其中至少有几位还为自己曾经拓展了科学本身的前景而骄傲不已。他们或许可以被视为另一学科或另一子学科中的一员，但绝对不属于"反科学家"的阵营，仿佛这两个针锋相对的阵营都打出休战旗号，只是为了在重返战场之前进行谈判以求达成妥协。

我难以克服因此人提出的这些问题而引发的疏离感，因为

---

1 此处的"科学研究者"英文为"science students"，是拉图尔对自己所处阵营的称呼，不同于一般意义上学习科学专业的学生之意，亦表明其在科学家与科学事业面前的谦逊态度。——译者注

2 这里的"法国科学事业"英文为"the French scientific establishment"。在政治学领域中，"establishment"一般被翻译为"建制"，"institution"一般被翻译为"制度"。考虑到此处的"institution"具有"建制"的意义，且作者对该术语做出了专门的定义（参见本书术语表），故在此将"establishment"翻译为"事业"。——译者注

我把他当作一名同行。是的，确实是同行（自此之后我们成了好朋友）。在我看来，科学论如果已经取得了某些成就，那必定是将实在添加进了科学，又并未消解科学的任何一丁点儿实在性。我们不再像过去那些坐在扶手椅上的科学哲学家一样将科学家们的画像拥挤地悬挂在墙上；相反，我们描绘着科学家们鲜活的形象：他们沉浸于实验室的工作之中，激情满满，操作着各种实验设备，精于技能性知识，并同更为广阔也更加生机勃勃的社会环境紧密联系在一起。在我看来，我们对科学的关注不再囿于苍白无力、毫无生气的客观性，我们所展现的是实验室实践将众多非人交杂进我们的集体生活之中，非人拥有自己的历史和文化，非人灵活多变、有血有肉——简言之，它们拥有了作为另一阵营的人类主义者所拒绝赋予它们的所有特性。事实上，我曾经天真地认为，如果科学家们有忠诚的盟友，那就是我们——"科学研究者"。因为多年以来，我们一直致力于吸引文人对科学技术的兴趣，在科学论出现之前，读者们一直确信这样的观点：正如他们心中的一位大师海德格尔所言，"科学不思想"。

　　这位心理学家的怀疑，让我深感不公。因为他似乎没有理解，在"两种文化"之间的无人之域所展开的这场游击战中，恰恰因为我们的兴趣在于科学事实的内部运作机制，我们正遭受各色激进分子、活跃人士、社会学家、哲学家和技术恐惧者的攻击。我曾经自问，这样一个小小的科学群落一直都在研究如何展现事实、机器与理论，揭开它们的基础、血管、网络、根茎、卷须，难道还有人比我们更热爱科学吗？我们宣称，科学客观性可以成为我们的考察对象，难道还有人比我们更相信这种客观性吗？

然而，我意识到自己错了。在这次会议上，科学家们实际上将我所说的"把实在论添加到科学之上"视作对科学事业的威胁，视作一种削弱其主张真理和宣称确定性的方式。这种误解是如何产生的呢？我活了这么久，竟然碰到有人郑重其事地问我这样一个不可思议的问题："你相信实在吗？"在我看来，科学论领域已取得的成绩与这一问题所暗含之意间竟有这么大的距离，以至于我有必要略微折返脚步。于是，本书便应运而生了。

"外在"世界：一项奇怪的发明

在这个世界上，人们在天然情况下，不会问出这样一个最奇怪的问题："你相信实在吗？"要问这样一个问题，提问者必须足够远离实在，这样，他对全然失去实在的恐惧才具有合理性——这种恐惧在人类智识史上由来已久。在此，我们至少应该对此略作阐述。如果没有该迂回，我们将难以弄清这位同行与我之间的误解到了何种程度，也无法对科学论长久以来所展现出的那种异于常规的、彻底的实在论做出评价。

在我的印象中，这位同行提出的问题并不新鲜。当我的同胞笛卡尔反问自己时，就提出了这样的问题，孤立的心灵如何能够绝对而非相对地把握外部世界之物。当然，他表述自己问题的方式，使问题不可能只有一种合理的答案。三个世纪后的今天，在科学论领域的我们，又慢慢找回了这些答案：我们只能相对地把握通过实验室的实践而遭遇的诸多日常事物。这种顽固的相对主义*以世界上业已确立的关系数量为基础，不过，这种相对主义在笛卡尔的时代就已经过时，曾经的可行之路如今被一路荆棘湮没。笛卡尔意欲从缸中之脑中寻求绝对确定性，因此，如果大脑（或者心灵）紧密依附于身体而身体又彻底置身于其常规的生态环境之中，那么便不再需要这样一种确定性。就如柯特·西奥德梅克（Curt Siodmak）的小说《多诺万的大脑》（*Donovan's Brain*）所描述的：绝对的确定性有点儿类似于神经质式的幻想；而心灵只有在通过外科摘除手术从而失去与之相联系的其他所有部分之后，才会追求这种确定性。试想一下，从刚刚死于某场事故的一位年轻女性身上取出她的心脏，然后将它移植到几千公里外的某个人的胸腔之中。笛卡尔的心灵与之类似，它需要人工的生命维持装置来保持其活性。心灵只有被置于某处最奇怪的位置，能够自内而外地注视世界，同时又仅仅通过凝视带来的微弱联系与外在世界相关联，才会时常因恐惧失去实在而悸动不已；只有这样一个失去了身体的观察者，才会不顾一切地寻求某种绝对的生命维持装置以存续自身。

对笛卡尔来说，能够在其"缸中之心灵"与外在世界之间确立起某种合理可信联系的唯一通道，便是上帝。所以，我的心理学家朋友采用的提问表述方式，恰好与我在主日学校所学习的内容 [1] 是一样的："你相信实在吗？"——"我信唯一的天主"，甚至也可以像我的朋友唐娜·哈拉维（Donna Haraway）在特雷索波利斯所吟唱的那样，"我信唯一的实在论"（Credo in unam realitam）。不过，在笛卡尔之后，许多人认为，借由上帝通达世界，代价略显高昂，而且有些牵强附会。他们开始寻找一条捷径。他们考虑的是，世界能否直接向我们发送足够的信息以便在我们的心灵之中激发出有关世界本身的某种稳定映象呢？

然而，经验主义者虽然提出了这一问题，但依然沿袭了相同的路径。他们并未折返脚步。他们从来都不会将蜷曲蠕动的大脑放回其凋敝不堪的身体。他们应对的仍然是一个自内而外凝视着外在世界的心灵。他们所要做的仅仅是训练心灵以实现模式识别。可以肯定上帝已经出局，不过，经验主义者的白板就像笛卡尔时代的心灵一样，仍然是孤立的。缸中之脑仅仅替换了一套自身的生命维持装置。世界被还原为毫无意义的刺激物，它从这些刺激物的激发中汲取一切可用之物，以便重构出世界的外形和故事。这种做法的最终结果就好似一台接触不良

---

1 拉图尔曾专门学习《圣经》诠释学。——译者注

的电视机，不管如何调谐（这是神经网络的前身），它所产生的不过是一些模糊难辨的线条，外加雪花屏的噪点，让人难以辨认出任何形状。绝对的确定性消失不见，感官与世界之间的联系也脆弱不堪，由此，世界反而被推得更远。有太多静电干扰了电视信号，无法获取任何清晰图像。

但接下来的解决方案是以一场灾难的形式到来的，我们开始从中自我救赎。哲学家们不再折返脚步，也不再寻求这条道路上被遗忘的其他岔路，他们甚至放弃了对绝对确定性的诉求，转而采取了一个权宜之计，以期至少能够保留些许朝向外在实在的通道。在他们看来，既然经验主义者的联结性的神经网络难以为消失的世界提供任何清晰的图像，这就表明，心灵（仍然在缸中）从其自身提取出用以构造形状和故事的一切。一切指的是，除去实在自身之外的所有东西。这样，我所得到的就不再是一台调谐性能太差的电视机及其所显现出来的模糊线条，而是一个固定的调谐栅，它利用观念模式中既已设定的范畴，将经验主义信道中的那些混乱不堪的静电干扰、点和线熔铸为稳定的图像。康德的先天概念开启了这样一种建构主义的极端形式，这既非笛卡尔式的亦非休谟式的，前者采取了经由上帝的迂回，后者则踏上了通往具有联结性刺激物的捷径。

于是，伴随着哥尼斯堡的广播，一切都由心灵所支配，实在尽管现身，但这也仅仅是说，它就在那里，确实在那里，并非想象之物！如果实在举办了一场宴会，那么心灵就为之提供

食物，世界被还原为无法接近的物自体，它只是在说"我们就 6
在这里，你们所食之物并非灰尘"，但除此之外，实在依旧是
缄默不语、恬淡寡欲的宾客。康德说，即便我们放弃了绝对的
确定性，但是只要能够严格限定科学的内在性，并且外在世界
对科学的影响尽管是决定性的却是最小意义上的，那么我们就
至少可以恢复其普遍性。其他方面对绝对的追求体现在道德领
域，这是另外一种先天确定性，也是缸中之心灵从其自身的线
路中提取出来的。在"哥白尼式革命"*的名号下，康德发明
了这一科幻小说式的梦魇：外在世界围绕着缸中之心灵旋转，
后者规定了这个世界的绝大部分定律，这些定律不需要任何其
他的帮助，便都能从其自身提取。这样，一个跛脚的暴君掌控
了实在的世界。令人颇感奇怪的是，这样一种哲学被公认为是
最深奥的，因为它在放弃追求绝对确定性的同时，又在"先天
普遍"的旗号下保留了它，这一巧妙的手法将那条消失的路径
隐藏在更为盘根错节之处。

难道我们真的要吞下这些教科书哲学中难以下咽的饭粒，
并以此来理解心理学家的问题吗？恐怕是这样，因为若非如此，
科学论的创新将难以体现。最糟糕的还尚未到来。在康德发明
的这种建构主义之中，缸中之心灵凭其自身构造万物，但这种
构造并非全无限制：从其自身习得的东西必须是普遍的，同时
也只能通过与某一外部实在的某些经验接触才能被激发，在此，
实在被最低限度地还原，但不管怎么样，它仍然存在。对康德

来说，仍有某些东西围绕着跛脚的暴君旋转，一个绿色的星球围绕着这一可悲的太阳。没过多久，人们就意识到康德所说的这一"先验自我"仅仅是虚构的，是在一个复杂的配置中划定的边界与谈判立场，其目的在于保证既不能完全失去世界，又不能全然放弃对绝对确定性的追求。很快，它就被一个更加合理的候选者社会*所取代。过去，实在能够形塑这个神秘的心灵，雕凿之、切割之，向它施加命令。现在，它被一群生活在一起的人所拥有的偏见、范畴和范式所替换，正是它们决定了如何表征这个群体中的每一个人。不过，这一新的定义，尽管使用了"社会的"一词，但与我们科学研究者所坚持的实在论相比，仅仅具有表面上的相似性。在本书的行文过程中，我会对这种实在论展开讨论。

第一，用神圣的"社会"取代专制的自我，不仅没有回溯哲学家们的脚步，反而更加拉远了个体视野——现在成了某种"世界观"——与确然消失的外部世界之间的距离。社会的滤光器被置于两者之间；它所装备的偏见、理论、文化、传统和立场成为一扇不透光的窗户。世界万物都难以穿透如此众多的传义者，更无法直达个体的心灵。由此，人们不仅被囚禁于自身范畴的牢笼之中，同样也被束缚进所在社会群体的牢狱之中。第二，这样一个"社会"自身也不过是一系列的缸中之心灵，这显然意味着，存在着众多的心灵和许多的缸，但每个缸中仍然包含着那个最为奇特的怪兽：一个正在凝视着外在世界的孤零零的心灵。现在，确实有了一点改进！囚徒不再是被关在单独的牢房中，它们被幽禁在同一个房间中，被同样的集体心理所限定。第三，另外一个转变是从唯一的自我转向多元的文化。这危及了康德那里唯一值得称许的东西，即先天范畴的普遍性。这是绝对确定性在康德那里所能够保留下来的唯一替代品。以前，所有人都被反锁在同一个牢笼中；现在，情况发生了改变，存在着许多的牢笼，而且这些牢笼之间是不可通约且毫无关联的。不仅心灵与世界之间的联系被切断，而且每一个集体心灵、每一种文化与其他心灵、其他文化之间的联系也被切断。似乎，哲学中越来越多的进步都是由监狱看守凭空想象出来的。

不过，还有第四个理由，这个理由更具戏剧性，也更令人悲伤无望。这是因为，转向"社会"会使一个灾难紧随康德式的革命到来。心灵幽禁于一长排缸中，所有这些叮怜的心灵都是囚徒，囚困在专属于自己的缸中，它们的部分知识由某种更加怪异的历史所构成；这种观点跟一种更为古老的威胁——对暴民统治的恐惧——联系在一起。我的朋友在问我"你相信实在吗？"时嗓音颤抖，这并不完全是因为他害怕我们可能会失去与外在世界的一切联系，首要的原因在于，他担心我给出的答案可能是"在任一给定时刻，实在依存于暴民对正误的看法"。他害怕失去任何接近实在的确切通道，害怕暴民对实在的介入；这两种担忧强化了这位朋友的恐惧心理，使他提出了这样一个异常严肃而又让人深感不公的问题。

8   在厘清第二个威胁之前，我们还是先清算一下第一个威胁。不幸的是，悲伤的故事并未就此结束。人们总是会认为，采取一个更加极端的方案就可以解决因过去的决断而积攒下来的问题；尽管这看上去难以置信，但人们似乎仍然可以在这样一条错误的路径上渐行渐远。一种可能的解决方案，或者更准确地说，另一个灵巧的手法，是满足于绝对确定性和先天普遍性的丧失，甚至为这种放弃而欢欣鼓舞。先前立场中的每一个缺点，如今都被视为绝佳的优点。是的，我们已经丧失了世界。是的，我们永远都是语言的囚徒。不，我们绝对不可能重获确定性。不，我们将难以逾越自身的偏见。是的，我们将永远被困于自身的自私立场。太棒了！这样的例子还能列出很多！现在，有人要求囚徒透过囚室的窗户向外望，囚徒们甚至直接让他们闭嘴；如他们所言，面对任何一个提醒他曾是自由的、其语言也曾与世界存在关联的人，他们所要做的就是将其"解构"——将他们慢慢消灭。

这些永被镣铐束缚之人欣喜若狂、欢欣鼓舞地坚持对叙述和故事的自由建构，但在这种似是而非的主张中，实际上回荡着绝望的呼号。尽管他们小心翼翼地压制绝望、谨小慎微地否认呼号，难道我们就可以对此充耳不闻吗？不过，即便真的有人会以一种快乐、轻盈的心态讲述这些事情（对我来说，他们的存在就像尼斯湖水怪一样难以确定，或者说，就此而言，就像这些神秘之人眼中的真实世界一样难以确定），仍旧无法否认，自笛卡尔以来，我们从未前行哪怕一英寸的距离。心灵仍然被置于自己的缸中，与其他部分剥离，孤立地存在着，如同在一个泛着气泡的玻璃器皿中沉思着世界（它向外凝视却什么也瞧不见，失落于黑暗中）。这些人或许非但不会因恐惧而战栗不已，反而会露出自鸣得意的微笑，仍然不断堕落于同样是地狱般的螺旋曲线式下降的深渊之中。在本章结尾，我们将再次遭遇这些沾沾自喜的囚徒。

不过，在我们当下的世纪里 [1]，有人提出了第二种解决方案，并已经获得了许多聪慧之人的赞许。这一方案包括，将心灵的一部分从缸中取出，然后对之加以显而易见的操作，即再次为之提供一个身体，并将这一重新聚集起来的结合体放回与世界的关系之中。这里所说的世界不再是供我们凝视的奇观，而是我们自身的一种鲜活的、不证自明的、非本能的扩展。哪怕只从表面来看，这种进步也是巨大的，朝向地狱的堕落停止了，因为我们所拥有的不再是一个与外在世界打交道的心灵，而是一个鲜活的世界，一个半清醒的、意向性的身体得以贴附的世界。

然而，不幸的是，为了取得成功，这种应急性的做法必须将心灵切得更小。真实的世界，也就是科学所认识的世界，被全然留给了自身。现象学所处理的仅仅是一个人类意识中的世

9

1　即本书成书时的 20 世纪。——译者注

界。它教会我们很多东西：我们从未远离我们自身之所见，我们从未凝视过那遥远的景观，我们总是沉浸于这一世界丰富而又鲜活的质地；不过，令人颇为惊叹的是，既然我们从来未能逃离人类意向性的狭窄视野，那么这种知识从来就不可能说明事物的真实状态。人们不再探索如何在不同立场之间进行转换的方式；相反，我们总是被框定于人类的立场。我们会听到人们在谈论真实的、血肉之躯的、前反思的、鲜活的世界，但谈论的声音还不够大，不足以掩盖我们身后的牢狱之门第二次被关上时所产生的巨大声响，甚至这次牢门关得更紧了。不管现象学提出了多少主张以期克服主体与客体之间的距离——仿佛这种距离是可以被克服的！仿佛它并未被设计得不可克服！——它在这样一场悲剧中给我们留下的却是最为惊人的分割：一方面，科学的世界全然由其自身主宰，这是一个彻底冰冷的、绝对非人类的世界；另一方面，一个由意向性立场所构成的极度鲜活的世界被全然限定于人类之中，这是一个与自在自为之物绝对分离的世界。先别沿着这个方向走太远，我们不妨稍稍停一下脚步。

为什么会选取截然对立的解决方案、全然忘却缸中之心灵呢？为什么不让"外在世界"介入场景，打破玻璃器皿、倒掉泛着气泡的液体，将心灵放回大脑之中、放入达尔文意义上为生存而斗争的动物体内的神经机器中呢？这难道不能解决所有问题并扭转致命的螺旋式下降吗？现象学家采用了复杂的"生活世界"概念，那他们为什么不去研究人类的适应过程，就像博物学家那样研究"生活"的其他方面？如果科学能够介入万物，它的确能够终结笛卡尔以来长期延续的谬误，并使心灵成为自然界中蜷曲蠕动的一部分。这样做一定会让我那位心理学家朋友满意——是这样吗？绝对不是！因为这一"自然"，对于这一拥有霸权并且包罗万象，进而现今必定也把人类包含在内的自然*，相较于缸中之脑自内向外所看到的奇观式的世界，有着完全相同的构成要素。非人类的、还原主义的、因果性的、规律性的、确定的、客观的、冰冷的、全无异议的、绝对的——所有这些表述都不属于自然本身，而是属于那个通过玻璃容器的变形棱镜所看到的自然！

10

如果仍有什么东西无法达成的话，那就是人们的一个梦想，即将自然视为一个同质的统一体，进而存在于科学中的对自然的不同看法将得以统一！这就要求我们必须忽视数不胜数的争论、千千万万的历史、不计其数的未竟事宜、不胜枚举的悬而未决之处。如果现象学通过将科学限定在人类意向之上，从而使其放弃自身的命运，那么，采取相反的做法——将人类视为"自然现象"——便更加糟糕：这意味着要将有关科学的丰富多彩且争论不休的人类历史抛弃——这么做的目的又何在？为了支持少数神经哲学家（neurophilosopher）达成一致的正统观点？为了支持一种盲目的、将人类的心灵活动限定为生存斗争，以"适应"那个我们永远无法得知实在之本性的达尔文式的进程？不，绝对不。我们完全可以做得更好，我们完全可以停止堕落，我们完全可以回溯我们的脚步。我们完全可以既保留人类历史对科学事实制造过程的介入，又可以留下科学对人类历史制造过程的介入。

不幸的是，至少我们现在还做不到这一点。我们无法重返失落的岔路口，也无法走上前文提及的危险的怪物所走的另一条路。暴民统治的威胁阻止了我们，也正是这一威胁使那位朋友说起话来战栗不已。

对暴民统治的恐惧

前文曾经说过，这位朋友的怪异问题背后隐藏着双重恐惧。第一重恐惧在于，他担心"缸中之心灵"丧失与外在世界的联系；第二重恐惧似乎缘起于某种老套的观点，如果理性未能居于支配地位，那么力量便会将之取代。相较前者，后者具有更悠久的历史，它对人们的威胁是如此之大，以至于任何用于反对以力量压制理性之人的政治手腕都是可接受的。不过，理性与力量两大阵营之间的惊人对立是如何产生的呢？它源于一场古老而又意义重大的争论，类似的争论可能会在很多场合发生，但柏拉图《高尔吉亚篇》（*Gorgias*）中所展现的最为显著、最具深远影响。我们将会在第 7 章和第 8 章中对此进行更为详细的考察。在该对话中，真正的科学家苏格拉底遇到了卡利克勒——

一个必须与之交谈从而揭露其无稽之谈的怪物。对话不再发生在巴西的某个湖畔，而是在雅典的集市之中。苏格拉底告诉卡利克勒："你并没有注意到，几何学中的相等对诸神和凡人来说都是极其重要的，忽视几何学导致你认为某些人在分配事物时应该获得更多的份额。"（508a）[1]

毫无疑问，卡利克勒是非均衡分配方面的专家。他自吹自擂的口吻好似后来社会达尔文主义者的预演，"在我看来，自然很明显地为我们提供了强者比弱者占有更多的证据，这完全是可接受的……强者支配着弱者，并较弱者拥有更多。"（483c-d）卡利克勒坦率地承认，强权即公理。不过，这里还有一个小问题（这将在本书末尾展开讨论）。对话的两位主角很快就指出，至少存在两类值得我们思考的强权：卡利克勒式的强权、雅典式的暴民。卡利克勒问道："难道你认为我刚才的意思是这样吗？一群奴隶与乌合之众所做的陈述构成了法。他们在分配中除了身体强壮之外，别无他长。"（489c）因此，问题并不在于将力量与理性、强权与公理简单地对立，而在于孤立的贵族强权与一群人更为强大的力量之间的对立。如何才能使雅典人联合在一起的力量失去效力呢？苏格拉底讥讽道："既然这是你的答案，那么，一个聪明人差不多总是比一万个

---

1 我在本书中引用的是罗宾·沃特菲尔德（Robin Waterfield）最近的译本（Oxford: Oxford University Press, 1994）。

傻瓜更强大；他应该拥有政治权力，这些傻瓜也应该成为他的臣民；而相较于那些臣民，拥有政治权力之人能够拥有更多也是合适的。"（490a）当卡利克勒谈及蛮力时，他旨在表明，某种继承而来的道德力量要比一万个野蛮人所具有的道德力量更强大。

不过，苏格拉底对卡利克勒的讽刺有失偏颇吗？苏格拉底本人所主张的非均衡分配是什么样子？他试图行使的又是何种权力？苏格拉底将理性的力量与强权放在一起，前者指"几何学中的相等所拥有的力量"、对"诸神和凡人都有约束力的"那种力量。苏格拉底认识到了这种力量，而卡利克勒和暴民们忽视了这一点。正如我们后面将会看到的，这里还存在另外一个小问题。因为存在着两种理性的力量：一种直接与卡利克勒这样一个理想的陪衬者相对应；另外一种则指向了另外的方向，其目标在于扭转苏格拉底与其他雅典人之间的力量平衡。苏格拉底本人也在寻求一种能够抵消"一万个傻瓜"的力量。他同样试图占有最大的份额。苏格拉底异常出色地反转了力量的平衡，由此，他在《高尔吉亚篇》末尾将自己夸耀为"雅典人中唯一真正的政治家"，占有最大份额的唯一赢家，必将从冥界法庭的掌管者拉达曼提斯（Rhadamantes）、埃阿科斯（Aeacus）和米诺斯（Minos）那里获得不朽的荣耀！他对包括伯里克利在内的所有雅典政治家都嗤之以鼻，而只有他手握"几何学中的相等所拥有的力量"，即便在死后仍会统治城邦的公民。长久以来，历史记载了大量疯癫的科学家，苏格拉底便是其中最早的一位。

　　读者可能会抱怨道："是不是因为你所粗略勾画的现代哲学不足以完全回答那位心理学家朋友在巴西向你提出的问题，因此，你才不得不又将我们一路拉回到古希腊以寻求答案呢？"在我看来，这两种迂回恐怕都是必要的，因为只有这样才能将这两条线路、两种威胁放在一块，进而解释我那位朋友的忧虑。也只有在这两次辗转之后，我的立场才最终有望得以澄清。

　　首先，我们为何会需要外部世界这一观念，并且还要从"缸中之脑"这样一个令人极度不适的观察点来凝视外部世界呢？差不多 25 年前，我进入了科学论这一研究领域，自那时起，我便对上述问题困惑不已。为何坚持此立场如此重要？尽管它令哲学家们头痛不已，但人们仍然拒绝去做这些显而易见之事：回溯我们的脚步，修剪那些掩盖了岔路口的荆棘，进而坚定地迈向另外一条被遗忘的道路。为何要让这般孤零零的心灵去寻求绝对的确定性，从而为之平添一个不可能完成的任务；而不是将之放入各种联系之中，从而为其知与行提供所需的相对确定性呢？我们为何会发出两个相互矛盾的命令："要绝对割裂！""要找到绝对的证据以证明你处在联系之中！"究竟谁能够破解此种进退维谷之境呢？无怪乎那么多哲学家最后都出了精神问题。为了证明这一自虐式的切肤之痛具有合理性，我们将不得不追寻一个更高的目标，事实上我们一直都是这么

做的。这就是关注两条线路的交接之处：为了避开某些非人类，
13 我们将不得不依赖另外一些非人类资源，依赖那些人类从未触碰过的客观的客体。

暴民统治会让一切变得无足轻重、丑陋怪异、丧失人性。为了避免这一威胁，我们不得不依靠某些起源以来便独立于人类且从未受人类影响之物，某种处于城邦之外彻彻底底的、完全盲目的、冷冰冰的东西。在道德家（moralist）看来，要避免陷入暴民统治的困境，唯一可行的道路就是认识论者们所创造出来的观念：一个完全外在的世界。只有非人性才能摒除非人性。不过，如何才能想象出这样一个外在世界呢？曾有人看到过这样一个怪力乱神吗？这些都不成问题。我们将会把世界装入一个从内部来凝视的景观之中。

为了能够找到这样一个与众不同之物，我们可以想象一下：存在一个"缸中之心灵"，它与世界完全隔离，只能通过一条狭窄逼仄的人工管道与世界相连。那位心理学家确信，只要我们随后能够构造出某些绝对的方式，那么，此种最小限度的关联将足以保持世界的外在性，并保证心灵能够认知这一世界——事实证明这绝非易事。不过，这条道路能够帮助我们实现最高目标：困住暴民。原因在于，我们需要一个完全外在的——同时又是可接近的——世界来抵御暴民；而为了实现这一极难达成的目标，我们想象出一项异乎寻常的发明——"缸中之心灵"。它虽与万物隔绝，却又竭力寻求绝对真理，可惜，

这种寻求并未取得成功。正如图 1.1 所示，认识论、道德、政治学和心理学携手前行，它们都指向了同样的配置[1*]。

　　这就是本书的论点，同时，也是人们在科学论中难以找到实在的原因。我们的各种表征能否准确把握外在世界的某些稳定特征？这个冷冰冰的认识论问题背后，往往还躲藏着一个尽管处于次要地位却更令人忧虑的问题：能否找到某种途径以排除人的因素？在相反的方向上，不管如何界定"社会的"，背后都隐含着同样的担忧：我们是否仍然能够借用客观实在以堵上暴民的悠悠众口？

14

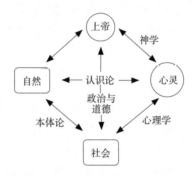

图 1.1　现代主义配置。在科学论中，孤立地谈论认识论、本体论、心理学和政治学（更不用说神学了）是毫无意义的。简言之："外在的""自然"；"内在的"心灵；"下位的"社会；"上位的"上帝。我们从来都不认为这些领域之间是彼此分离的，而是主张所有这些领域都从属于同一配置，而这一配置完全可以被其他几种替代配置所取代。

1　在法语版中，settlement 被翻译为 compromis。——译者注

　　南半球的某个冬日正午，湖岸木屋遮挡热带的阳光，留下一片阴凉。我终于清晰地把握了我朋友提出的那个问题："你相信实在吗？"这其实是在问："你是否愿意接受这一有关认识论、道德、政治学和心理学的配置？"——我不假思索，略带笑意给出显而易见的答案："不！当然不！你以为我是什么人？缸中之脑因丧失与外部世界之间的联系而惶恐，于是它提出了一个有关信念的问题，并将实在作为其答案。我绝不相信这样一种实在，因为被指责为非人性之物的社会世界会侵入这一实在，由此带来的结果会更令人惶恐不安。"对那些已经着手开启这一系列绝无可能的配置的人而言，也只有对他们而言，实在才是一个可相信的对象；但这往往又会带来更加糟糕、更加极端的解决方案。就让他们去清扫自己带来的混乱，并承担自身罪过所背负的责任吧。我的思考路径与他们全然不同。"逝者已矣"，柏拉图在很久以前，为了让众人保持沉默而借由苏格拉底和卡利克勒之口说出了那些话，就不要再将它们强加到我们的头上了，请花一点时间听听我们的由衷之语吧。

　　在我看来，科学论已经获得了两个彼此相关的发现，不过，得到这两个发现是非常缓慢的，原因就在于我刚刚展现的这一配置有着非常巨大的权力——当然，还有其他几个原因，后续我们将对此逐一解释。这两个相关的发现是，客体与社会均不像苏格拉底和卡利克勒在戏剧性表演中所要求的那样，具有非人特征。我们说并不存在外部世界，不意味着我们否认其实存；

15

相反，我们拒绝将外部世界视为一种无历史的、孤立的、非人性的、冷冰冰的、客观的实存，人们之前将这些特征赋予外部世界仅仅是为了堵上悠悠众口。当我们说科学具有社会性时，我们并没有为社会一词强加"人类残骸"或"失控暴民"的污名，而苏格拉底和卡利克勒两人急急忙忙地援引后者，就是为了使自己有理由去寻求一种足够强大的力量，从而为颠覆"一万个傻瓜"所拥有的权力做辩护。

我们对这两种丑陋不已的非人形式——"在下的"暴民、"外在的"客观世界——并无多少兴趣。进而，我也就不再需要什么"缸中之心灵"或"缸中之脑"——这一跛足的暴君总是忧心忡忡，要么担心丧失自身通达世界的"通道"，要么忧虑失去用以反对民众的"更为强大的力量"。我们既不渴求某种绝对确定性以确立与世界的联系，也不会寄希望于另外一种绝对确定性以获取某种超验力量来压制那些失控的暴民。我们并不缺乏确定性，因为我们从未设想掌控大众。我们并不认为存在某种非人性可以压制另一种非人性。对我们而言，人类和非人类就已足够。我们并不需要一个社会世界来消解客观实在，也不需要某种客观实在来使暴民沉默。结论非常简单，但听上去似乎又难以置信：尽管当下正值科学大战，我们并未身处战场。

只要我们不再与科学家阵营就谁能支配民众而争论不休，我们就能再次发现失落的十字路口，踏上那条被遗落的小径并非难事。如此，实在论便会真正回归，这很可能将会是我们通向一种更加"现实主义的实在论"道路的里程碑。我希望能在后面的章节中清晰地展现这一点。在本书的论证过程中，我将会扼要阐述科学论所取得的进步，尽管这种进步仅仅是沿着这条长期被遗忘的小径踯躅而行，可谓"前进两步，后退一步"。

当最初开始讨论科学实践*时，我们就已开始将制造中的科学（science-in-the-making）牢牢奠基于实验室场点、实验和同行团体之中，进而为其给出一种更具现实主义的说明（我将在第 2 章和第 3 章展示这一做法）。我们已经发现，事实是被非常确定地构造出来的。于是，我们不再谈论客体，不再谈论客观性，转而开始讨论非人*；这些非人经由实验室而被社会化，科学家和工程师们也开始与它们交换属性。只要这么做，实在论便会再次奔涌而来。在第 4 章，我们将会看到巴斯德如何制造了他的微生物，同时会看到微生物如何"造就了它们的巴斯德"；人类和非人类不断将自身折叠进对方之中，从而形成了不断变化的集体，第 6 章为此提供了一种更为一般的处理方式。过去，出于政治考虑，客体被视为冷冰冰的、非社会的、遥不可及的；但我们发现，非人类就在我们身边，它们火热、非常易于被招募和征募，并将越来越多的实在添加进科学家和工程师们所介入的众多争论之中。

不过，如果非人类也开始拥有历史，如果能够将那些原本专属于人类的属性，如解释的多样性、灵活性和复杂性，也赋予非人类，那么，实在论的内容将会更加丰富（参见第 5 章）。

通过一系列的反哥白尼革命*，康德那梦魇般的幻想将会逐渐
丧失在科学哲学中掌控一切的权力。事情再次变得毋庸置疑，
我们完全可以说语词指称了世界，科学也抓牢了物自体（参见
第2章和第4章）。最后，我们找回了素朴性（naïveté），对
那些从一开始便压根儿无法理解世界何以具有"外在性"的人
而言，这种素朴性的概念是再合适不过的。不过，到目前为
止，我们尚未对建构与实在之间的决定性二分提供一种真实可
行的替代；为了做到这一点，我在此尝试性地给出了"实像"
（factish）的概念。我们将在第9章讨论，实像将事实（fact）
与拜物（fetish）这两个词相结合，这样，我们就给它加入了双
重的构造性内涵，同时消解了信念和知识的双生效应。

最终，我们所达至的是我所谓的集体*，而非那三极——"外
在的"实在、"内在的"心灵、"在下的"暴民。第7章和第
8章对《高尔吉亚篇》的解读恰恰表明，苏格拉底在与卡利克
勒通过论战达成共识之前，就已经为这一集体提供了完美的定
义："有聪慧之人曾言，合作、仁爱、秩序、公正，将天与地、
神与人紧密联系在一起。正因如此，我的朋友把宇宙称作'有
序的'整体，而非无序的混乱或失控的暴乱。"（507e-508a）

是的，我们生活在一个杂合的世界之中，在这个世界上同
时存在着诸神、大众、星辰、电子、核电站和各种市场，我们
的职责是要么将之归化为一场"失控的暴乱"，要么将之归入
一个"有序的整体"，后者如同古希腊经典所说的宇宙（cosmos），

它与伊丽莎白·斯唐热（Isabelle Stengers）所命名的那个美丽名字"宇宙政治"*（cosmopolitics）（Stengers 1996）具有类似的含义。如果一个凝视着外部世界的"缸中之心灵"并不存在，那么，对确定性的寻求就不再那么紧迫，进而将相对主义、各种关系、相对性重新勾连起来也毫不困难，而科学正是在此三者的基础上得以茁壮成长。如果社会王国摆脱了那些试图控制暴民之人所强加的耻辱标签，那么我们也就能够轻而易举地认识到科学实践所具有的人类特征，识别出其生机勃勃的历史以及它与集体其他部分之间的诸多关联。实在论失而复得，仿若血液重新在经由外科医生缝合过的血管中流动一样——救生包已彻底不再被需要了。追随这一路径的人，绝对不会提出"你相信实在吗？"之类的怪异问题——至少不会这么问我们！

科学论的原创性

不过，我的心理学家朋友仍有权提出另外一个更为严肃的问题："尽管你声称你所在的研究领域已经取得了很大的成就，但为何我冒险向你提出的这个问题尽管有些荒唐，但仿佛仍然是有价值的呢？尽管你已经带领我在所有这些哲学思想中斗折蛇行，但为何我仍然对你所信奉的这种彻底的实在论疑虑不已？我对此种不妙之感难以自抑，科学大战论战正酣。总而言之，你是科学的朋友还是敌人？"

至少在我看来，有三种不同现象能够解释为何"科学论"的创新之处很难表述。首先，正如我在前文所言，我们处在两种文化之间的无人之域，这简直就像1940年"假战"（phony war）期间齐格菲防线和马奇诺防线之间的地域，法德士兵在此种上了卷心菜和芜菁。科学家们总是热衷于参加各类旨在"弥合两种文化间隙"的会议，但真当许多人从科学外部架起桥梁时，科学家们却又畏首畏脑，他们试图实行自苏格拉底以来最严厉的言论自由禁令：只有科学家才可以谈论科学！

试想一下，如果推广这一口号：只有政治家才能谈论政治，只有商人才能谈论生意；更有甚者：只有老鼠才能谈论老鼠，只有青蛙才能谈论青蛙，只有电子才能谈论电子！顾名思义，既然不同人群（物种）之间存在着巨大的裂隙，那么，只要一开口就必然伴随误解的风险。如果科学家们希望一劳永逸地在两种文化间架起桥梁，那么他们就必须学会适应各种不同的噪音，当然，这些噪音中的大多数并非毫无意义。科学家群体从另外一端架构桥梁时给出了奇谈怪论，还好，人文学者和文人学士并没有对此多加计较。需要更加注意的是，在裂隙之上架构桥梁，并不意味着将科学中毫无疑问的结论加以扩展，以便阻止"人类废物"的非理性行为方式。此种意图，往好了说可以称其为教育（pedagogy），往坏了说就是鼓动（propaganda）。这绝不能与宇宙政治混为一谈，后者要求集体同时将人类、非人类、诸神社会化并置于其内。在两种文化之间的裂隙上架构

18

桥梁，并不意味着帮助实现苏格拉底和柏拉图对绝对控制的迷梦。

不过，两种文化之争本身又是如何发生的呢？它产生于校园中两大阵营间的劳动分工。一个阵营认为，只有清除主观性、政治或激情对科学的污染，科学才能获得准确性；另一个阵营分布得更加广泛，在他们看来，只有当人性、道德、主观性抑或权利，不与科学、技术和客观性发生任何关联的时候，它们才是可取的。在科学论领域，我们同时与这两种肃清性工作进行斗争，同时反对这两类纯化。不过，就此而论，对两大阵营来说，我们都成了叛徒。我们对科学家们说，如果某一科学越是与集体的其他部分联系在一起，那么它就越好，就越准确、越具有可证实性、越牢固（参见第 3 章）——这有悖于认识论者的各种条件反射。当我们告诉他们社会世界有益于科学的健康发展时，他们会认为，我们仿佛在说：卡利克勒的暴民马上就要劫掠他们的实验室。

不过，我们同时也反对另外一个阵营，我们告诉人文学者，越多的非人类分享人类的实存，集体就越具有人文性（humane）——这一观点与他们在经年累月的训练中所接受的信念全然相悖。当我们试图使他们关注确凿的事实和可靠的机械装置时，当我们说既然客体全无他们恐惧不已的非人类特征因此有利于主体的健康时，他们必定会大声尖叫，仿佛客观性的无情之手会将那些脆弱易变的灵魂塞进物化的机器之中。

然而，在双方阵营眼中，我们总是从事着叛离与反叛离的工作；我们总是不断坚持，对物而言存在着一种社会史，而对人类来说又存在着一种"物的"（thingy）历史。不过，在这些历史中，不管是"社会世界"还是"客观世界"所扮演的都不是苏格拉底和卡利克勒在其荒诞不经的情景剧中所赋予它们的那种角色。

可以这么说，人们完全有理由指责我们略微缺少了某种对称性——相较于我们对认识论者（他们试图消解所有社会污染从而构造一种纯粹的科学）的批判，"科学研究者"对人文主义者（他们试图创造一个祛除了非人类的人类世界）的批判，要激烈得多。为何如此呢？因为科学家们塑造科学的纯化形象仅花费了一丁点时间，更坦率地讲，他们对那些向他们伸出援手的科学哲学家们漠不关心，而人文学者们则全身心投入，将人类主体免受客观化和物化的威胁视为自身工作的重中之重。参与到科学大战之中的优秀科学家们，要么仅仅利用业余时间，要么已经退休，要么是科研经费已经耗尽，而另外一方则不分昼夜地投入战斗，甚至还会邀请资助机构加入战场。这就使我们对科学家同行们的怀疑感到怒不可遏。他们似乎不分敌友。有的人以苏格拉底的方式继续做着白日梦，幻想着一种自治的、孤立的科学，而我们则一针见血地指认了他们将事实与实在重新连结起来的各种方式，科学缺失了这种连通性工作将难以维持其自身的存在。最初是谁为我们提供了这一知识宝库？是科学家自己！

在我看来，这种盲目之举十分诡异，因为在过去的二十年间，许多科学学科开始加入我们的队伍，一起挤进了这块两条防线之间的狭窄的无人之域。这是"科学论"引发巨大争议的第二个原因。科学论被错误地推到了另外一场争论的风口浪尖，这是发生在科学内部的争论。一方是所谓的"冷战学科"（cold war disciplines），乍一看，这些学科就像过去的大写的科学（Science），它们完全自治，与集体相区隔；另一方是政治学、科学（science）、技术、市场、价值、伦理规范、事实的混杂之物，这一错综情形很难用首字母大写的科学来表示。

如果说宇宙学与社会之间毫无关联的断言还多少有些合理性——尽管柏拉图曾确定无疑地这样告诫我们，但这对宇宙学来说也不是事实——那么下述学科就很难说也是这样了：神经心理学、社会生物学、灵长类动物学、计算机科学、营销学、土壤科学、密码学、基因图谱绘制、模糊逻辑等，这仅仅是此类活跃的研究领域中的一部分，用苏格拉底的话来说，仅仅是"无序的混乱"的一部分。一方面，我们拥有一个模型，它仍然适用于早先的口号——某种科学越少具有相关性，则越好；而另一方面，我们拥有诸多学科，我们难以对其地位加以准确确定，当它们费尽心力试图使用旧模型时，却发现它根本不具有适用性，它们尚未做好准备，说出我们一路高歌所呼喊的口号，哪怕是喃喃自语也没有："放松点，别那么紧张，某种科学越是具有相关性，则越好。你们擅长非人类的社会化，因此，成为某个集体的一部分并不会剥夺这些非人类。它会剥夺的仅仅是人们争论不休的客观性，这种客观性的用处在于发动一场反对政治的政治战争的武器，除此之外，它没有其他用途。"

更直截了当地说，在大写的科学完全转变为我们所说的研究（或者说是"科学2"，这是我将在第8章使用的称谓）的过程中，科学论被绑架了。过去，大写的科学是确定的、冷冰冰的、毫无情感的、客观的，它遥不可及，且具有必然性；而研究所具有的特征则恰恰相反：非确定的，开放的，深陷于诸多关乎金钱、仪器和技能性知识的世俗问题，我们无法将之区分为热烈的还是冷冰冰的、主观的还是客观的、人类的还是非人类的。如果说，大写的科学通过与集体的全然割裂而获得茁壮成长的营养，那么，研究则最好被视作一项集体实验（collective experimentation），它能够同时承受或经受人类和非人类。在我看来，第二个模型比前者更加明智。我们不再需要在强权与公理之间做出选择，因为在这场争论中出现了第三方，即集体*；我们同样不再需要在科学与反科学之间择定立场，因为此处还存在一个第三方——同样的第三方，即集体。

正是在研究这一领域，人类和非人类被同时抛入。同样，在这一领域中，异常非凡的集体实验经年累月地进行着，不断尝试着在现实中区分"宇宙"与"失控的暴乱"，然而，不管何人，不管他是科学家还是"科学研究者"，都无法事先知道一个暂时性的答案。或许，科学论终究是反科学的，不过，如果这是真的，那只能说明科学论对研究的全身心投入。将来，当时代精神能够更好地把握公共意见时，科学论将会与所有积极活跃的科学家们一起站在同一阵营，而处在另一阵营的则仅仅是少数一些心怀不满的冷战式物理学家，他们仍然希望能够凭借某种无中生有的、毫无疑问且无可置疑的绝对真理，来帮助苏格拉底迫使"一万个傻瓜"闭上嘴巴。我们不应忘记，相对主义的对立面，是所谓的绝对主义（Bloor [1976]1991）。

21   我知道自己似乎不是那么坦诚——因为还有第三个原因使人们难以相信，科学论能够提供那么多的好处。由于一种不幸的巧合，也或许因为一种特别奇特的现象，即社会科学生态中存在着对达尔文主义的效仿，又或许是因为在某些情况下的相互污蔑——谁知道呢？——科学论表面上看来与那些自锁于牢狱之中的囚徒非常类似，我们已经在前几页中表明，他们如何一路含笑从康德逐次堕落到地狱，因为他们声称丝毫不关心语言对实在的指称能力。当我们谈论杂合体与混杂之物、转义、实践、网络、相对主义、关系、暂时性答案、部分性关联、人类与非人类、"无序的混乱"时，好像我们也走上了同样一条道路，仿佛我们也非常草率地远离了真理和理性，并把那些能够将人类心灵与实在的在场永久分离开来的范畴撕成了无以复加的碎片。然而，无须遮遮掩掩的是，就像科学学科内部存在着大写的科学模型与研究模型之间的争论一样，社会科学和人文学科中也存在着两种对立模型之间的斗争，一种模型可以大致被统称为后现代*，而另一种则被我称为非现代（nonmodern）*。凡是被前者视作理由，以便为更多的缺场、更多的揭露、更多的否定、更多的解构提供辩护的东西，在后者看来，都为在场、展现、肯定和建构提供了证据。

为什么会存在这种绝然相异与些许相似呢？原因不难找。如其名称所示，后现代主义是由现代性所界定的一系列配置延伸而来。它从处于割裂状态的"缸中之心灵"对绝对真理的追寻中，继承了有关强权与真理的争论、科学与政治的截然二分、康德的建构主义以及与之相随的批判性诉求，只不过，它不再相信人们能够成功实施这些不具有合理性的纲领。后现代主义的这种失望表明它们自身具备良好的常识，当然，这是从赞成它的立场来说的。但是，现代性所走过的路径上有各种各样的岔路口，后现代主义没有回溯这些岔路口，而它们正是那个不可能的方案最初的起点。后现代主义似乎与现代主义怀有同样的念旧情绪，只是它不再试图继续已经全面失败的理性主义方案。由此，我们就可以理解它为卡利克勒和智者学派所做的辩护、对实在之虚假性的沾沾自喜、对"宏大叙事"的揭露，也能理解为何它声称深陷个人自身立场的泥淖是一件好事，理解其对反身性的过度强调，理解它为何会不顾一切地书写那些不会携带任何在场风险的文本。

在我看来，科学论是投身于一项全然不同的非现代任务。

22

对我们而言，现代性从来就不是当下的秩序。实在与道德也从未缺席。支持还是反对绝对真理？支持还是反对多元立场？支持还是反对社会建构？支持还是反对在场？所有这些争论，从来就不是什么重要问题。坚持揭露、曝光、避免被欺骗的纲领，增加了某个使命所消耗的气力，那一使命对由人、物和诸神所组成的集体而言更加重要，即从"失控的暴乱"中梳理出"宇宙"。我们的目标是一种"物的政治"（politics of things），而非语词是否指称了世界这样一场过时的争论。语词当然指称了世界！你还不如直接问我，是否相信日常所见之事，或者，就此而言，直接问我是否相信实在！

我的朋友，你是不是仍然不相信我所说的话？仍然不确定我们的身份，不确定你我之间是友是敌？我必须承认，要接受我们所做的以上述方式所描述的工作，些许相信是不够的。不过，既然你以如此开放的心态提出了你的问题，这就值得我同样真诚地来给出回答。事实上，要在两种文化之间的中间之地、在从大写的科学向研究的历史转变中、在后现代与非现代的艰难处境中，确认我们的位置确实有些困难。我希望你至少能够相信，我们的态度并非故意晦暗不明，在这样一个混乱不堪的时代，忠诚于你自己的科学事业，也绝非易事。在我看来，你以及诸多你同行的工作，你们为确定事实所付出的努力，在这场有关如何以最佳方式掌控大众的陈旧而又令人厌烦的争论中被绑架了。我们相信，被大写的科学所绑架，远未表达出科学应有的价值。

当你邀请我进行这样一场私人对话时，你对我们可能持有的看法，与我们的实际情况恰恰相反，我们从来没有将科学限定为疯狂无序之暴民的"纯粹社会建构"，这些暴民不过是为了满足卡利克勒和苏格拉底对力量的渴望而被创造出来的。我们所在的科学论领域，或许最早找到了将科学从政治中解放出来的道路——这是关乎理性的政治（politics of reason），它在陈旧的配置中与认识论、道德、心理学和神学相并列。或许，我们不仅最早把非人类从客观性的政治中解救出来，也把人类从主体化的政治中解救出来。这些学科本身，事实和人造物，以及它们美妙的根源、精巧的表达、数不胜数的须蔓、脆弱不堪的网络，得到了最大程度的考察和描述。在后续行文中，我将竭尽全力梳理其中的一部分。我们不想交战，远离科学大战的枪炮声吧（好吧，或许我并不介意开上几枪！），事实和人造物完全可以在诸多其他形式的对话中存在，这些对话所引发的争议会大大减少，所包含的建设性会大大增加，并且会以一种更加友好的方式展开。

不得不承认的是，我现在又没有那么坦诚了。在打开科学事实之黑箱的过程中，我们当然知道很可能会打开潘多拉的魔盒。这是无可避免的。过去，由于这一魔盒被置于两种文化之间的无人之域，深埋于那些卷心菜和芜菁之中，人文学者为了规避与客观化相随的危险进而对它们采取全然无视的态度，而

23

认识论者为了清除失控的暴民所可能带来的弊病也同样无视其存在，因此，魔盒被严密封存起来。现在，它已经被打开了，瘟疫与祸患充斥于内，罪恶与弊病横行其间。我们能做的只有一件事情，那就是深入这一魔盒内部，直达其几乎空空如也的盒底，正如那尽人皆知的传说，我们希望找到被放置在盒底的东西——对，那就是希望。但对我自己来说，盒底太深了：你是否愿意助我到达盒底呢？你能帮我一把吗？[1]

---

[1] 按原文应翻译为"我能帮你吗？"但参照前后文语境和本书法语版的表述，采用正文中的译法。——译者注

24

2 流动指称：亚马孙森林中的土壤取样

要理解科学论的实在性，唯一的办法就是追随科学论最为擅长的工作，即密切关注科学实践的细节。只要我们能够对这种实践展开描述，像其他人类学家一样前往异域部落并生活于其中，我们就能够重新提出那个科学哲学曾经试图解决但缺失了经验根基的经典问题：我们该如何将世界装进语词之中？为了开始这样一项工作，我选择了一个学科——土壤科学，选定了一个情境——亚马孙的田野旅行，这项工作并不需要太多的知识准备。实践产生了关于事态的信息，随着我们对这些实践的细节性考察，我们就会清晰地发现，以往对实在论的大部分哲学考察根本就是不现实的。

旧有的配置先是从语词与世界之间的裂隙出发，进而通过在两种被认为全然相异的本体论领域——语言和自然——之间冒着巨大的风险达成一种符合，从而试图在这一裂隙上建成一座微型的人工天桥。我旨在表明，并不存在什么符合，也不存在什么裂隙，甚至都不存在两种不同的本体论领域，所存在的是一种与之全然不同的现象：流动指称 *。要做到这一点，我们需要稍微放缓脚步，并且摒弃一切抽象概念，尽管这些概念能帮助我们节省时间。在相机的帮助下，我将努力在杂乱的科学实践中理出些许头绪。现在，就让我们进入这场摄影哲学式蒙太奇的第一幅定格画面。如果一图等千言，那么我们将会看到，一幅地图就相当于整个森林。

25 　　图 2.1 的左侧是一片巨型的稀树草原。在图的右侧，一片茂密森林的边缘区域陡然而现。一边干燥、空旷，另一边则潮湿润泽、生机盎然。乍一看，尽管似乎是当地居民制造出这一边缘地带，但事实上并没有人在这片土地上耕种开垦，绵延数千公里的交界地带上也并未划定什么界线。尽管某些土地所有者将稀树草原作为其牲畜的牧场，但它的边界，也就是森林的边缘地带，却是自然形成的，这一界线并不是人为制造出来的。

　　有几个角色沉浸在这幅风景画之中，就像普桑（Poussin）的画作将人物放置在风景画的一侧，他们的手指和钢笔指向了这些趣味盎然的景象。第一个人物正指着几棵树和几株植

图 2.1

物，她是艾迪勒莎·塞塔 – 席尔瓦（Edileusa Setta-Silva）。一位巴西人。她是当地居民，在博阿维斯塔（Boa Vista）小镇一所小规模的大学中教授植物学，博阿维斯塔是亚马孙地区罗赖马（Roraima）省的首府。另外一个人站在她的右侧，正顺着艾迪勒莎手指的方向，面带微笑，全神贯注地观看。这个人是来自法国的阿芒·肖韦尔（Armand Chauvel）。他受 ORSTOM "合作研发处" 的派遣参加了此次远途考察，ORSTOM 是法国前殖民帝国的一个研究机构[1]。

　　阿芒并非植物学家，而是一位土壤学家（土壤学 [pedology] 是土壤科学中的一个研究门类，请不要将之与地质学 [geology] 和足病学 [podiatry] 相混淆，前者是一门研究心土层的科学，而后者则是治疗足部疾病的医疗技术）；他居住在 1000 公里之外的马瑙斯（Manaus），并在一所名为 INPA 的巴西研究中心拥有一家实验室，这家实验室得到了 ORSTOM 的资助。

　　第三个人正在一个小笔记本上做着笔记，她是艾洛伊莎·菲利佐拉（Héloïsa Filizola），是一位地理学家，或者按照她更准确的说法，是一位地貌学家，研究对象是地形的自然史和社会史。与艾迪勒莎一样，她也是巴西人，不过来自巴西南部几千公里之外的圣保罗市，这个距离几乎相当于出国了。她同样是一位大学教授，不过她所在的学校要比博阿维斯塔的那所大学

26

1　ORSTOM 成立于 1943 年，全称为 Office de la recherche scientifique et technique outre-mer（海外科技研究办公室）。——译者注

大很多。

至于我，则是拍摄这张照片和描述这一场景的人。我的职责是，作为法国的一位人类学家，追随这三位科学家的工作。我已经非常熟悉实验室，因此我决定改变一下工作方式，去观察一次野外考察。此外，我也决定或多或少得成为一位哲学家，借助我对这次科学考察的调查报告，对科学指称这一认识论问题进行一次经验研究。亲爱的读者，通过这种摄影哲学式的叙述，我将把博阿维斯塔地区的一小片森林呈现在你们的面前，并且向你们展现科学家才智的某些特征，同时，也尽可能让你们明了完成这种传输和指称工作所需要付出的努力。

这是1991年10月的一个清晨，我们驾驶着一辆吉普车，路况糟糕透顶，最后我们到达了野外的这个场点。艾迪勒莎多年来一直在此小心从事条块划分的工作，同时一直在关注树木的生长特征，并且对植物进行了社会学和林业统计学的分析。在这样一个清晨，他们在谈论什么呢？他们所谈论的是土壤和森林。不过，由于分属于不同的学科，他们的言说方式有着差异。

艾迪勒莎指着一种耐火树木，这种树木通常只会生长在稀树草原，许多植物嫩苗环绕周围。不过，她在森林的边缘地带也发现了同一种树木，这种树木在这里长势更盛，只是树下并无矮小植物。令她颇为惊奇的是，一番努力之后，她甚至在相距边缘地带10米的森林深处，也发现了几株同类树木，不过由于光照不足，这些树木很容易就会死去。森林的边界在推进吗？艾迪勒莎对此犹豫不决。对她来说，大家在这幅图片背景中看到的那株高大树木，可能是森林以侦察员的方式派出来的先遣队，但也可能是后卫队，它成为森林面对稀树草原的无情入侵而后退时的牺牲品。森林像勃南森林（Birnam Wood）朝邓斯纳恩（Dunsinane）移动一样[1]，是在前进还是在后退呢？ 27

　　阿芒对这一问题非常感兴趣，这就是他不辞千里来到此地的原因。艾迪勒莎认为森林在前进，但她对此把握不大，因为植物学上的证据并不一定支持这一观点：同一树种可能会扮演两种相反角色中的一种，侦察员或后卫队。对土壤学家阿芒来说，第一感觉是稀树草原正在逐步蚕食森林，因为前者将树木健康成长所需要的黏质土壤退化成了沙质土壤，只有草和矮小灌木才能在这种土壤中存活。如果说艾迪勒莎作为一位植物学家所掌握的所有知识使她与森林站到了一边，那么阿芒作为一名土壤学家所掌握的一切知识则促使他倒向了稀树草原。土壤从黏质变成了沙质，而非相反——任何人都知道这一点。任何土壤都难逃退化的命运；如果土壤学定律不足以说明这一点的话，那么热力学的定律肯定可以。

　　于是，我们的朋友们不得不面对一种认知和学科层面的冲

1　典故出自莎士比亚《麦克白》：在莎士比亚的戏剧《麦克白》中，麦克白被告知，只有当勃南森林来到邓斯纳恩时，他才会被打败。后来，他的敌人的军队经过勃南森林，每个士兵都砍下一根大树枝来隐藏自己，这样当军队前进时，看起来就像森林在移动。麦克白战败被杀。——译者注

突，这种冲突吸引了各方的兴趣。为解决这一问题启动一项田野调查就完全有必要了。整个世界都在关注亚马孙森林。博阿维斯塔森林位于浓密的热带区域的边缘地带，任何有关这一森林的新闻，不管新闻报道它是在前进还是在后退，都确实会吸引商人们的眼球。同样，我们很容易能够证明，在同一场考察中将植物学和土壤学的专业知识融合起来完全有必要，即便这种结合实属罕见。能够帮助他们获得经费的转译链*并不是很长。我不打算对与这一考察相关联的政治议程进行详尽分析，因为我作为一名哲学家，在本章中将集中关注科学指称这一问题，而非作为一名社会学家去关注其"语境"。（我事先向读者们道个歉，因为我打算略去这场田野旅行中与殖民状况相关的诸多方面。在此，我想做的是尽可能模仿哲学家们所面对的问题及其所使用的词汇，从而重新对指称问题进行研究。稍后我们会重新考察语境这一概念，同时，在第3章中我会纠正内容与语境的二分。）

当天早上出发前，我们在尤西比奥（Eusebio）酒店餐厅门廊处碰面（图 2.2），这家酒店规模并不大。我们住在博阿维斯塔市中心，这是一座条件艰苦的边境城市。矿工们利用铁锹、水银和枪支从森林中提取黄金，有时也从亚诺玛米人（Yanomami）那里获取黄金，并在这座城市出售。

为了这次考察，阿芒（站立于图片右侧）曾经向他的同事勒内·布莱（René Boulet，嘴含烟斗的男子）寻求帮助。与阿

图 2.2

芒一样，勒内也是一位法国人，同样是 ORSTOM 派出的一位土壤学家，不过他的工作地点在圣保罗。这样，团队里就有了两位男性、两位女性，两位法国人、两位巴西人，两位土壤学家、一位地理学家和一位植物学家，三位外来客加一位"本地人"。四人俯身于两幅地图之上，指着艾迪勒莎选定场点的准确位置。桌子上还有一个橙色盒子，这是一台必不可少的土壤测量仪，稍后我再对它做出解释。

第一幅地图印在纸上，其内容来自拉丹巴西尔（Radam-brasil）所编制的地图集，此地图集按照 1∶1000000 的比例编制，涵盖了整个亚马孙地区。很快，我就知道了需要在"涵盖"上加一个引号，因为据我的信息提供者所言，地图上漂亮的黄、橙、绿三色与真实的土壤学数据并不完全一致。正因为如此，他们希望借用黑白的航空摄影照片按照 1 ∶ 50000 的比例进行放大。单独一项铭文难以赢得信任，但两项铭文的叠加至少可以很快向我们指明场点的确切位置。

29　　　下述情形非常常见，因此也不值得大惊小怪：在此有四位科学家，正在俯视着两幅地图，而地图的内容恰恰是他们周围的地形地貌。（阿芒的双手和艾迪勒莎的右手必须一直压在地图的角上，否则就无法对地图进行比对，进而他们就难以发现想要找到的东西。）如果没有这两幅地图，如果混淆了不同的制图规则，如果没有人们为了拉丹巴西尔的地图集而付出的大量辛苦工作，如果飞机雷达受到干扰，那么所有这些情况都可能会使我们的四位科学家迷失在地形地貌之中，若如此，他们将不得不重新启动数以百计的前辈们曾做过的所有工作：探险、参考资料制作、三角测量、框定网格等。我们确实可以说，科学家们掌控着世界，但只有当世界以二维的、可叠加的、可并合使用的铭文＊的方式呈现在他们面前时，所有这一切才会发生。从泰勒斯站在金字塔底部开始，这样的故事就一直在发生。

亲爱的读者，敬请注意，与我们的科研人员和泰勒斯一样，餐厅的所有者似乎也会碰到同样的问题。如果老板没有在门廊的桌子上用黑字写下 29 这一编码，那么他将难以掌控自己的餐厅；没有这些编码，他将无法跟踪订单，也将无法分派账单。清晨到达餐厅时，他就像一位黑帮头目，压低身形将其便便大腹塞进椅子里，但是他——即便是他——也需要借助许多铭文，才能监控自己小小世界中的经济状况。如果没有写在桌子上的数字，他将迷失在自己的餐馆中，就像离开了地图，我们的科学家也会迷失在森林中。

在上图中，对于我们的朋友们所沉浸其中的那个世界来说，只有当他们用手指指明的时候，这个世界与众不同的特征才会显现出来。我们的朋友们曾经手足无措，也曾经犹豫不决，但在这幅图片中他们表现得信心满满。为何会如此？因为他们的眼睛所看到的现象，以及借助既有学科的技能性知识——三角法、制图学、地理学——而容易发现的各种现象，现在都可以用手指指出来了。要想对科学家所获得的上述知识做出说明，我们就不得不提及阿里安（Ariane）箭载飞行器、轨道卫星、各种数据库、制图员、刻版工、印刷工等，所有这些工作在此都呈现在纸张之上。还有需要提及的是手势，它们是最出色的"索引"。"这里，那里，我，艾迪勒莎，我留下了记号，也在餐厅桌子上的地图中指明了我们稍后要去的具体位置，这时技术员桑德瓦尔（Sandoval）开着吉普车来接我们了。"

人们是怎么从第一种形象过渡到第二种形象——从无知到确定、从弱势到强势、从面对世界时的无能为力到凭借研究就可以掌控世界——的呢？我对这些问题非常着迷，这也是我不远万里来到这里的原因。我的朋友想做的，并不是解决森林－稀树草原变迁的动力机制，而是去描述一根纤细的手指所做的手势，该手势指向了话语之所指。科学言说了世界吗？他们确

30

实如此声称，但艾迪勒莎的手指所指代的仅仅是照片上一个经过编码的点，而照片与印在地图上的符号相比仅仅在某些特征上具有相似性。当我们站在餐厅的桌子旁时，森林遥不可及，但她信心十足、侃侃而谈，仿佛森林就在鼓掌之间。与其说科学言说了世界，倒不如说科学所建构出来的表征，尽管看上去似乎总是将世界推离我们，但又将之拉得更近。朋友们想要做的是发现森林到底是在前进还是在后退，我想要做的则是知晓科学何以能够既是实在论的又是建构主义的，何以能够既直接又传义、既可靠又脆弱、既近又远。科学话语真的有一个所指吗？当我说到博阿维斯塔的时候，我所说的这个单词指称了什么呢？科学与虚构的差别何在？还有一个疑问：我用以谈论这些摄影蒙太奇的方式，与我们的信息提供者们谈论其土壤的方式有何不同呢？

要想理解确定性的制造过程，实验室是最佳的场点，这也是我如此热衷于研究实验室的原因。不过，就像这些地图，最大的缺点在于，它们完全依赖于其他的学科、仪器、语言和实践的沉淀，而这种沉淀是无限制的。人们绝不会看到，科学可以直面世界，从无中呢喃自语、初次登场到完全成形。在实验室里，总会存在一个预先建构好的世界，这一世界与科学的世界之间具有极好的相似度。结果便是，既然被认知的世界与认知着的世界所表现的总是相互呼应，因此指称在大多数时候仿佛就成为同义反复（Hacking 1992）。但在博阿维斯塔，情况看似并非如此。在这里，科学所面临的情形，不能与寻找黄金的矿工和里约布兰科（Rio Branco）的白色水域[1]混为一谈。何其幸运！与这场考察相伴而行，我就能够亲眼见证并追随这样一个相对匮乏和薄弱的学科是如何迈出第一步的，这仿佛，如果我能在几个世纪前追随朱西厄（Jussieu）或洪堡（Humboldt）穿行巴西大地，那么我同样能够见证地理学是如何蹒跚起步的。

图 2.3

这张照片（图 2.3）显示的是大森林中的一根树枝，它沿水平方向生长，非常突兀地出现在一片全然绿色的背景之中。一颗生了锈的铁钉，将一片小小的锡制标签钉在树枝上，标签上写着"234"。

千百年来，人类穿行于这片森林中间，以砍伐、焚烧的方式培育着森林，但在此之前从未有人产生过给它贴上数字的奇怪想法。这必定是一位科学家贴上去的，或者也可能是一位林务员贴的，用以标定即将被砍伐的树木。不管是哪种情况，我

31

1　在葡萄牙语中，里约布兰科即为白色水域、白色河流之意。——译者注

们都有理由假定，肯定是某位一丝不苟的簿记员承担了这项对树木进行编码的工作（Miller 1994）。

吉普车开了一个小时之后，我们到达了目的地，多年来艾迪勒莎一直对这片区域进行制图工作。就像前一幅图片中餐厅里的所有人一样，如果不以某种方式对森林进行标记，她也无法在长时间内一直记着被分成小块的森林之间的差别。因此，她依照固定间隔放置标签，用以代表其野外场点中几公顷的范围，这样，这些地块就在笛卡尔坐标的网格中被表示出来。借助这些数字，她就能够在笔记本上记下树木生长速度的变化以及新出现的树种。每一株植物都拥有一个所谓的指称，不管是在几何学上（借助坐标系）还是在存量管理上（借助贴附其上的特定数字）。

尽管这项考察具有开拓性，但很显然，我并没有参与到一门从无到有的科学的诞生过程之中。如果不是借助另外一门科学——植物学——完成场点标界工作，我的土壤学同行们也就很难富有成效地开展工作。我感觉自己已经行进到森林深处，但标号"234"表明我们处在一间实验室内（这体现在坐标系的网格之中），尽管只是最小意义上的实验室。森林被分割成多个方块，这样最有利于信息的收集，这些信息会被写在一张同样以方格形式呈现的纸上。先前，我本以为已经逃脱了同义反复，但步入森林之后，我发现它竟依然存在。一门科学背后总是隐藏着另外一门。如果我们撕碎贴在树上的这些标签，抑

或将它们混杂起来，艾迪勒莎必定
会惊慌失措，这就像当我用手指缓
缓划过巨型蚂蚁留下的化学高速公
路，进而切断其行进路径时，给蚂
蚁们带来的恐慌感一样。

33

图 2.4

艾迪勒莎剪下她的样本（图
2.4）。我们总是会忘记单词
"reference"（指称）来自拉丁文
"referre"（带回）。所指是我手指
指向的外在于文本的东西，还是我
带回文本中的东西？这场蒙太奇的全部目标都在于回答这样一
个问题。我似乎采取了一种迂回的方式来寻找答案，这是因为
从我们到达的场点到成果的最终发表之间存在很多步骤，如果
我想追踪这些步骤，并没有什么快进键，仿佛按下这样一个按
钮科学实践就可以展现出来。

在这样一个框架中，艾迪勒莎从大量不同的植物中抽取
样本，然后按照分类学标准将其标记为 Guatteria schomburg-
kiana、Curatella Americana、Connarus[1] favosus。艾迪勒莎说，
她能够像区分自己的家庭成员一样分辨不同的物种。她每剪下
一种植物，就表明在森林、稀树草原和两者的交界地带存在上

1　拉图尔在原文中将其误写为 Connnarus。Connarus 意为牛栓藤属。——译者注

千株的同类物种。她所收集的并不是一束花，而是她想保留下来以作为参照（这是 reference 的另外一种含义）的证据。她必须能够重新识别自己在笔记本中所做的记录，以便将来能够参考使用。为了能够做出断言：在稀树草原发现了一种常见的森林植物 Afulamata diasporis——尽管它分布在稀树草原，但只在少数草原上森林植物的树荫处才能存活——艾迪勒莎需要收存一个样本作为这一主张的无声证据。当然，这并不要求必须收存所有此种植物。

从艾迪勒莎收集的这束植物中，我们能够发现指称的两个特征：在一只手中，她借助归纳的方法，以经济节约的、简捷的方式将植物收集成漏斗状的一束，她会选取其中一片草叶作为数千片草叶的独一代表；她的另一只手拿着被保存下来的一份样本，万一将来当她产生自我怀疑或出于各种原因其主张被同行质疑的时候，这份样本会成为她的担保者。

就像学术著作中的脚注可供好奇者或质疑者"参考"（reference 的另外一种含义）一样，这捆样本将来也会为这次考察所得出的文本提供保证。森林并不会直接将可信性赋予艾迪勒莎的文本，但是她可以通过选取代表性担保者以间接的方式获得可信性，这些担保者必须被整齐存放，并被贴上标签，这样它们就能够和艾迪勒莎的笔记本一道被运回博阿维斯塔，成为她存放在大学之中的收集物的一部分。我们可以从她写就的报告中找到各种植物的名字，接着可以从这些名字找到被分

类存放的已经脱水的样本。如果将来
发生争议，那么借助艾迪勒莎的笔记
本，我们就能够从这些样本返回她最
初标记出来的那些场点。

文本言说了植物。文本为了脚注
而拥有植物。一片叶子安静地躺在许
多叶子组成的床上。

这些植物将来的命运如何呢？它
们会被运输到更远的地方，被放置

图 2.5

在某间收集室、某家图书馆或博物馆之中。让我们来看一下
它们在其中某一机构里所发生的情况吧，这一阶段的情况更
加为人所知，它通常更会成为人们的描述对象（Law and Fyfe
1988; Lynch and Woolgar 1990; Star and Griesemer 1989; Jones and
Galison 1998）。接下来，我们将会再次关注这一传义步骤。如
图 2.5 所示，我们到了一家位于马瑙斯的植物学研究所，这里
远离森林。带有三组架子的橱柜组成了一个工作场所，其中，
纵列和横排交错、x 轴和 y 轴交叉。照片所示的每一隔间都被
贴上标签，用于分类和储存。这组置物柜就是一种理论，只不
过比图 2.3 所示的标签略微重一些，但是它赋予这间办公室更
强的组织结构能力，在硬件（因为它具有保护作用）与软件（因
为它具有分类作用）之间、在盒子与知识树之间，这是一个完
美的传义者。

35

36

标签指明了所收存植物的名字。卷宗、档案和文件夹，它们所保护的并非文本——表格或邮件——而是植物，植物学家从森林中取来这些植物，然后将它们放入烤箱中以 40 摄氏度的温度杀死真菌，最后将之夹入报纸进行压平。

我们是远离森林还是迫近森林呢？迫近森林，因为人们可以在收集物中发现它。完整的森林吗？不是。蚂蚁、螳螂、树木、土壤、蠕虫都不在场，更不用说吼猴了，它们要是在的话，几公里之外就能听到它们的叫声。只有植物学家感兴趣的少数样本和代表被存储到收集物之中。那么，这就是说我们远离森林了吗？也不是，让我们这么说，我们就在森林中间，我们借助代表拥有了它的所有部分，就像美国国会把持了整个美国一样；这样一个异常简练的转喻同时适用于科学和政治，它能够使一小部分掌控巨大的整体。

将整个森林搬迁到这里意味着什么呢？人们可能迷失其中，天气会异常炎热，植物学家所能看到的范围也会仅仅局限于其所处的小领地。不过，此处，空调嗡嗡作响；此处，甚至墙面都作为一部分加入了图表纵横交错的线条之中，而植物则通过这一图表在通行数世纪的生物分类学中找到了它们各自专属的位置。空间成为细目表，细目表则成为橱柜，橱柜进而成为概念，概念最后变成一种建制。

因此，我们距离野外场点，并非太远，亦非太近。我们处在一个恰当的位置上，完成了对相关特征的输送，尽管这些特征的数量并不是那么大。在这种传输中，某些东西被保存下来。如果能够成功理解这种不变之物，我就能够达成对科学指称的理解，尽管它难以言表，但我相信这种理解是可达成的。

37

图 2.6

这间小屋中有一张桌子，跟餐馆里的桌子差不多，植物学家用这张桌子为其收集物提供保护，桌子上同样摆放着一些在不同时间从不同地点带回来的样本。哲学，这样一门源于惊奇的技艺，将会谨慎细密地思考这张桌子，因为对植物学家来说，与远离森林造成的损失相比，收集物为其带来的收获要多得多，奥秘就在这张桌子上。我们首先考察一下能从桌子所带来的这一优势中看到些什么，稍后再继续追踪这些传义步骤。

第一个优点：安逸。在翻动报纸页面的过程中，脱水的茎和花呈现在研究者面前，这样她就可以从容不迫地研究它们，在它们近旁完成写作，仿佛这些茎、花能够将自己直接印刷在纸张上，或者说，至少它们能够与纸张中的世界完全相容。通常情况下写作与事物之间的巨大距离，现在变成了仅仅几厘米。

第二个优点同样重要，意思是说，一旦完成了分类工作，在不同时间从不同地点收集而来的样本可以同时呈现在这一平直的桌面上，这种同时可呈现性也使人们对其进行完全相同的

38

考察成为可能。这株植物是三年前被确定分类的，另外一株则采自 1000 公里之遥的地方，而在这张桌子上，它们以简洁概要的方式共同构成了一幅静态画面。

第三个优点仍然具有同等关键的意义，即是说，研究者可以像洗扑克牌一样，改变样本的位置，或者用某一样本替代另一样本。植物并非全然就是符号，不过，它们可以像印刷机上的铅制活字一样，能被移动，能重新聚合。

这不足为奇，在安静、凉爽的办公室里，植物学家耐心地编排这些叶片，并能从中发现从未有人觉察到的显现出的新模式。相反的情形才更加令人不可思议。从展放在桌子上的收集物中生发出知识层面的创新，这是很自然的事情（Eisenstein 1979）。在森林里，尽管处在同一世界中，但充满了树木、植物、树根、土壤、蠕虫，植物学家难以平静地在牌桌上摆弄其拼图的部件。这些叶片分布在不同的时空之中，如果她没有重新编排其特性并以全新的方式将之聚合起来，它们将永远不会相遇。

在牌桌上，手中王牌不断，每一位科学家都会变成一个结构主义者。相较于那些在森林中汗流浃背之人以及那些面对各种复杂现象——这些现象的呈现方式让人烦恼不已，它们无法辨认，难以确定身份，重新洗牌和掌控一切都变得毫无可能——而不堪重负之人，牌桌上的科学家每次都能取胜，我们无须再对个中诀窍深加探究。我们失去了森林，但获得了关于森林的知识。在这一美妙的矛盾中，英语单词"oversight"（监管／失察）

准确抓住了这种视力支配的两层内涵：它意味着从上方察看某一事物的同时忽视了它。

自从世界诞生以来，在自然主义者的收集物上所发生的事情，从未在植物上发生过（参见第5章）。植物看到了自己被剥离、被分开、被保存、被分类、被贴上标签。接着，它们又被重新组织和整合起来，然后按照各种全新的原则被重新分类，至于采用何种原则，这取决于研究者，取决于植物学这一数世纪前就已经达成标准化的学科，取决于为它们提供保护的建制；不过，它们绝不可能再像在野外的大森林中一样生长了。植物学家从中学到了新的东西，于是她被改变了，但植物同样被改变了。就此而言，观察与经验并无二致：两者都是被建构之物。通过在桌子上发生的这一置换过程，森林与稀树草原之间的交界面变成了一个由科学家、植物学和森林所组成的杂合体，稍后我会再测算一下它们之间的比例关系。

不过，自然主义者也并非总是成功。在照片的右上角，发生了一件可怕的事情：一大堆报纸里面夹满了从野外场点带回来的植物，植物学家尚未对这些植物进行分类。她的工作已经超期了。同样的故事在每一间实验室里不断上演。一旦进入野外，或启动一部仪器，我们就会发现自己被淹没在数据的海洋之中。（我也会碰到同样的问题，对于在仅仅15天的野外科考中所发生的事情，我都没办法做到充分全面的描述。）旅途结束之后，达尔文也要走出家门，因为贝格尔号上装载的宝物箱陆续到达，达尔文必须得追上宝物到达的速度。森林在植物学家的收集物中被简化为一种最简单的呈现方式，但它也可能很快就会变得像纠缠在一起的树枝一样浓稠密集，就像我们最初工作的地方一样。在这一置换过程中的任一点，比如在堆积如山的需要编制索引的叶片中，在植物学家有可能将自己淹没的笔记中，在同行寄来的重印本中，在堆放着各种期刊的图书馆中，世界都可能重返混乱不堪的境地。当必须出发时，我们却勉强刚刚到达；当第一部仪器勉强能够运转时，我们就不得不开始考虑第二件设备，以便能够消化吸收前者所铭写下来的东西。如果我们不想被由树木、植物、叶片、纸张、文本所构成的世界压制得体无完肤，就必须加快步调。知识来自上述这些活动，而非产生于对森林的简单沉思。

现在，我们知晓了博物馆空调所带来的便利，但我们也不得不加快步调，仔细考察森林在艾迪勒莎那里所经受的一系列形变。我已经以非常直接的方式在植物学家指向树木的形象与自然主义者在工作台上掌控样本的形象之间做了对比。由于直接从野外跳到了收集物上，我肯定错过了一些关键性的中间环节。当我说"猫坐在席子上"时，我所指代的似乎是真实存在于前文所提及的席子上且能够证实我的陈述的那只猫。然而，在现实的实践中，人们不可能从客体直接前行到语词、从所指直接跳跃到符号，人们所经历的必定是一条充满风险的间接路径。在猫与席子的例子中，我们无法发现这一点，因为我们对猫和席子太过熟悉，只要我选取一个不这么常见、更加复杂的陈述，我们就能重新意识到这种情况的存在。如果我说"博阿维斯塔的森林向着稀树草原推进"，到底何物能够赋予我这句话以真值呢？我又如何能找到它呢？谁能够使这类客体参与到话语之中呢？或者用一个老套的词来说，谁能够"诱导"它们进入话语之中呢？人们必须重返野外，并且小心谨慎，不仅要追踪收集物所发生之事，更要密切关注我们的朋友是如何在真实的森林中收集数据的。

在图 2.7 所示的照片中，一切都模糊不清。当时，我们离开了实验室，已经进入原始森林深处。在一片绿色的背景中，研究者们看上去就像一些卡其色和蓝色的点，任何时候任何人只要离开大部队，很可能就会消失在绿色地狱之中。

勒内、阿芒和艾洛伊莎正围着地面上的一个孔议论纷纷。孔和陷坑对土壤学的意义，就像样本收集物对植物学的意义一样，是最基本的技艺，也是其全心贯注的对象。由于土壤的结构总是深藏于我们的脚下，因此土壤学家只能通过打孔的方式来展现其剖面。一个剖面就是上下相继的不同土壤层面之间的集合，人们用一个美妙的词汇"层"（horizon）来指代它。雨水、植物、树根、蠕虫、鼹鼠和数不清的细菌不断改变着基岩（土壤学家的研究对象）的母质，进而将之分化成不同的"层"，土壤学家要对这些层进行辨认、分类，并将其嵌套进一种他们所谓的"土壤发生"的历史之中（Ruellan and Dosso 1993）。

41

图 2.7

依据他们的职业习惯，土壤学家想知道的是，在特定深度上，森林下方的基岩和稀树草原底下的基岩是否有所差异。这样一个简单的假说本可以终结发生在植物学家和土壤学家之间的这场争论：森林和稀树草原都没有后退，因为存在于森林和稀树草原之间的边界只是反映了土壤的差异。用此前马克思主义的一个隐喻来说：基础结构决定了上层结构。然而，他们很快就发现，在地下 50 厘米的深度上，稀树草原下方的土壤和森林下方的土壤完全相同。若向基础结构寻求解释，那这一假设就站不住脚了。基岩看上去无法解释表层之间的差异——森林下方的黏质土壤和稀树草原下方的沙质土壤。这一剖面有些"反常"，我的朋友们对此异常兴奋。

在图 2.8 中，勒内正站在那里，用一部整合了指南针和量坡仪的设备对着我，他需要确定第一个地形方位点。借助拍照片的便利，我也担任了一个定位杆的角色，尽管这个角色并不是那么重要；我的身高刚刚好，这就帮助勒内精确标记了土壤学家们的打孔位置。迷失在这样茂密的森林之中，研究者们需要借助最古老、最原始的技巧来组织空间，选定一个地点然后将木桩揳入地下，并在底噪中描绘几何形状，或者至少能帮助他们将来再次识别这些形状。

他们再次淹没在森林之中，不得不依靠角度测量这一最古老的科学，这是几何学的一种，米歇尔·塞尔曾经详细描述了它的神秘起源（Serres 1993）。再一次，土壤学这门科学必须追寻一门更加古老的学科——测量学——的痕迹，离开了测量学，我们只能毫无章法地打孔，只能寄希望于运气，也就难以在方格纸上绘出勒内想要完成的准确地图。我们将一系列三角形作为参照，并将之添加到艾迪勒莎先前在野外场点已经编了

42

图 2.8

号的方形地块之上（参见图 2.3）。为了让植物学和土壤学的数据日后能够被叠加到同一个图表之上，这两个参照系必须相容。因此，人们应该言说的并非"数据"——被给定之物——而是 sublata，即"获取之物"。

勒内的标准工作是沿横切面重构表层土壤，横切面上最远两端所包含的土壤成分肯定是差异最大的。例如，在这里，稀树草原下面是沙质土壤，森林下面则是黏质土壤。他通过逐次接近的方式推进工作，先是选定两端的土壤，然后再在中间位置选取样本。不断以此种方法重复这一过程，直至找到完全相同的层。他的方法让人想起了炮击术（借助寻找中点而获得近似值）和解剖学（它所探寻的几何意义上的层，其实就是土壤的"器官"）。如果我当时是一位历史学家，而非寻求指称的哲学家，我将会巨细靡遗地考察勒内所说的"结构地理学"这一奇妙范式，研究它如何使自己有别于其他范式以及如何从与之相关的争论中脱颖而出。

要从一个点到达另外一个点，土壤学家们不能使用测量学家的测量链；土壤学家们从来没有标记过土壤层。相反，他们使用了一种堪称完美的工具，谢氏线型洞穴测量仪（Topofil Chaix™）[1]（图 2.9），巴西的同事们给这一装置取了一个更加准确的名称"线型土壤测量仪"（pedofil）。在这张照片中，

---

1 topofil 是一种用于洞穴测量的机械装置，它包含一个线轴和一个距离计数器，另外还有一个量角器以测定坡度、一个指南针以测定方位。——译者注

桑德瓦尔打开了橙色盒子，这一机械装置显露出来。许多工作都要依赖于这一橙色的线型土壤测量仪……

线轴上的棉线平直伸展，会带动滑轮旋转，进而启动计数器的齿轮。将计数器设置为零，接着解开他身后的阿里阿德涅（Ariadne）线，土壤学家便可以从一个点移动到另外一个点。当到达目标地点时，他只须简单地用安装在线轴边上的一块刀片将线割断即可，当然他还得在线的末端打一个结以免线团会随时散开。如果汉塞尔（Hansel）和格莱特（Gretel）能够理解"Topofil Chaix à fil perdu n° de référence I-8237"这串铭文，他们的童话故事将会完全变成另外一个样子。

经过几天的工作，这里布满了棉线，甚至都难以下脚。然而，借助指南针的角度测量和土壤测量仪的直线测量，这块地面成为一个原初实验室——借由对坐标的统计，所有现象都被登记下来，于是，一个欧几里得式的世界诞生了。如果康德能够使用这台仪器，那么他肯定可以看出，这台仪器将会以实践的方式展现出其哲学思想。如果想要认知世界，就必须将之改造成实验室。如果原始森林被改造成实验室，那么我们以图表的方式将之呈现出来就不再是什么难事（Hirshauer 1991）。于是，我们就从乱七八糟的植物中提取出一张图表，在这一过程中，处于分散状态的各个地点，借由棉线成了标记点和测量点，这样，我们就在一个由一系列三角形所组成的网络中获得了许

44

图 2.9

多物质化的（或精神化的）线。如果仅仅拥有一种先天形式的
知觉（再次采用康德的表述），我们绝不可能将这些场点聚集
起来；如果不经历学习，四足全无的缸中之心灵又如何能够学
会使用指南针、量坡仪、土壤测量仪之类的设备呢？

　　技术员桑德瓦尔是这次考察中唯一一位本地人[1]，图 2.10
所示的孔洞主要是由桑德瓦尔挖的。（当然，如果我不是有意
将哲学和社会学区分开来，那么我肯定会对法国人与巴西人、
混血族裔与印第安人之间的劳力分工做出解释，也会对男性与
女性之间的角色分配做出说明。）在这幅图中，在螺旋钻的帮
助下，阿芒正从其顶端狭小的盛土腔内收集土壤，从而取下最

---

[1]　拉图尔这里的意思是，桑德瓦尔是印第安人，所以才是真正的本地人。法语版对桑德
瓦尔的身份做出了说明。——译者注

关键的样本。桑德瓦尔所使用的工具是鹤嘴锄，现在它的任务已经完成，因此被平放在地上，与桑德瓦尔的工具不同，螺旋钻属于实验室中的设备。在螺旋钻的 90 厘米处和 1 米处，安装有两个橡胶材质的阻塞器，它们一方面可被用于测量深度；另一方面，借助不断地推压和旋转，它们也可被用作取样工具。先是土壤学家们检验土壤样本，接

45

图 2.10

着艾洛伊莎收集样本，并将其放入一个塑料袋中；同时，她会在袋子上写明孔洞的标号和取样的深度。

　　与艾迪勒莎的样本一样，大多数分析工作不能在野外展开，实验室是这些工作所绝对必需的。前面提到的这些塑料袋将会开始其漫长的旅程，其中有一部分将经由马瑙斯和圣保罗被送往巴黎。即便勒内和阿芒能够判定取样点和土壤质量，能够判定其结构肌理、颜色和蚯蚓的活动，但是，如果不借助耗资巨大的设备和专业技能，他们仍然难以对土壤的化学成分、颗粒大小及其所含有的碳的放射性情况进行分析，而不管是在一贫如洗的矿工还是富可敌国的土地所有人那里，这些设备和技能都不可能被找到。土壤学家作为万里之外的实验室的先锋队参与到这次考察之中，当然，他们最终还是会将样本带回实验室。

46

透明的小塑料袋上铭写着用黑色毡头笔记下的不同数字，这些数字尽管非常脆弱，但仅仅借助这一联系，样本就能够停留在其原初的情境之中。如果你以后像我一样有机会碰到一群土壤学家，我这里有一句忠告：千万别主动提他们的手提箱，因为那些巨大的箱子装满了盛有土壤的袋子，这些袋子总是伴随他们往返世界各地，而且它们很快就会塞满你的冰箱。追踪这些样本的流通路径，可以勾勒出地球上的密集网络，其密集程度跟土壤学家们的土壤测量仪所吐出的棉线网络毫无二致。

在这一案例中，实业家们所说的指称的"可追踪性"（traceability）依赖于艾洛伊莎的可靠性。艾洛伊莎坐在孔洞旁边，一丝不苟地记述着野外笔记，所有团队成员都要倚仗她的笔记。面对每一个样本，她必须认真记录其取样地点的坐标、孔洞的编号及其取样的时间和深度。不仅如此，她同样需要记录下她的两位男同事在将土块装入袋子前从中提取出来的一切定量数据。

整个考察成功与否取决于这本小小的考察日志本，它的作用就跟实验记录本在实验室生活中所起到的管理作用一样。只有这个日志本才能帮助我们返回每个数据点，以便重构其历史。在餐厅所决定的问题列表，现在被添加到艾洛伊莎的每一个行动序列之中。这些行动序列表现为一系列格子，我们需要按部就班地将信息填入每个格子中。艾洛伊莎保证了实验记录的标准化，基于此，我们才能够以同样的方式从任一地点获得同样规格的样本。考察记录的兼容性确保了不同的孔洞之间具有兼容性，这样，笔记本就确保了不同时空之间的连续性。作为一位地貌学家，艾洛伊莎不仅负责处理标签和考察记录，还会参与到每次讨论之中，这能够帮助她背井离乡的同事们借由她的断定，采用"三角验证法"来框定他们自己的判断。

47

听从于艾洛伊莎的指令——这些指令重复了勒内告诉我们的信息，并再次证实了袋子上的铭文——在我看来，博阿维斯塔森林地区此前从未有过这种纪律。曾经进入这一地区的土著人，很可能也在自己身上强加了各种习俗仪式，或许也像艾洛伊莎的一样复杂精致，但绝对不会像她的那么非同寻常。我们接受远在千里之外的研究机构派遣，不惜任何代价获取尽可能不发生任何形变的数据，并竭尽全力确保这些数据的可追踪性（然而，通过与其地方语境相隔离却又彻底改变了它们），在当地土著人看来，我们才是最异乎寻常的。这些样本的特征只有在保持特定距离的时候才具有可见性，而这种距离又会使取样的语境消失不见，那我们为何还要如此关注这种样本的取样工作？为什么不把它们保留在森林里呢？为何不"入乡随俗"呢？那我呢？垂着胳膊，站定不动，什么忙也帮不上，连土壤剖面和土壤层都不能区分——从信息提供者的辛苦劳作中，我得到了一丁点儿有关指称哲学的见解，不过，只有我在巴黎、加利福尼亚或得克萨斯的少数同行们，才对此稍微有点兴趣，这样看来，我是不是还没有那么异乎寻常？我为何不成为一位土壤学家呢？又为何不成为一位本土的土壤收集者或当地的植物学家呢？

　　要想在人类学的层面上理解这些小秘密，我们就必须走近图2.11所示的完美的对象——"土壤比较仪"（pedocomparator）。在稀树草原的草地上，我们看到了一个方盒子，盒子中整齐排列着许多硬纸板材质的中空小方格。更多的笛卡尔坐标，更多的列，更多的行。这些方格被安放在一个木制框架中，这样，人们就可以将之放到抽屉中带来带去。我们的植物学家们实在是聪明至极，他们在这个抽屉上安装了一个把手和几个搭扣，并加上了一块软的垫板，从而为这些纸板材质的方格加了一个盖子（照片中没有这个盖子），这样，他们就把抽屉改造成一个手提箱。于是，所有土块已经成为笛卡尔坐标，而这些土块被收集到一起之后又成了一个土壤图书馆，借助这个手提箱，

48

图 2.11

它们就可以被带走了。

与图 2.5 中的橱柜一样，我们也可以从土壤比较仪中看到抽象与具体、符号与设备之间的现实差别。土壤比较仪上装有把手、木制框架、垫板、硬板纸，这样看来，它属于"物"的世界。然而，其方格的编排规则、列与行的布置仍有讲究，尽管这些方格各有不同，但原则上不同的列之间似乎可以相互更替，如此看来，土壤比较仪又属于"符号"的世界。或者更准确地说，发明了这样一个巧妙的杂合体之后，物的世界似乎成为一个符号。下面还会有三幅图片，借助这些图片，我们将会在现实层面上更加具象地理解抽象的目标，同时就能够认识到这种抽象在将某一事态装载到一条陈述的过程中所起的作用。

下面我有必要使用一些略显含混的术语——我们会使用某些词汇来表述如何将物摄入话语之中，也可以使用另外的词汇来谈论话语本身，不管我们怎么做，我们都没有歧视哪种做法。分析哲学家们总是忙于寻找一种方法，以便能够采用一种真理性的语言来谈论世界（Moore 1993）。说来也怪，即便他们费尽心力证明世界仅仅等待着语词对它的命名，并且在这一过程中尤其强调语言的结构、一致性和可靠性，但这些语词的真与假却只能由世界的在场与否来保证。"真实的"猫坐在人们时常提及的席子上，静静等待以便为"猫坐在席子上"这句话赋予真值。然而，要获取确定性，世界必须行动起来并对自己进行改造，语词远远不够（参见第 4 章和第 5 章）。现在看来，49

这就是分析哲学家所忽视的另一半，也是分析者不得不正视的。

土壤比较仪暂时空空如也。随着考察的开展，空形式（empty forms）的列表也越来越长——艾迪勒莎先选定地块，然后在树木上钉上标签，并在其上铭写数字，以便将选定的地块分割为不同的方块；勒内用指南针和土壤测量仪标记孔洞；艾洛伊莎则负责对样本进行编号，并依据学科规范按序做好考察记录。所有这些空形式被安排到现象背后，现象显现自身之前，以便将其显现出来。在森林中，现象被遮蔽，但借助纯粹的数字，它们最终能够呈现出来，也就是说，现象能够从我们巧妙布置的背景板中脱颖而出。现在，在我和朋友们的眼中，我们所欲寻求的相关特征，沐浴在白色聚光灯下，如同空无一物的土壤比较仪或空白的方格纸，无论如何，这种白色光芒与广袤、嘈杂的森林所带有的深绿色和暗灰色迥然相异，在后一种色调中，鸟儿莺声阵阵，当地人称之为"调情鸟"。

在图 2.12 中，勒内在进行抽象化的工作。他用小刀割开土壤，在考察记录所标记的深度上取下土块，并将它存放到一个纸板方格中。艾洛伊莎则用毡头笔在方格边缘标记数字编号，这些编号将来同样会被记录到笔记本中。

我们仔细看一下这一土块。在勒内的右手中，它仍然保持着土壤的所有物质性特征——"尘归尘，土归土"。然而，随着勒内将之放入左手中的硬纸方格里，这一土块成为一个几何符号，并带有一个数字编码，很快它就会被标记为某种颜色。

科学哲学只考察抽象化的结果，因此，在科学哲学的世界中，左手并不知道右手的所作所为！在科学论中，我们则是双手并用：我们将读者的关注点吸引到这一杂合体上，吸引到替换发生的时刻，吸引到作为后来者的符号正从土壤中被抽象出来的瞬间。我们的眼睛从来不会离开这一行动的物质重要性。这一图景揭示了柏拉图主义的尘世维度。我们并

50

图 2.12

51

没有从土壤直接跳到有关土壤的理念，而是从多块延伸排列的土块过渡到经由 x、y 坐标编码处理的几何方格中的不同颜色。不过，勒内并没有将一些预定的范畴强加到全无定形的土壤层上；而是将土壤小块——他诱导着它，表达*着它——的意义装载到土壤比较仪之中（参见第 4 章）。只有借助替代，真实的土壤才能够变成土壤学所认知的土壤。将物与词分割开来的巨大深渊随处可见，它们被分散为土块与土壤比较仪的方格—盒子—编码之间的诸多更小的裂隙。

这真的是一次形变、一场运动、一种变形；同时，既是一项发明，也是一种发现！得益于某种不会对其自身形变的输送方式，土块从土壤跳跃进抽屉。在前面的图片中，我们已经看

52

图 2.13

到土壤如何改变其形态；在图2.13中，我们将会看到土壤如何改变其处所。在从土块到符号的通道得以建成之后，土壤就可以穿行于不同时空而不再有进一步的改变；同时，它就能历时而不变。晚上回到餐馆之后，勒内打开了装有两个土壤比较仪的橱柜－手提箱，按照行对应于孔洞、列对应于深度的原则，对其进行重新排列，然后就对着硬纸方格陷入沉思。

餐馆也成为土壤图书馆的一部分。横切面都并排在一起，具有了可比较性。

土块一旦被装入这些方格纸中，它们就开启了走向符号的旅途。不过，我们很清楚，这些空的格子，不管是这里非常简陋的格子，还是门捷列夫手中众人皆知的格子，通常都是人类体系中最为重要的部分（Bensaude-Vincent 1986；Goody 1977）。当我们对它们进行比较时，这些格子决定了我所可能发现的东西；这样，我们就能知道需要进一步收集的东西，进而就可以提前计划好第二天的工作分配。借助这些空的格子，我们看到了考察记录中的空白表格。用勒内的话来说，"只有土壤比较仪才能告知我们是否已经完成了一个横切面"。

　　土壤比较仪的一个重要优点是，尽管这些样本是我们在长达一周的时间内提取而来的，但借助土壤比较仪，我们可以同时看到从不同深度取样而来的所有不同样本，这就像图 2.6 中植物学家的分类工作一样"利润丰厚"。多亏了土壤比较仪，颜色的差异开始显示出来，这种差异进而构成了一个表格或图表，所有不同的样本都被包含在内。现在，借助从褐色到米黄色的细微的颜色变化，森林与稀树草原之间的变迁，被转译为不同的列与行——于是，我们就可以理解这种变迁，因为这部仪器为我们在土壤上安装了一个把手。

　　我们再看一下照片中的勒内：现在他成为现象的掌控者，尽管在几天之前，这些现象还被埋藏在土壤之中，还被散布在一个无法识别的整体里，不具有可见性。这样一种科学，不管成果丰硕还是鲜有收获，不管它是硬科学还是软科学，不管它饱含热情还是冰冷如霜，其最关键的一部分就存在于一米或两米见方的平整表面，这就使研究者们只需要手握钢笔就可以对其展开研究（参见图 2.2 和图 2.6）；不过，在此之前，我从未跟随过这样一种科学。土壤比较仪将森林与稀树草原之间的变迁转变为一种实验室现象；于是，现象就可以像表格一样呈现出二维特征，就像地图一样易于观察，就像扑克牌一样可以重新洗牌，就像手提箱一样方便运送；这样，勒内就可以先去洗个澡，洗去那些已经无用的灰尘和泥土，然后一边平心静气地

53

抽着烟斗，一边飞速地记下笔记。

当然，我是缺乏装备的，进而我的工作也就不会那么严密。借助图片和文本的堆叠，我带给读者的是一种现象，即流通指称[*]。到目前为止，我们还未见过这种现象，因为它散布于科学家们的实践之中，而且被认识论者蓄意混淆。现在，我在巴黎家中，手里端着一杯茶，向大家报告我在博阿维斯塔边境地区的所见所闻，心平气和地细述我的所知所想；不过，行文至此，上述现象仍然被封存在我的讲述之中。

土壤比较仪的另外一个优点在于，一旦它充满了数据，一种模式就显现出来。不过，此处艾迪勒莎所发现的若还不是事实，将着实令人吃惊。如果我们采取新的转译或运输，创新就总是相伴而来。在经过如此重新布置之后，如果还不能理解这一模式，那么它将是世界上最难以理解的事情。

这次考察发现或者建构（在第 4 章中，我们将会在这两个动词之间做出选择；到了第 9 章，我们就会认识到这种选择实际上并不需要）了一种异乎寻常的现象；当然，这仍然要以土壤比较仪为中介。在沙质土壤的稀树草原和黏质土壤的森林之间，在两者的交界区域靠近稀树草原的一侧，似乎分布着一条 20 米宽的长条状土壤带。我们很难确定这一土壤带的性质，因为它相较于稀树草原下的土壤含更多黏土成分，而较之于森林下的土壤则黏土含量较少。似乎，森林是在创造出适合其扩张的条件之前，构造自己的土壤。除非是在相反的情况下：草原在预备侵蚀森林时，也会降低林地的腐殖质含量。在夜晚的餐馆中，我的朋友们讨论了各种各样的可能情形，现在可以根据有力的证据对这些情形进行评价了。这些情形成为对土壤比较仪所牢固确立的事态的可能解读。

    一种可能情形最终会成为文本，而土壤比较仪也将成为文章中的一个表格。现在，它们所需要的只是最后一次细微形变。

    在图2.14中，在桌子上的图表/表格中，我们可以看到，森林在左，稀树草原在右，这与图2.1中两者的位置相反，它们给出或采取了一些形变。（由于土壤比较仪中并没有足够的格子，因此样本的序列必须被改变，这就打破了图表的完美次序，进而要求我们必须设想一种特设性的解读惯例。）在打开的抽屉旁边，分别是画在毫米方格纸上的一个图表和画在直线条纹纸上的一个表格。沿某一既定横切面换取的样本，可以再次在垂直截面中标记坐标，同时，图表汇总了给定坐标下颜色与深度变化的函数。由于疏忽，一把透明直尺被放在了抽屉上，但这进一步凸现了从设备到纸面文件的转变。

    在图2.12中，勒内凭借一个快速的手部动作就从具象过渡到抽象。这是从事物走向符号，从三维的土地走向两个半维度的图表/表格。在图2.13中，他从野外场点回到饭馆：抽屉转变成手提箱，这使勒内能够从一个环境恶劣、缺乏设备的地点转移到一个相对舒服的小饭馆，不仅如此，从原则上说，任何人与物（海关关员除外）都不可能阻止这样一个抽屉/手提箱

54

/ 表格在全世界范围内移动，也不可能限制它与其他所有土壤图书馆中的全部数据图表进行比较。

在图 2.14 中，我们很容易看到还有一个同等重要的形变；不过，这一形变（即铭写*）比其他形变更受关注。现在，我们从设备走向数据表，从作为杂合体的土地 / 标记 / 抽屉走向纸面。

数学可以被应用于现实世界，这常常令人称奇。但这一次，也只有这一次，惊奇被放错了地方。在此，我们的问题应该是，世界应该做出何种程度的改变，才能够使某一纸质文件可以被叠加到另一纸质文件的几何图形之上，同时无须对后者进行过多的歪曲。数学从未跨越观念与物之间的巨大鸿沟；不过，它可以横跨已经几何化的土壤比较仪与勒内记录样本数据的毫米方格纸之间的小小裂隙。很容易就可以跨越这一裂隙——我甚至可以用一把直尺来测量一下这段距离：10 厘米！

即便抽象如土壤比较仪，但它仍然是一个客体。它比森林轻，却比一页纸重；它与充满生机的土壤相比不易腐坏，但与几何学相比则更容易被腐蚀；与稀树草原相比，它更具有可移动性，但与图表相比，其可移动性又弱了很多，因为只要博阿维斯塔有传真机，我打个电话就可以把图表传送出去。即便是经过这般编码的土壤比较仪，都无法被勒内放入报告文本之中。勒内所能做的只是将它保留下来以备不时之需，特别是将来他对自己的文章产生疑问时，可以将之与土壤比较仪进行比

55

图 2.14

对。相较而言，借助这张图表，森林与稀树草原之间的变迁则成为一张纸，进而便可以被世界上的每一篇文章吸纳，同时可以被输送到任何一段文本之中。图表的几何形式使它与计算中心*存在以来所有曾经被记录下来的几何形变相兼容。在对土壤的一系列还原中，我们失去了部分物质性成分，但借助这种还原——对土壤进行书写、计算、存档等——所带来的其他形式的回报，我们获得了百倍的补偿。

　　在我们准备完成的报告中，只有一处断裂仍然存在，这一裂隙与我们刚才所追踪的所有步骤一样微小，同时又一样巨大：我这里所指的是我们写下的平淡无奇的文字与图表所指代的附属物之间的裂隙。我们将会借助文本之中的数据图，完成有关森林－稀树草原变迁的写作。科学文本与其他所有形式的叙述都有所不同。它所言说的是一个呈现在文本之中的所指，而这

56

种文本与其他文本在形式上截然不同，其所使用的是图示、图表、方程、地图或草图。一旦将其自己的内在所指[*]动员起来，科学文本就随身携带了自我证明。

图 2.15 中的数据图整合了此次考察所获得的全部数据。在写就的报告中，这里的数据图被标定为"图 3"。我很自豪成为这个报告的作者之一，报告标题页的内容如下：

巴西亚马孙河流域罗赖马省博阿维斯塔区域森林 – 稀树草原过渡地带植被动力学与土壤差异的关系，1991
年 10 月 2 日至 14 日在罗赖马省的考察报告
E.L. 塞塔·席尔瓦（1），R. 布莱（2），H. 菲利佐拉（3），
S. 多·N. 莫赖斯（4），A. 肖韦尔（5）和 B. 拉图尔（6）
（1）MIRR，Boa Vista RR，（2.3）USP，São Paulo，
（3-5）INPA，Manaus，（6）CSI，ENSMP，（2.5）
ORSTOM Brazil

我们再快速回溯一下我们追随这些朋友们所走过的路。最终报告所提到的数据图，总括了土壤比较仪的结构布局所展现出来的形式性内容，土壤比较仪则对土壤进行了取样、分类和编码的工作，而土壤最终是通过纵横交错的坐标进行标记、编排和命名的。需要注意的是，在每一阶段，所有要素最初都属于物质领域，而最终又归属于形式领域；人们先是将之从非常

具象化的领域中抽象出来，但在接下来的阶段中，它们又一次变得异常具象化。我们既未觉察到物与符号之间的断裂，也未看到人们随意地给处于无定形的、延展的物质强加一些互不相干的符号。我们所能看到的仅仅是处于连续序列之中的各种要素，它们被完好地保存下来，其中每一个要素相较于其前身扮演了符号的角色，而较之于其后继者则扮演了物的角色。

在每一阶段，我们都能发现基本的数学形式，这些形式的作用是通过研究者团队的转义实践收集物质。在每一步中，形式、物质、身体技能和团队所组成的杂合体都会推演出一种新的现象。我们应该谨记，在图 2.12 中，勒内将褐色土块放入白色的硬纸方格中，接着又迅速为之标记了一个数字。他并没有像康德式的神话所要求的那样，按照智识范畴分割土壤；相反，他使物质跨越了将其与形式分离的那条裂隙，并在此基础上考察每一现象的意义。

事实上，我们如果快速翻看这些照片，就会明了，即便到目前为止我的考察已经巨细靡遗，但每一阶段与其之前或之后的阶段相比，其间仍然存在一个缝隙。尽管我已经像芝诺一样竭尽全力增加中间环节，但不同阶段之间仍然绝无相似，这就使我们断无可能将之重叠起来。我们可以比较一下反映最初阶段的图 2.1 和代表最终结果的图 2.15。它们之间的差异并不比图 2.12 勒内手中的土块样本与它们随后呈现在土壤比较仪中的数据点之间的差别更大。不管选择分处首尾的两个阶段，还是

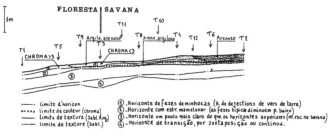

图 2.15

千方百计增加中间环节，我都发现同样存在的非连续性。

　　不过，也存在一种连续性，因为所有照片都言说了同样的事情，都代表着同样的森林－稀树草原的变迁，每一阶段相较之前的阶段都变得更加确定、更加准确。我们的田野考察报告确实指称了"图3"，而"图3"又的的确确指称了博阿维斯塔地区的森林。我们的报告指称了奇特的植被动力学，而后者似乎帮助森林打败了稀树草原，仿佛树木将沙质土壤转变为黏质土壤，以便为其生长在20米宽的带状地块做好了准备一样。不过，这些指称行为之所以更加可靠，是因为它们依靠的不是相似性，而是一系列规范化的形变、嬗变和转译。如果某物在这一漫长的旅途中能够持续性地经受形变，那么它就愈加能够保持稳定，也就可以被输送得更远、更迅捷。

　　看起来，指称并非"指向"这一简单的行为，亦非为某一陈述的真理地位保留某些外部的物质担保；准确地说，它指的是，我们在对某物进行一系列形变的过程中，仍能保持其恒定性的方法。知识并非通过模仿从而达成与真实外部世界之间的相似性，进而反映外部世界；恰恰相反，它所反映的是一个真正的内部世界，同时确保了这一内部世界的一致性和连续性。这是多么完美的一步啊，表面上在每一阶段都牺牲了相似性，但又为了在相同的意义上恢复这种相似性，于是，这种相似就能够穿透一系列快速形变而保持不变。发现这样一种奇异而似乎又自相矛盾的行为，就像是发现了一片能够创生自己所需土壤的森林一样。如果我能为这一谜题寻找到一个答案，那么我自己的这项考察，不管从哪方面来说，与我那些乐在其中的同事们的工作相比，至少同样也是收获丰硕的。

要想理解这种能够穿透形变而保持不变的恒定性，我们需要先考虑一下一台小仪器（图2.16），它与土壤测量仪或土壤比较仪一样，都是一项新颖独特的发明。既然对我们的朋友来说，将亚马孙地区的土壤带回法国绝非易事，那么他们就不得不进一步将每一方格的颜色改造为一个标签，如果可能的话，将其改造为一个数字，这就使土壤样本能够融入计算的世界，进而使科学家们能够从中受益良多，就像计算器给数符管控者所带来的便利一样。

但是，当我们试图对棕色的细微差别进行定性时，相对主义不会抬起它那可怕的头吗？我们怎么能对口味和颜色产生争议呢？正如法国谚语所说："这么多的脑袋，这么多的意见。"

在图 2.16 中，我们可以看到勒内为修复相对主义的破坏而提出的解决方案。

三十年来，他在世界的热带土壤中辛勤劳作，带着一本页面硬挺的小笔记本：孟塞尔代码（The Munsell code）。这小册子的每一页都将深浅非常相似的颜色组合在一起。有一页是关于紫红色的，另一页是关于黄红色的，还有一页是关于棕色的。孟塞尔代码是一个相对普遍的标准，它成为画家、涂料制造商、制图师和土壤学家的共同标准，因为它通过给每一种颜色分配一个编号，一页一页地排列出光谱中所有颜色的细微差别。这个数字是一个参照，世界上所有的调色师都能迅速理解和复制，条件是他们使用相同的汇编、相同的代码。正如通过电话，你和销售人员无法匹配墙纸样本，但你可以根据销售人员给你的色彩图表，选择一个参照号码。

孟塞尔代码对勒内来说是一个决定性的优势。迷失在罗赖马的他，如此悲惨地成了本地人，但通过代码的传义，他能够极尽可能成为一个全球性的人。而这个特定土壤样本的独特颜色变成了一个（相对）普遍的数字。

在这一刻，我对标准化的力量（Schaffer 1991）所产生的兴趣已不如一个令人目瞪口呆的技术诀窍——在颜色的深浅之上被刺穿的小孔。本土与全球之间的门槛虽然看起来总是遥不可及，但现在可以被瞬间跨越。不过，将土壤样本插入孟塞尔代码需要一些技巧。为了使土壤样本有资格成为一个数字，勒

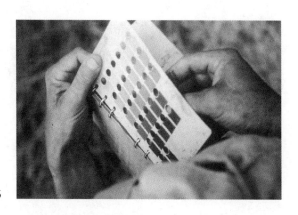

图 2.16

内事实上必须有能力将他手中的本地土块与作为参考被选择的标准化颜色进行匹配、叠加和对齐。为了做到这一点，他把土壤样本放在笔记本的开口下面，通过逐次逼近的方式选择最接近样本的颜色。

60

正如我所说，在每个阶段，在每个对象"物"的部分与"符号"的部分之间，在土壤样本的尾端与头部之间，都存在一个完全的断裂。因为我们的大脑无法精确地记忆颜色，所以这个深渊更加宽广。哪怕土壤样本与标准化颜色之间的距离不超过10 厘米或 15 厘米——也就是笔记本的宽度——也足以让勒内的大脑忘记这两者之间的精确对应关系。建立标准化颜色与土壤样本之间相似性的唯一方法就是在书页上穿孔，使我们能够将土块的粗糙表面与标准化的明亮且均匀的表面对齐。两者之间的距离不到 1 毫米，只有这样才能从总体上解读它们。没有这些孔，就没有对齐、没有精度、没有读数，因此也就无法将本地的土壤转变为普遍的代码。勒内架起了一座桥，这是一座天桥、一条线、一个抓钩，用来跨越物质和形式的深渊。

"日本人做了一个没有孔的，"勒内说，"我无法使用它。"我们总是对科学家的头脑感到惊讶，这是理所当然的，但我们也应该佩服他们这一点，即对自己的认知能力完全缺乏信赖（Hutchins 1995）。他们如此怀疑自己的大脑，以至于需要发明这样的小把戏来确保他们对土壤样本简单颜色的理解。（我怎样才能让读者在没有我拍摄的照片的情况下，理解这项指称工作？这些图像必须在阅读我所讲述的故事的时候同时被观看，我非常害怕在我的叙述中出错，因而我自己不敢忽视这些照片，哪怕只是一瞬间。）

那一小撮土壤和印刷出来的数字之间的断裂总是存在的，尽管它因为这些孔而变得无限小。通过孟塞尔代码的传义，一个土壤样本可以被当作一个文本来阅读。"10YR3/2"进一步证明了实用的柏拉图主义，它通过两只长满老茧的手紧紧握住笔记本/仪器/校准器，将土壤变成了一种理念。

让我们更详细地跟踪图 2.16 中显示的线索，为自己勾勒出迷失的指称之路。勒内已经提取了他的土块，放弃了过于丰富和过于复杂的土壤。通过忽略这些土块的体积和质地，这个孔反过来可以让我们去框定土块并选择它的颜色。接着，小而平的矩形色块成了被归于一种颜色的土壤与刻在相应色调下的数字之间的中介。正如我们能够忽略样本的体积以便专注于矩形的颜色一样，我们很快就能够忽略颜色，以便仅保存指称的编号。在后面的报告中，我们将省略数字而只保留范围和趋势，因为它太具体、太详细、太精确。

在这里，我们发现和以前一样的连续阶段，其中只有一小部分（从样本颜色到标准颜色的过渡）依赖于相似性和充分性。所有其他的部分都只依赖于痕迹的保存，这些痕迹建立了一条可逆的路线，使我们在需要时有可能追溯自己的脚步。在物质/形式的变化中，科学家们开辟了一条道路。约减、压缩、标记、连续性、可逆性、标准化、与文本和数字的兼容性——所有这些都比单纯的充分性重要得多。没有一个步骤——除了它自己——与之前的步骤相似，然而最后，当我读到田野报告时，我的手中确实掌握着博阿维斯塔的森林。一个文本真正讲述了这个世界。这一系列很少被描述的奇异而微小的形变痴迷地嵌套在一起，以保持某种不变，相似性又是如何从中产生的呢？

在图 2.17 中，我们看到桑德瓦尔蹲在地上，锄头的柄仍放在他的胳膊下，沉思着他刚刚挖的新洞。站着的艾洛伊莎正在思考这片青灰色森林中的几只动物。她带着一个地质学家的小包，这是一条弹药带，边上有很多小孔，窄得不能装子弹，但很适合用来装专业制图师不可或缺的彩色铅笔。她手里拿着那本著名的笔记本，这个笔记本使我们确实处于一个巨大的绿色实验室中。她正等着打开它并做记录，现在两位土壤学家已经

62

63

图 2.17

完成检查并达成一致。

阿芒（图片左边）和勒内（图片右边）正在进行相当奇怪的"土壤品鉴"工作。他们每人用一只手拿了一点从洞中取样的土壤，深度由艾洛伊莎的笔记本规定。他们小心翼翼地往灰尘上吐了口唾沫，现在用另一只手慢慢地揉捏它。这是为了享受塑形的乐趣吗？不，这是为了提取另一种判断，一种不再涉及颜色而是涉及质地的判断。不幸的是，为了这个目的，我们没有与孟塞尔代码相对应的东西；如果有，我们也不知道在这里如何才能得到它。要以标准化的方式定义颗粒度，就需要半个设备齐全的实验室。因此，我们的朋友们必须知足以 30 年经验为基础的定性测试，他们以后会将其与实验室结果进行比较。如果土壤很容易成型，那就是黏土；如果它在手指下破碎，那就是沙子。这里有一个表面上非常容易的实验，相当于一种在手心的实验室做实验。这两个极端很容易辨认，即使是像我这样的初学者也是如此。正是沙子和黏土的中间化合物使区分变得困难和关键，因为我们感兴趣的是对过渡土壤的细微变化进行定性，朝向森林方向的土壤中黏土更多，而朝向草原方向的则沙子更多。

　　由于缺乏衡量标准，阿芒和勒内依赖于对他们的感受判断进行反复讨论，就像我父亲品尝他的科顿葡萄酒时那样。

　　"沙质黏土还是黏质沙土？"

　　"不，我会说黏土，沙子，而不是沙质黏土。"

　　"等等，再塑形试试，给它一些时间。"

　　"好吧，是的，不妨说介于沙质黏土和黏质沙土之间。"

　　"艾洛伊莎，做个记录：在 P2，5 厘米到 17 厘米之间，沙质黏土至黏质沙土。"（我忘了说，我们经常在法语和葡萄牙语之间交替，语言的政治被添加到种族、性别和学科的政治中。）

　　讨论、诀窍和物理操作的结合，使他们提取出一个关于质地的经过校准的定性描述，这样的描述可以在笔记本中立即取代现在就可以扔掉的土壤。于是，语词取代了事物，同时保留了一个定义它的特征。这是逐字对应的吗？不，判断并不与土壤相似。这是隐喻性的位移吗？这仅仅是一种对应而已。它是隐喻吗？也不是，因为一旦我们用一把土来代替整个地层，我们就只保留了笔记本纸上的东西，而没有保留用来限定它的土壤。这是对数据的压缩吗？是的，肯定是，因为四个字占据了土壤样本的位置，但这是一种激烈的状态改变，以至于现在符号代替了事物。在这里，它不再是一个还原的问题，而是一个变体（transubstantiation）的问题。

64

我们是否正在跨越划分世界与话语的神圣界限？显然是的，但我们已经越过了十次之多。这个新的飞跃并不比之前的飞跃更遥远，比如勒内提取的没有草叶和虫子粪便的泥土成为测试其耐塑性的证据；再比如之前的那个飞跃，桑德瓦尔用他的锄头挖出了P2洞；或者接下来的一个飞跃，图上从5厘米到17厘米的整个地层呈现出单一的纹理，通过归纳推理，我们可以将这一发现从这一个点推广到整个表面；再或者n+1的形变允许绘制于毫米级绘图纸上的图表扮演书面报告的内部所指的角色。在通往语词的通道上没有任何特权，所有阶段都同样可以让我们掌握指称的嵌套。任何一个阶段都不是复制前一个阶段的问题。相反，它是一个将每个阶段与前后的阶段对齐的问题，因此，从最后一个阶段开始，人们将能够返回第一个阶段。

当它不是模仿性的，但又是如此规范、如此精确、如此充满现实性，而且最终是如此现实的时候，我们该如何限定这种表征、授权的关系？当哲学家们寻找语词和事物之间的对应关系，将之作为真理的最终标准时，他们愚弄了自己。有真理，也有现实，但既没有对应性，也没有充分性。为了证明和保证我们所说的，有一种更可靠的运动——它间接地、交叉地、像螃蟹一般地——经历了连续多重的形变（James [1907] 1975）。在每一步中，大部分元素都会丢失，但也会更新，从而跨越分隔物质和形式的海峡，除了偶尔的相似性外，没有其他援助，而这种相似性比帮助登山者越过最峻险山隘的栏杆还要脆弱。

在图 2.18 中，我们站在场点上，在我们的考察即将结束的时候，勒内正在对我们刚刚挖掘和检查过的横切面的图形纸上的图表进行评论。这张图表是图 2.15 的直接前身，它破损、肮脏、沾有汗水、不完整，而且是用铅笔画的。从一张图到另一张图确实有一些形变，其中包括选择、居中、写字和清理等过程，但与我们刚刚经历的形变相比，这些都是次要的（Tufte 1984）。

在照片的中间，勒内用他的手指指着一条线，这个手势我们从第一张照片就开始关注（参见图 2.1 和图 2.2）。除非在愤怒中将其作为握拳的前奏，否则食指的伸展总是预示着对现实的进入，即使它指向的只是一张纸，在这种情况下，这种进入

图 2.18

仍然围绕着整个场点，矛盾的是，即使我们就在场点的中心汗流浃背，这个场点也已经完全消失。这也是我们已经多次看到的空间和时间的逆转：多亏了铭文，我们能够监督和控制我们被淹没在其中的情况，我们变得比那些比我们更强大的东西更优越，因为我们能够把发生在许多天里的、我们后来已经忘记的所有行动集中起来。

但是，图表不仅重新分配了时间的流动，颠倒了空间的等级秩序，而且向我们揭示了以前看不见的特征，尽管它们实际上就在我们的土壤学家的脚下。我们不可能在垂直截面上看到森林 – 稀树草原的变迁，不可能在同类地层中对其进行限定，也不可能用数据点和线条来标记它。勒内用他肉做的手指指着一个轮廓，吸引着活人的目光，而这个轮廓的观察者根本不可能存在。观察者不仅要像鼹鼠一样住在地底下，而且要像用几百米长的刀片一样切割土壤，用同质的剖面线取代混乱的形式变化！说一个科学家"占据一个立场"是没有用的，因为她会通过仪器的应用立即转向另一个立场。科学家从不坚守他们的立场。

尽管它提供了一个令人难以置信的视野，但图表增加了我们的信息。在一张纸上，我们结合了非常不同的来源，通过同质化的图形语言的传义将其混合。样本在横切面上的位置、深度、地层、质地和颜色的指称编号可以通过叠加的方式相互添加——我们失去的现实就这样被取代了。

例如，勒内刚刚把我提到的蠕虫粪便添加到图中。据我的朋友说，似乎蠕虫在它们特别贪婪的消化道中携带了谜题的解决方案。是什么在森林边缘的稀树草原上产生了一条黏土带？不是森林，因为这条土壤带向外延伸了 20 米，超出了树荫的保护和湿度的滋养。也不是稀树草原，请记住，因为稀树草原总是把黏土变成沙子。是什么在远处为森林的到来准备了土壤，登上了继续降解黏土的热力学斜坡？为什么不是蚯蚓？它们可能是成土作用的催化剂吗？在对情况进行建模时，图表允许我们想象新的情景，我们的朋友们一边在热烈地讨论这些情景，一边在考虑还缺少什么，以及在哪里挖下一个洞，以便用他们的镐和钻头返回"原始数据"（Ochs, Jacoby, et al. 1994）。

与我们之前的阶段相比，勒内手中的图是更抽象还是更具体？更抽象，因为这里只保留了原始情况的一小部分；更具体，因为我们可以在手中掌握，用眼睛看，在几行字中总结出森林–稀树草原变迁的本质。这张图是一种建构、一种发现、一种发明，还是一种约定？一如既往，四者皆是。这张图是由五个人的劳动并通过连续的几何结构建构的。我们很清楚，我们发明了它，如果没有我们和土壤学家，这张图就永远不会出现。不过，它还是发现了一种直到现在仍被隐藏起来的形式，我们回过头来却觉得它已经存在于土壤的可见特征之下了。同时，我们知道，如果没有常规的判断、形式、标签和文字的编码，我们在这幅从泥土中绘制的图里所看到的将是无形的涂鸦。

所有这些矛盾的特质——对我们哲学家而言是矛盾的——都给这张图带来了现实。它不是写实的，它不像任何东西。它所做的不仅仅是相似。它取代了原来的情况，而我们可以通过笔记本、标签、比较仪、记录卡、标桩以及最后由"土壤测量仪"编织的精致蛛网来回溯。然而，我们不能将这张图与这一系列的形变分开。孤立地看，它不会有进一步的意义。它取代了任何东西，却又没有取代任何东西。它总结但不能完全替代它所收集的内容。它是一个奇怪的横向对象，是一个对齐的运算符，只有在它允许前后相通行的条件下才是真实的。

在考察的最后一天，我们发现自己在餐厅里，现在这里变成了我们移动实验室的会议室，以便写出我们的报告草稿（图2.19）。勒内手里拿着已经完成的图表，用铅笔指着它，让艾迪勒莎和艾洛伊莎看。阿芒刚刚读完关于我们森林一角的唯一论文，他打开论文，看到几页通过卫星获得的彩色照片。前景是正在拍摄这张照片的人类学家的笔记本——在各种形式的铭文中又多了一种记录方式。我们再次置身于地图和标志、二维的文件和出版文献之中，距离我们曾工作了十天的地方很远了。那么，我们是否又回到了我们的起点（参见图2.2）？没有，因为我们现在已经获得了这些图表，我们正试图解释这些新的铭文，并将其作为附录和证据插入我们正在用两种语言（法语和葡萄牙语）逐段协商的叙述中。让我引用第一页中的一段话：

这份考察报告的意义在于这样一个事实，在第一阶段 68
的工作中，植物学和土壤学方法的结论似乎是相互矛盾的。
如果没有植物学数据的贡献，土壤学家就会得出结论：稀
树草原正在向森林推进。在这种情况下，这两个学科的合
作迫使我们对土壤学提出新的问题。（强调为原文所加）

在这里，我们处于更为熟悉的领域——修辞、话语、认识
论和文章写作——忙于权衡支持和反对森林前进的论据。在这
里，语言哲学家、论争的社会学家、符号学家、修辞学家和文
学学者都不会遇到什么困难。

尽管博阿维斯塔将经历令人惊心动魄的从文本到文本的形
变，但目前我并不希望跟踪它们。我现在感兴趣的是土壤所经
历的转变，现在它被束缚在语词中。如何去总结这一点？我需
要画，不是像我的同事那样在图画纸上画图，但至少要画一张

图 2.19

69　草图，一个能让我定位并指出我在自己的科学论领域中所发现之物的图式：一个从地下世界带回来的、配得上我们卑微的蚯蚓兄弟的发现。

　　语言哲学让人觉得似乎存在着两个互不相干的领域，它们之间有一个独特的、根本性的差距，必须通过寻找语词与世界之间的对应、指称来缩小差距（图2.20）。在跟随考察团前往博阿维斯塔时，我得到了一个完全不同的解决方案（图2.21）。看来，知识并不存在于心灵与对象面对面的对抗中，就像指称是通过一个由该事物验证的命题来指定一个事物一样。相反，在每一个阶段，我们都认识到一个共同的运算符（operator），它在一端属于物质，在另一端属于形式，它与后面的阶段之间有任何相似性都无法填补的差距。这些运算符被连接在一个系列中，这个系列跨越了事物和语词之间的差异，并且重新分配了语言哲学中两个过时的固定装置：世界变成了一个纸板立方体，词语变成了纸，颜色变成了数字，等等。

　　这个链条的一个基本属性是，它必须保持可逆性。阶段的连续性必须是可追溯的，允许双向行驶。如果这个链条在任何一点上被打断，它就会停止传送真理，也就是说，停止生产、建构、追踪和传导真理。"指称"这个词指的是整个链条的特质，而不再是事物理解的充分性（adequatio rei et intellectus）。只要回路不中断，真值就像电流通过电线一样在这里循环。

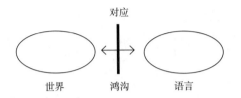

图 2.20　"突变论者"（James [1907] 1975）关于对应的壮举的概念意味着，在世界和语言之间存在着鸿沟，而指称的目的就是要弥补这一鸿沟。

　　通过比较我的两张草图，我们可以看出另一个特性：链条　70
的两端没有限制。在先前的模型中（图 2.20），世界和语言作为两个能够自我封闭的有限球体存在。相反，在这里，我们可以通过延伸两端，通过增加其他阶段来无限地拉长链条——但是，我们既不能切断线路，也不能跳过序列，尽管我们有能力将它们总结在一个"黑箱"中。

　　为了理解形变链并掌握我们已经看到的每个阶段所特有的得与失的辩证关系，我们必须从上面和横切面来看（图 2.22）。从森林到考察报告，我们一直在重新表述森林 - 稀树草原的变迁，就像去画两个反向覆盖彼此的等腰三角形一样。一步一步地，我们失去了地方性、特殊性、物质性、多样性和连续性，以至于到最后，除了几张纸，几乎什么都没留下。让我们把"约减"这个名字赋予第一个三角形，它的顶端才是最终的重点。但在每个阶段，我们不仅减少了某些东西，还获得了或重新获得了某些东西，因为通过同样的表征工作，我们已经能够获得

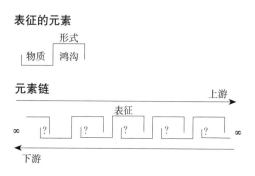

图 2.21 "流动"指称的概念遵循一系列的形变，每一个形变都意味着"形式"与"物质"之间的一个小差距；在这一观点中，指称限定了来回的运动以及形变的特质；关键的一点是，在这个模型中，指称从中心向两端发展。

更大的兼容性、标准化、文本、计算、流通和相对的普遍性，以至于到最后，在田野报告中，我们不仅拥有博阿维斯塔（我们可以返回）的全部内容，而且有对其动态变化的解释。在每个阶段，从"落后于"现象的旧三角法开始，到所有新的生态学、"植物土壤学"的新发现为止，我们都能够扩展我们与已经建立的实践知识的联系。让我们把这第二个三角形称为扩增，通过这个三角形，博阿维斯塔的微小横切面被赋予了一个巨大而有力的基础。

我们的哲学传统一直错误地想让现象*成为物自体与人类理解的范畴之间的交汇点（图 2.23；也可参见第 4 章）。实在论者、经验论者、唯心主义者和各种理性主义者围绕着这种

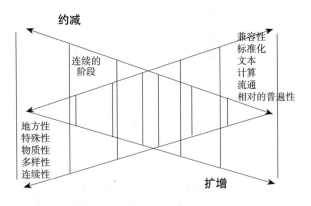

图 2.22 指称的每一步形变（参见图 2.21）可以被描绘成在每个信息-
生产的步骤中所获得的（扩增）与所失去的（约减）之间的权衡。

两极模式进行了无休止的斗争。然而，现象并不存在于事物与
人类思维形式之间的交汇点；现象是沿着可逆的形变链流动的
东西，在每一步都会失去一些属性而获得其他属性，从而使它
们与已经建立的计算中心兼容。不稳定的指称不是从两个固定
的极端向中间的稳定交汇点发展，而是从中间向两端发展，并
且两端被不断地推远。为了理解康德哲学是如何搅乱三角形的，
只需要进行为期 15 天的考察。（我赶紧补充到，所有这一切
都是必需的，条件是不要求我像土壤学家报告他们的工作那样
详细地谈论我的工作；否则，15 天就会变成 25 年的艰苦劳动，
因为要与数十位拥有几十年数据、仪器和概念的亲爱的同事进
行争论。我在这里把自己描绘成一个简单的旁观者，可以很容

72

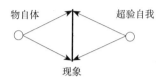

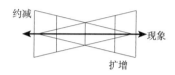

图 2.23　在康德的透视法中，现象存在于不可触及的物自体与活跃的自我所做的分类工作之间的交汇点；在流动指称中，现象是通过一连串的形变而经常性地流动的东西。

易地接触到我的信息提供者的知识，而不用担心矛盾。我首先要承认，我无法具备一种可以同时跟踪每条线索的反思性。）

　　在我的图式的帮助下，当这个最微不足道的探究很快便揭露出语言哲学家的原始模型的不可能性之时，我们是否有可能理解、想象并发现为什么这一模型会如此普遍？没有什么比这更简单了；我们所要做的就是一点一点地抹去我们在这张蒙太奇照片上看到的每个阶段（图 2.24）。

73　　　让我们把链条的两端堵住，就像一个指的是博阿维斯塔的森林，而另一个指的是一个短语，即"博阿维斯塔的森林"。让我们抹去我乐于描述的所有转义。为了取代被遗忘的转义，让我们创造一个根本性的差距，一个能够覆盖我在巴黎说出的声明与它在六千公里外的所指之间的巨大深渊。就这样，我们又回到以前的模型，寻找一些东西来填补我们所创造的空隙，寻找一些充分性，在两个我们已经尽可能地使它们不同的本体论变体之间寻找一些相似性。哲学家们在实在主义和相对主义的问题上无法达成理解是不足为奇的：他们为整个链条取了两个临时的末端，就像他们试图理解在切断电线并让灯"凝视""外部"的开关之后，灯和开关是如何相互"对应"的一样。正如威廉·詹姆斯（William James）以其强有力的风格所说的

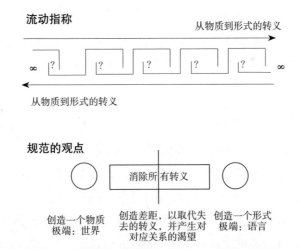

图 2.24 为了获得语词和世界被深渊隔开而又被危险的对应之桥联系起来的规范模型，我们只须考虑流动指称并消除所有转义，因为它们是使联系变得不透明的不必要的中介。而这只有在这一过程（临时）结束时才有可能。

那样：

74
　　　　那些在其具体的特殊性中起桥梁作用的中介，在理想
　　的情况下消散成一段可以跨越的空当，于是，当两端术语
　　的关系变得跳跃时，**认识论**（erkenntnistheorie）的整个诡
　　计便开始了，并且它不受进一步具体考虑的限制而继续进
　　行下去。理念在"意味着"一个被"认识论鸿沟"与自己
　　隔开的对象时，现在执行着拉德教授（Professor Ladd）所
　　称的"致命一击"（salto mortale）……理念与对象之间的
　　关系，因此变得抽象、跳跃、对立，相比它自己的流动自
　　我而言更本质、更先在，而这种更具体的描述却被打上了
　　虚假或不充分的标签。　（James [1907] 1975, 247-248）

　　第二天早上，在起草完考察报告后，我们把装有用甲醛保
存的蚯蚓的珍贵纸箱和贴着整齐标签的小土袋装进吉普车（图
2.25）。而这正是那些希望通过单一的常规形变将语言与世界
联系起来的哲学论证所不能成功解释的。从文本出发，我们回
到事物上进行进一步置换。从餐厅–实验室出发，我们前往
一千公里外位于马瑙斯的另一个实验室，再从那里到达六千公
里外位于巴黎的朱西大学（Jussieu University）。桑德瓦尔将带
着珍贵的样本独自返回马瑙斯，尽管前面还有艰苦的跋涉，但
他必须完整地保存这些样本。正如我所说的，每个阶段都包含

后面的物质和前面的形式，每个
阶段之间的差距就像作为语词的
东西和作为事物的东西之间的距
离一样大。

他们正准备离开，但他们也
正准备返回。每个序列都在流向
"上游"和"下游"，以这种方式，
指称运动的双重方向被放大了。
认识不再是简单的探索，而是能
够沿着你刚刚标出的道路回到你
自己的足迹。我们在前一天晚上

75

图 2.25

起草的报告清楚地表明了这一点：需要进行另一次考察，以研
究同一地点那些可疑的蚯蚓的活动：

> 从土壤学的角度来看，承认森林正在向稀树草原推进
> 意味着：
> （1）森林及其特有的生物活动将沙质土壤转化为顶
> 部 15 厘米至 20 厘米的黏性 – 沙质土壤；
> （2）这种形变始于稀树草原边缘 15 米至 30 米的范
> 围内。

76

虽然从经典土壤学的假设出发，这两种观念很难想象，
但考虑到从生物学研究中得出的论据的可靠性，有必要对

这些假设进行检验。

上方地层的黏土富集不可能通过新生物（neoformation）来完成（缺乏铝的已知来源［铝是从石英中所含的二氧化硅生成黏土的原因］）。唯一能够做到这一点的是蚯蚓，我们已经证实了蚯蚓在研究场点的活动，它们将地层中含有的大量高岭石（kaolinite）[1] 带到 70 厘米深处。因此，对这种蠕虫种群的研究和对其活动的测量，将为这项研究的继续进行提供重要数据。

不幸的是，我将无法跟随下一次考察。当团队的其他成员对艾迪勒莎说再见的时候，我也必须说再见了。我们将乘飞机离开。艾迪勒莎将留在博阿维斯塔，她为这种对她来说全新的紧密而友好的合作感到高兴，她将继续看管她的田野考察场点，由于土壤学和植物学的叠加，这个考察点的重要性刚刚增加了。一旦我们加入蚯蚓的科学，她的这块土地将更加丰富。通过研究人员、样本、图形、标本、地图、报告和资金申请的位移（在两种意义上）来逐层建构一个现象，如此一来，我们所追踪的网络变得越来越真实。

对这个网络而言，要让它开始说谎——它不再有所指——只须在任何一端中断它的扩张，停止提供它的所需，暂停它的资金，就足以在任何其他地方打破它。如果桑德瓦尔的吉普车

1　此处应为笔误，原文为"koalinite"。——译者注

突然转弯，打碎了装蚯蚓的罐子，
散落了小包泥土，整个考察就得重
来。如果我的朋友们找不到资金返
回田野，我们将永远不知道报告中
关于蚯蚓作用的那句话是科学真
理、无端假设，还是虚构。而如果
我在照相馆丢失了所有的底片，又
怎么会有人知道我是否撒了谎？

终于有空调了！最后，终于有
了一个看起来更像实验室的空间

图 2.26

（图 2.26）。我们在马瑙斯，在 INPA，在一个被改造成办公
室的旧工作间，墙上挂着拉丹巴西尔的亚马孙地图和门捷列夫
的元素周期表，印刷品、文件、幻灯片、水壶、袋子、汽油罐、
舷外马达散落着。阿芒抽着烟，在他的笔记本电脑上写着报告
的最终版本。

博阿维斯塔的森林－稀树草原变迁的形变仍在继续。一旦
将其输入并保存在磁盘上，该转变将通过传真、电子邮件、软盘
进行传播，而且会先于装着泥土和蚯蚓的行李箱进行传播，泥土
和蚯蚓将在我们的土壤学家所选择的各个实验室中用于不同系列
的新试验。试验结果将使阿芒办公桌上成堆的笔记和文件变得更
厚，以支持他返回田野的资金申请。永无止境的科学可信度的轮
回是这样的：每一次都将更多的亚马孙地区纳入土壤学中，这是

77

78

一种不能停止的运动，否则意义和含义将会立即丧失。

　　我抽着雪茄，也在笔记本上写我的报告。回到巴黎后，我坐在一张堆满书籍、文件和幻灯片的桌子前，面前是一张巨大的亚马孙盆地地图。像我的同事一样，我把森林－稀树草原变迁的网络延伸到——哲学家和社会学家，以及这本书的读者。然而，我正在建构的这部分网络不是由其他科学家所制定的那种指称构成的，而是由典故和插图构成的。我的图式也不能像他们的图表和地图那样用来指称。与阿芒关于博阿维斯塔土壤的铭文不同，我的照片并没有传达我所说的东西。我正在写一篇经验主义哲学的文章，它不能按照我的土壤学家朋友所采用的方式去重新表述它的证据，因此我的主题的可追溯性不足以让读者回到这个领域。（我将把自然科学和社会科学之间的距离留给读者去衡量，因为这个谜团需要另一次考察，这次考察将研究我一直扮演的具有攻击性的经验主义者角色。）

　　你现在可以看看地图集里的巴西地图，看看博阿维斯塔附近的地区，但你找不到地图与我一直在叙述的那个故事所发生的场点之间的相似之处。语词与世界之间的对应关系是一个令人厌倦的问题，源于认识论与艺术史之间的简单混淆。我们把科学当作现实主义绘画，想象它对世界进行了精确的复制。然而，科学所做的完全是另一回事——就此而言，绘画也是如此。通过连续的阶段，它们将我们与一个对齐的、经过改造的、被建构的世界联系起来。在这种模式下，我们放弃了相似性，但也有补偿：通过用食指指着地图集上的条目特征，我们可以通过一系列统一的不连续的形变，将自己与博阿维斯塔联系起来。让我们为这一长串的转换链条感到高兴，为这一潜在的无尽的转义者序列感到高兴，而不是乞求充分性那可怜的快乐和詹姆斯如此华丽地嘲笑过的相当危险的致命一击。我永远无法验证我的思想和世界之间的相似性，但如果我付出代价，我可以通过不断的替换，在经过验证的流动指称的任何地方延长形变链。这种"漂泊不定的"科学哲学难道不比旧的解决方案更实在，当然也更现实吗？

3 科学的血流：一个源自约里奥科学智识的案例[1]

　　既然我们已经开始理解指称是某种流动之物，那么我们对科学学科与其他学科（the rest of its world）之间联系的理解就会发生变化。特别是我们能够将前一章中不得不放弃的语境元素重新联系起来。略微夸张地说，科学论已经取得了一个发现，它与伟大的威廉·哈维（William Harvey）的发现并无二致……遵循事实流动的方式，我们将能够重构起由一根根血管所组成的整个科学的流动体系。把科学概念与社会其他部分隔绝开来，将同把动脉、静脉系统相分离的想法一样毫无意义。一旦我们开始审视使科学学科变得鲜活的丰富的血管化（vascularization），那么就连科学的概念之"心"也会有完全不同的意义。

　　为了说明第二点，我将举一个典型的例子。它并非出自如土壤学般绿色友好的科学，而是出自像原子物理学般沉重而严肃的科学。我并不是想为有关物理学的历史学和人类学添加点什么，我的许多同事（Schaffer 1994; Pickering 1996; Galison

---

1　此处的约里奥（Joliot）指的是让·弗雷德里克·约里奥 – 居里（Jean Frédéric Joliot-Curie, 1900—1958），法国物理学家，皮埃尔·居里（Pierre Curie）、玛丽·居里（Marie Curie）夫妇的女婿，1935 年诺贝尔化学奖得主。——译者注

1997）已经出色地做到了这一点，我是想重新定义"社会的"这个小小的形容词的意义。如果说在第 2 章中，我不得不放弃大多数通向语境考察的线索，那么在本章中，我将忽略大部分技术性内容而专注于线索本身。请允许我引入一些经典的科学社会学，以满足我们继续讨论的需要，并帮助读者抛弃那种认为科学论旨在提供科学的"社会"解释的偏见。一旦我们有了一个不同的指称概念和一个更新的社会概念，就有可能把这两个概念与另一种对客体的定义结合起来。我希望我能走得更快些，但在这些事情上，走得更快只能简单地重复旧的解决办法，而无望于照亮笼罩在黑暗之中的新配置。

源自约里奥的小案例

1939 年 5 月，弗雷德里克·约里奥（Frédéric Joliot）在陆军部的朋友以及新近成立的法国国家科学研究中心（Centre National de la Recherche Scientifique, CNRS）主任安德烈·劳吉尔（André Laugier）的建议下，与比利时的一家公司——上加丹加矿业联盟（the Union Minière du Haut-Katanga）——达成了一项非常微妙的法律协定。由于居里夫妇（Pierre and Marie Curie）发现了镭并在刚果发现了铀矿，对世界上任何正设法制造第一个人工核链式反应堆的实验室而言，这家公司都是重要的供应商。约里奥与其岳母玛丽·居里一样，找到了让这家公司参与进来的方法。事实上，矿业联盟只将其放射性矿石作为镭的来源，并把镭售卖给博士们；大量的氧化铀被成堆地弃置在废料场。约里奥计划建造一个原子反应堆，为此他需要大量的铀，这使镭在生产过程中产生的废料变成了有价值的东西。该公司承诺给约里奥 5 吨氧化铀、技术援助和 100 万法郎。作为回报，财团将把所有法国科学家的发现拿去申请专利，而该财团会把利润对半分给矿业联盟和国家科学研究中心。

　　与此同时，约里奥和他的两个主要同事，汉斯·哈尔班（Hans Halban）和卢·科沃斯基（Lew Kowarski），正在法兰西公学院（the Collège de France）的实验室里寻求一种安排，这种安排与将陆军部、国家科学研究中心和矿业联盟的利益结合起来的协定同等巧妙，不过这次是协调原子微粒明显不可调和的行为的问题。裂变的原理刚刚被发现。当铀原子被中子轰击时，每个铀原子都裂成两半并释放出能量。几位物理学家立即领悟到这种人工放射性将产生的结果：如果铀原子在轰击下释放出两三个中子，这些中子反过来轰击其他铀原子，那么就会启动一个极其强大的链式反应。约里奥的团队立即着手证明这种反应是可以生成的，并证明这能为生产无限能源的新科学发现和新技术开辟道路。第一个能够证明每一代中子确实能产生更大数量中子的团队，将在竞争激烈的科学共同体中获得极高声望，当时法国人在科学界占据头筹。

　　约里奥和他的同事们下决心追寻这一重要的科学发现，不顾利奥·西拉德（Leo Szilard）从美国发来的紧急电报，继续发表他们的发现。西拉德是来自匈牙利的移民，也是一位有远见的物理学家，曾在 1934 年取得一项制造原子弹原理的秘密专利。由于担心德国人一旦确定裂变过程中发射出来的中子比开始时存在的中子数多后，也会立马制造原子弹，西拉德鼓励所有反纳粹研究者进行自我审查。然而，他无法阻止约里奥在 1939 年 4 月的英国《自然》杂志上发表最终的文章[1]。该文指出每一次裂变可能产生 3.5 个中子。德国、英国、苏联的物理学家读到这篇文章时都有同样的想法：他们立即将研究方向转向链式反应，并迅速写信给他们的政府提醒这项研究的极端重要性、告知其危险性，并立即请求提供大量资源来检验约里奥的断言。

全世界大约有十个不同的团队满怀热情地投入制造第一个人工核链式反应堆的尝试中，但只有约里奥及其团队已经有能力将其转换为工业或军事现实。约里奥面临的第一个问题是减缓第一次裂变所释放中子的速度，因为如果这些中子的速度太快，就不能引发反应。该团队正在寻找一种可以在不吸收或弹回中子的情况下减缓中子速度的减速剂，因此，这种理想的减速剂应当具有一系列难以调和的属性。在伊夫里（Ivry）的工

1　指的是《铀核裂变时释放的中子数》(von Halban, H., Joliot, F. & Kowarski, L. "Number of Neutrons Liberated in the Nuclear Fission of Uranium," *Nature* 143, 680 [1939].)。——译者注

作室里，他们尝试了不同构型下的不同减速剂，比如石蜡和石墨。正是哈尔班让他们注意到氘的决定性优势。氘是氢的一种同位素，其重量是氢的两倍而化学性质相同。它可以取代水分子中的氢，使水分子变"重"。哈尔班早先对重水进行过研究，从中得知重水吸收的中子很少。不幸的是，这种理想的减速剂有一个较大的缺点：每 6000 个氢原子中只有一个氘原子。获取重水的成本很高，而且世界上只有一家工厂对其进行工业规模的生产，这家工厂隶属于挪威的诺斯克水电公司（Norsk Hydro Elektrisk）。

毕业于巴黎综合理工学院（the Ecole Polytechnique）的拉乌尔·道特里（Raoul Dautry）是政府高级官员，在"二战"法国战败前不久才担任法国的军备部长。他从一开始就得知了约里奥的研究，始终支持约里奥与矿业联盟的协定，尽其所能帮助法兰西公学院的团队并协助国家科学研究中心的早期工作，他试图按照法国的传统，将军事和先进科学的研究结合起来。虽然道特里不赞同约里奥的左派政治观点，但他对知识的进步有着同样的信心，对国家的独立也有着同样的热情。约里奥承诺建造一个民用实验反应堆，这可能最终导向新型军备的建造。道特里和其他技术官员慷慨地向约里奥提供支持，同时要求后者改变自己研究的优先事项：如果原子弹是可行的，就必须第一个把它迅速研制出来。

哈尔班关于中子减速的计算、约里奥关于链式反应可行性的假设以及道特里关于开发新武器必要性的信念，随着从挪威获取重水的需要而紧密地纠缠在一起。当"假战"（phony war）在齐格弗里德（Siegfried）与马奇诺（Maginot）防线之间上演时，间谍、银行家、外交家以及德国、英国、法国、挪威的物理学家，为了防止德国人得到挪威人给法国人的26个集装箱而进行斗争。在变故颇多的几周之后，这些集装箱到了约里奥手中。哈尔班和科沃斯基因为是外国人而受到怀疑，并被法国特勤机关局排除出行动的行列。行动完成后，他们被批准回到受道特里和军方保护的法兰西公学院的实验室，在那里，他们着手将来自矿业联盟的铀、来自挪威的重水与哈尔班每天用来自原始盖革计数器的混乱数据进行的计算相结合。

如何联结科学史与法国史

我们该如何理解美国历史学家斯宾塞·韦特（Weart 1979）所做的精彩叙述？我只对其中的一个情节进行了总结。有两个主要的误解，让绘制出科学流动体系的科学论方案变得难以理解。第一个是认为科学论寻求对科学事实的"社会解释"；第二个是认为它只与话语、修辞或充其量是认识论问题打交道，而不关心"外在的真实世界"。让我们依次消除这些误解。

当然，科学论拒绝科学与社会无关的观点，但这种拒绝并不意味着它接受其对立面，即对现实的"社会建构"，或者说它最终处于某种中间位置，试图从"单纯的"社会因素中挑选出"纯粹"的科学因素（参见本书第 4 章结尾）。科学论所拒绝的是试图把约里奥的故事分离成两部分的整个研究纲领：一部分是与矿业联盟的法律问题、"假战"、道特里的民族主义、德国间谍；另一部分是中子、氘、石蜡的吸收系数。与这两个故事相对应，这一时期的学者分别对应于两份名单：一份是1939—1940 年法国的历史；另一份是同一时期科学的历史。第一份名单涉及政治、法律、经济、制度和激情；第二份名单则处理思想、原则、知识和程序。

我们甚至可以想象两个次专业（subprofessions），两种不同的历史学家：一种倾向于用纯政治来解释问题，而另一种则喜欢用纯科学。第一种解释通常被称为外在主义[*]（externalist），第二种解释被称为内在主义[*]（internalist）。在 1939—1940 年，这两段历史并没有交集。一方会讨论阿道夫·希特勒、拉乌尔·道特里、爱德华·达拉第（Edouard Daladier）和国家科学研究中心，但不会讨论中子、氘或石蜡；另一方会讨论链式反应的原理，但不会讨论矿业联盟或拥有诺斯克水电公司的银行。这就像在阿尔卑斯山脉的两个平行山谷中工作的两组土木工程师团队一样，他们各自都在不知道对方存在的情况下完成了大量的工作。

当然，一旦划分了人与非人行动者之间的界限，谁都会承认仍有一个略微混乱的杂合体地带。有的杂合体可能处于一列，也可能处于另一列，还可能不在任何一列之中。为了解决这个"模糊地带"（twilight zone），外在主义者和内在主义者将不得不相互借鉴对方列表中的因素。例如，有人可能会说约里奥将政治关涉和纯粹科学利益"混为一谈"。或者，有人可能会说，用氘减缓中子速度的计划当然是一个科学项目，但它也受到科学之外因素的"影响"。我们可以说，西拉德的自我审查方案并不是"严格的科学"，因为它在纯科学观念的自由交流中引入了军事和政治考虑。这样一来，任何看起来混杂的东西都可以通过指称政治或科学而得到解释，二者同等纯粹。

科学论的方案旨在彻底废除这种划分。在斯宾塞·韦特的叙述中，约里奥的故事是一张"无缝之网"，如果把它一分为二，就会使当时的政治和原子物理学都变得不可理解。科学论的目的不是让两个团队沿着平行的山谷各自前进，而是让他们一起在山谷之间挖一条隧道，从对立的两端出发解决问题并期望在中间会合。

哈尔班对横截面的论证（Weart 1979）得出了氘具有决定性优势的结论。遵循这一论证，科学的分析者在不偏不倚、没有假定科学与政治之间存在巨大分界的情况下，以不易察觉的转换进入了道特里的办公室，再从道特里的办公室进入了雅克·阿利尔（Jacques Allier）的飞机。阿利尔是一位银行家和空军军官，是法国派去智取纳粹德国空军的秘密特工。历史学家从隧道的科学一侧开始，最终到达了隧道的另一侧——战争与政治。但她在途中可能会遇到来自另一方向的同事，后者从矿业联盟的工业战略出发，通过另一种不易察觉的转换，最终对提取铀235的方法和哈尔班的计算工作饶有兴趣。不管愿意与否，这位历史学家从政治出发的讨论都涉及数学。相比于两段没有任何交集的历史，我们现在拥有了讲述两个对称故事的学者，而这些故事包含相同的元素和相同的行动者，但是顺序相反。第一位学者希望追随哈尔班的计算而绕开纳粹德国空军，第二位学者设想自己能着眼于矿业联盟而绕开任何原子物理学。

他们都错了，但由于隧道的开通，他们的踪迹比预期的要有趣得多。事实上，通过不偏不倚地追随他们相互关联的推理线索，科学论将后验地（a posteriori）揭示出科学家和政治家为彼此紧密联系而不得不开展的工作。在韦特给出的解释中，所有元素应混合在一起，这一点并不是事先决定的。矿业联盟本可继续生产和销售铜而不必为镭或铀操心。如果玛丽·居里及后来的弗雷德里克·约里奥没有努力让矿业联盟对自己实验室的工作产生兴趣，那么矿业联盟的分析者就永远不会从事核物理研究。在谈到约里奥时，韦特根本不必谈及上加丹加（Upper Katanga）。相反，一旦约里奥预见了链式反应的可能性，他就可以将自己的研究引向另一个主题，而不必为了建造反应堆去动员几乎所有的法国实业家和技术官员。韦特写到"二战"前的法国历史时也就不必提及约里奥了。

换言之，与科学斗士试图让每个人都相信的立场相反，科学论方案并未先验地（a priori）陈述科学与社会之间存在"某种联系"。因为这种联系的存在取决于行动者为建立联系所做或未做的事情。当这种联系存在时，科学论仅仅提供追踪它的方式。戈尔迪之结（the Gordian knot）的两端分别是纯科学和纯政治，科学论不是试图斩断它而是努力追随那些将它绑得更紧的举动。科学的社会历史不会说："寻找隐藏在科学之中、科学背后或科学底下的社会。"它只会问一些简单的问题："在给定时期内，在不涉及科学的详细内容的情况下，你能追踪一项政策走多远？在不涉及政策细节的情况下，你能审视科学家的推理到什么程度？一分钟还是一个世纪？永恒还是一瞬？我们对你的全部要求是，当线索引导你通过一系列细微的转换，从一类元素走向另一类元素时，你不必切断这一线索。"以上所有问题的答案都是有趣的，并且对任何希望了解这一复杂的物与人关系的人而言，这些答案都被视为重要的资料——当然，这其中包括那些可能表明特定时间内科学与其他文化之间毫无联系的资料。

科学和政治之间的联系形成了一个非常复杂的网络，仅仅这么说还不够。拒绝在人类或政治行动者及与之相关的思想、程序之间做出任何先验的划分不过是第一步，而且是完全消极的第一步。我们还必须理解一个实业家的一系列操作，后者仅想发展自己的商业，却发现自己不得不计算石蜡对中子的吸收速率；或者理解一个只想获得诺贝尔奖的人如何组织了一次挪威的突击行动。在这两种情况下，初始词汇都与最终词汇不同。政治术语可以被转译*为科学术语，反之亦然。对矿业联盟的总经理而言，"挣钱"现在在某种程度上意味着"投资约里奥的物理学"；而对约里奥来说，"证明链式反应的可能性"现在部分意味着"提防纳粹间谍"。大部分科学论都是对这些转译操作的分析。对两组学者——一组从政治的一端走向科学，另一组从科学的一端追随流动指称——而言，转译的概念提供了导向和调整的系统，使两组学者有机会在中间地带相遇，而不至于彼此错过。

让我们追随转译的基本操作，以便理解如何在实践中从一个语域（register）转到另一个语域。道特里希望确保法国的军事力量和能源生产的自给自足。无论将何种心理状态归于道特里，我们都可以把这视为他的"目标"（goal）。约里奥的目标则是成为世界上第一个在实验室里进行可控人工核裂变的人。将前一个抱负称为"纯政治的"而将后一个称为"纯科学的"，这是毫无意义的，因为恰恰是"不纯粹"才能使这两个目标都得到实现。

事实上，当约里奥遇到道特里时，他并没有专门尝试改变道特里的目标，而是把自己的方案定位为让道特里明白核链式反应是最快、最有把握地实现国家独立的方式。约里奥可能会说，"如果你使用我的实验室，将有可能获得相对其他国家的

88

重大领先优势，甚至可能制造出一种超出我们认知的爆炸物"。这笔交易不具有商业性质。对约里奥而言，问题不在于出售核裂变，因为核裂变甚至还不存在。恰恰相反，他能使核裂变存在的唯一方式是从军备部长那里获得人员、场所和联系，使他能在战争中获得所需的成吨的石墨、铀和大量的重水。两人都相信，既然任何一方都不可能直接实现自己的目标，那么政治和科学的纯洁性就是徒劳的，因此最好通过谈判来达成协议，调整他们原初目标之间的关系。

转译的操作之一是将两种迄今为止毫不相同的利益（发动战争、减速中子）结合在一起，形成一个单一的复合目标（参见图3.1）。当然，没有担保者能保证一方或另一方不存在欺骗。当德国人正在阿登高地（the Ardennes）集结坦克时，道特里让约里奥玩弄中子很可能是浪费了宝贵的资源。而另一边，约里奥可能觉得，自己在建造民用反应堆之前先制造炸弹是被迫之举。正如图中所示，即使平衡是相等的，任何一方都不能完全达到自身最初的目标。因为这是一种可以根据实际情况而变得微小或无限大的漂移（drift）、滑动（slippage）、位移（displacement）。

在这个为我们所用的案例中，约里奥和道特里历经了一场惨痛的失败，直到15年后，即当戴高乐将军创立了原子能委员会（Atomic Energy Commission, Commissariat à l'Énergie Atomique, CEA）时，他们才实现了自身的目标。在这种转译

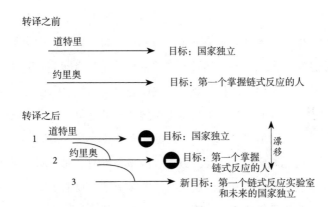

图 3.1 我们应该注意不要先验地固化利益，利益是"转译的"。也就是说，当行动者的目标受挫时，他们会绕经别人的目标，这导致了一种行动者语言被另一种行动者语言所取代的普遍的漂移。

操作中，重要的不仅是利益的融合，而且还创造了一种新的混合物——实验室。事实上，伊夫里的小屋成了关键节点，使约里奥的科学项目和民族独立得以共同实现，这深得道特里之心。道特里和约里奥的共同努力，使实验室的墙壁、设备、人员和资源得以存在。在那充满铀和石蜡的铜球周围，各种力量被动员起来，其中谁属于约里奥、谁属于道特里，已无从判断。

　　孤立地研究某项磋商或转译是无用的。约里奥的工作当然不可能局限于部长的办公室。在获得了自己的实验室后，他必须亲自与中子本身磋商。说服部长提供一批石墨是一回事，说服一个中子减速到足以撞击铀原子从而提供三个以上的中子是 90

另一回事吗？是，但又不是。对约里奥而言，情况没有太大不同。他上午处理中子、下午应对部长。时间越久，这两个问题便越来越合二为一：如果太多的中子从铜制容器中逃脱并减少了反应的输出，部长可能会失去耐心。对约里奥来说，把部长和中子纳入同一方案中，将他们置于规训之下并展开行动，这并不是截然不同的任务。他同时需要二者。

约里奥穿梭于巴黎的数学、法律和政治之间，向西拉德发电报以便促进该方案的出版物能继续流通，致电法律顾问以确保矿业联盟能持续送来铀，第 n 次重新计算用他的初级盖革计数器得到的吸收曲线。这就是他的科学工作：把千头万绪连在一起，从中子、挪威人、氘、同事、反纳粹主义者、美国人、石蜡……那里获取支持。没人说当科学家是一件简单的工作！正如"intelligent"一词的词源所表明的，想成为聪明人就要能同时保持这些联系。在约里奥（和韦特）的帮助下，理解科学就是理解这张复杂的联系之网，而不必预先想象一个给定的社会态和科学态的存在。

现在，很容易看出科学论同其所取代的两种平行历史之间的差别了。为了解释所有政治与科学的纠葛，两组历史学家总是不得不把它们视为两个同等的纯粹领域之间令人遗憾的混合物。因此，他们的所有解释都不得不被冠以"扭曲的""不纯净的"，或充其量说是"并列的"术语。对他们而言，纯政治或纯经济因素被添加到纯科学因素之中。这些历史学家所看到的只是混乱，而科学论看到的是某种关切和实践对另一种关切和实践的替代——这种替代是缓慢的、连续的、彻底可解释的。事实上，有些时候，如果某人能牢牢掌控对氘横截面的计算，那他也能通过替代和转译，掌控法国的命运、工业的未来、物理学的命运、专利、优质论文、诺贝尔奖，等等。

　　图 3.2 对我们的帮助在于，它使围绕两类探究的对比延伸到科学间的联系成为可能。图的左侧描绘了科学与政治之间最常见的分离形式：在科学内容之核的周围，是社会的、政治的、文化的"环境"，即科学的"语境"。基于这种分离，既有可能提供外在主义的解释，也有可能提供内在主义的解释，从而为我们研究两组学者间相互矛盾的研究纲领提供依据。第一个团队的成员将使用语境（context）*的词汇，并试图（有时）尽其所能地深入科学内容；第二个团队的成员将使用内容（content）*的词汇，并将之维持在主要概念核心之内。对于第一个团队，用于解释科学的是社会，尽管人们通常只对这门学科的外表——它的组织、不同工作者的相对地位，或者它所产生的、后来被证明是错误的东西——提出疑问。在第二个团队中，科学无需外界的帮助便能解释自身，因为他们自我评论，并通过自身的内在力量实现发展。诚然，社会环境既可阻碍也可鼓励科学的发展，但社会环境从来不会形成或构成科学的内容。

　　图 3.2 的右侧是被称为转译模型*的科学论纲领（Callon

1981）。这两种范式之间没有任何联系，这一点现在应该是显而易见的。在外史和内史的经典之争中，科学论并未寻求站队，它完全重构了问题。我们唯一能断言的是，在连续的转译链中，一端是通俗的（exoteric）资源（这更像我们在日报上读到的），而另一端是深奥的（esoteric）资源（这更像我们在大学课本中读到的）。但这两端出于同样的原因，并不比前一章中指称的两端更重要、更真实。任何重要的事情都在二者之间发生，而同样的解释在两个方向上都推进了转译。在第二种模型中，同样的方法被用于理解科学和社会。至少在我看来，科学论从来

92

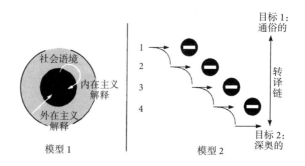

图 3.2　模型 1 对科学的看法是，与科学定义无关的社会语境如日冕般，包围着科学的核心；因此，内在主义解释和外在主义解释几乎没有共同之处。在模型 2 中，连续的转译使通俗的词汇与深奥的词汇有了某种共同之处，而内在主义解释和外在主义解释之间的差别可大可小，转译链自身也是如此。

没有为任何特定的科学提供社会解释的兴趣。如果有的话，科学论立马就会失败，因为在社会的原初定义中，没有任何一种定义能解释军备部长与中子之间的联系。正是约里奥的工作制造了这种联系。科学论追随那些令人难以置信的转译，这些转译以出人意料的方式动员了关于战争和世界构成的新定义。

逐渐融入人类话语的非人

　　既然第一个误解已被澄清，那么处理第二个误解就更容易了，特别是借助第 2 章中我们获得的有关流动指称的内容。在日常实践中，科学家不仅模糊了深奥的纯科学与通俗的非纯粹的社会领域之间的边界，还模糊了话语领域与真实世界的界限。科学哲学家喜欢提醒我们，永远不要将认识论问题（我们对世界的表征是什么）和本体论问题（世界到底是什么）相混淆，好像这便是良好常识的缩影。遗憾的是，如果我们听从哲学家的建议，我们将无法理解任何科学活动，因为科学家花费了大量时间所进行的活动，正是将这两个本应分离的领域混合起来。约里奥不仅把社会的考量与科学的考量转译得越来越密切，也愈发彻底地将认识论问题和本体论问题混合在一起。正是由于这种逐渐积累的混合，他关于链式反应的说法才会被其他人越来越认真地对待。

93

请考虑下这句话：（1）"每个中子释放 2.5 个中子。"[1]
这是现今人们能在百科全书中读到的内容，也是所谓的"科学
事实"。现在让我们来看看另一句话：（2）"约里奥声称每
个中子释放 3 到 4 个中子，但这是不可能的；他没有证据；他
太乐观了；这就是法国人，蛋还没孵出来就想着数鸡；无论如
何，这都是非常危险的；如果德国人知道了他的主张，他们会
相信这一切都是可能的，并加以认真研究。"句子（2）与句
子（1）不同，它不符合科学事实出场的文体规则，它不可能
出现在任何百科全书中。它的年代特征（大约在 1939 —1940 年）
很容易被辨识，这可能要归功于一位物理学家同行（比如西拉
德，他当时在芝加哥南部恩里科·费米 [Enrico Fermi] 的实验
室找到了一个避难所）。我们可以注意到这两个句子有共同的
部分，即陈述或语段内容*（dictum）："每个中子释放 x 个
中子"；它们还有非常不同的部分，即修饰语或模态*（modus）。
这些不同由情境、人和判断所组成。

我已多次指出，科学事实出现与否的便捷标记是，它的修
饰语是否完全消失了、是否只剩下语段内容。这些修饰语的消
去是科学争论的结果，有时也是科学争论的目标（正如巴斯德
从他的酵母细胞中撤离，让后者为自己发声，参见第 4 章）。
例如，如果约里奥和他的团队成功地完成了他们的工作，他的

1　中子通过轰击铀原子核来释放出新的中子。——译者注

同事们就会不知不觉地从句子（2）变为句子（3）："约里奥
的团队似乎已经证明，每个中子释放 3 个中子；这是非常有趣
的。"——这是一个更为恭敬的说法。几年后我们会读到这样
的句子：（4）"许多实验已经证明，每个中子释放 2 到 3 个
中子。"通过继续努力，我们得到了开始时的那个句子：（1）"每
个中子释放 2.5 个中子。"没过多久，这个句子就成了没有限
定、没有作者、没有判断、没有论战或争论的断言，甚至使之
成为可能的实验机制也不会被提及。它会进入一种更为确定的
状态。除了在导论性课程或普及文章中，原子物理学家甚至不
再谈论它、书写它——它将会变得如此显而易见！从激烈争论
到默会知识（tacit knowledge），转译渐进而连续地发生着——
至少在一切顺利的时候是这样。当然，此种顺利是极其罕见的。

　　句子（2）历经句子（3）和句子（4）而成为句子（1），
我们该如何解释这种渐进的变换呢？我们是否能说，他们"渐
进地"趋于事物的真实状态？这是一种令人厌倦的陈词滥调。
我们是否会说，句子（2）仍是一个由语言和历史所标记的人
类陈述，而句子（1）根本不是陈述，并且已完全脱离历史与
人类？要回答这些问题，传统方法是尝试在这些陈述中识别与
事物状态相符合的陈述和没有任何指称的陈述。但我们要再一
次声明，科学论并不是那种试图在这场经典争论中站队的研究
纲领。正如我们在第 2 章中所看到的，科学论感兴趣的是一个
相当不同的问题：如何才能通过连续的形变，将世界渐进地融

入话语之中，从而产生一个稳定的双向指称流？约里奥如何才能摆脱那些限制他确立科学事实的条件呢？这些问题的答案将解释，为什么除了我所定义的科学论，没有其他的科学史。

约里奥可能打心底认为，核反应的链式反应是可行的，这将使他们在几年内建造一个原子反应堆成为可能。然而，他每次陈述这种可能性时，他的同事将会添加新的限定条件——"相信（语段内容）是荒谬的""不可能想到（语段内容）""想象（语段内容）是危险的""声称（语段内容）将与现有理论相悖"——约里奥会发现自己对此毫无招架之力。他无法凭一己之力将自己提出的陈述转化为能被他人接受的科学事实；根据定义，他需要借助他人之手来实现这一形变。西拉德不得不承认，"我现在确信约里奥能让他的反应堆运转起来，"即便他立即补充道，"只要德军占领巴黎后不会得到它。"换言之，用我常说的一句口号，该陈述的命运掌握在别人手中，特别是掌握在亲爱的同事手中，后者是该陈述被接受或拒绝的原因（他们人越少，所讨论的陈述越深奥或越重要，它就越会被接受或拒绝）。

在这里，我并不是试图强调科学的"社会维度"是令人遗憾的，这种"社会维度"将证明科学家仅仅是人，并且所有科学家都是如此。如果研究人员只是"真正科学"的，争议是不会消失的。无论如何都无法跳过说服他人的任何步骤；我们不妨想象一下约里奥马上会写一篇关于核电站运行的百科全书式文章，他总是要一个接一个地说服他者。这里的他者始终存在，包括怀疑的人、未规训的人、心不在焉的人、不感兴趣的人；他们构成了对约里奥而言不可或缺的社会群体。

和所有研究人员一样，约里奥需要他者，需要规训他们、说服他们；他不能在没有他者的情况下，把自己锁在法兰西公学院，独自坚信自己是对的。但是，他也并非完全没有自己的武器。尽管科学斗士们发表了诽谤性的言论，但科学论从未声称，在确信过程中所混杂的"他者"都是人类。相反，科学论致力于追随人类和非人类之间非凡的混杂——这种混杂是科学家为了说服他人而不得不设计出来的。在与同事们的讨论中，约里奥可以引入其他资源，而不是传承修辞学的经典资源。

这就是约里奥如此急切地用氘来使中子减速的原因。单凭个人的力量，他无法迫使同事们相信他。如果能让自己的反应堆运转几秒钟，如果能为该事件找到足够清楚的证据，让任何人都不能指责他只看到他想看到的东西，那么约里奥将不再踽踽独行。在他和他背后合作者们的规训和监督下，反应堆中的中子恰当地排列并以横截面图的形式显现出来。在伊夫里的小屋中进行的实验是非常昂贵的，但正是这笔开销，才能让那些受人尊敬的同事们认真对待约里奥在《自然》上发表的论文。科学论又一次没有在经典之争——最终说服科学家的是修辞还是证据？——中站队，而是重构了整个问题，以便理解这个奇特的杂合体：一个用于说服他人而建造的铜球。

96

六个月以来，约里奥是世界上唯一拥有足够物质资源的人，这让他能够动员真实反应堆周围的同事与反应堆内部的中子。约里奥自己的观点可以被置于一边；哈尔班和科沃斯基的图表支持了约里奥的观点，而这些图表是从伊夫里小屋里的铜球中得到的，不能被轻易地抛到一边——三个处于战争中的国家立即着手建造的他们自己的反应堆为其提供了证据。对人的规训、对物的动员，由受规训的人来动员物；这是使人信服的新方式，有时也被称为科学研究。

科学论绝不是对科学修辞、科学的话语维度的分析，而始终是分析语言如何通过形变，逐渐实现不变形地传递事物本身这一目的。语词与世界之间的巨大鸿沟，使我们无法理解这种渐进的负载（loading）——修辞与实在之间的区分亦是如此，我将在第 7 章审视这种区分的政治学根源。但是，摆脱两个不存在之物——语词和世界——之间不存在的鸿沟，以及摆脱不真实的对应关系，绝不是说人类将永远受困于语言的监狱中。它的意思恰恰相反。话语可以负载非人类，这就像让部长理解中子一样容易。我们将在第 6 章看到，这是所有事情中最容易做到的。只有现代主义配置才会使这一常识性证据显得怪诞不经。

在这个新范式中，起初令人震惊的似乎是，它不依赖于突破社会、惯例和话语的英雄神话，这种神话般的脱离会让孤独的科学家发现世界的本来面目。可以肯定的是，我们不再把科学家描绘为旨在发现"外在"的、冰冷的世界和非人的物自体的人，不再把科学家视为抛弃符号、政治、激情和情感的人。但这并不意味着我们认为科学家只与人打交道。因为他们的研究所应对的不是真正的人类，而是带着长尾巴、踪迹、触须、细丝的奇特杂合体。可以这么说，杂合体把语词及其背后的物联系起来——只有通过不同系列工具的高度间接和复杂的转义，才能获得这些事物。科学家口中的真理不再来自对社会、惯例、转义、联系的突破，而是来自流动指称所提供的安全性。流动指称通过大量的形变与转译，改变和限制众人无法长久控制的言语行为。科学家并没有像过去的宗教隐士一样放弃修辞、论证和计算的基础世界，他们开始谈及真理，因为他们甚至更深入地投入了语词、符号、情感、物质和转义的世俗世界中，并进一步拓展自己与非人类的紧密联系，他们已经学会让非人在关于自身的讨论中承担责任。

如果传统图景有这样的箴言："科学与外界联系越少越好"，那么科学论则认为，"一门科学与外界的联系越紧密，它就可能变得越精确"。科学的指称性质并非来自一些脱离话语与社会从而获得事物（things）的致命一击（salto mortale），而是取决于其形变的程度、联系的安全性、转义的渐进累积、参与的对话者数量、让非人进入语词的能力、吸引与说服他人的能力和这些流动的常规制度化（参见第 5 章）。在这里，并不存在与事态相符合的真陈述，或与事态不符合的假陈述，存在的只是或连续或间断的指称。这不是有关脱离社会的诚实科学家与受变幻莫测的情感、政治影响的说谎者的问题，而是有关如同约里奥般处在广泛联系中的科学家与局限于语词、缺乏联系的科学家的问题。

98

本章开篇的纠葛不是科学生产中令人遗憾的方面，它就是那种生产的结果。每一处都是人与物相混杂，引发或终结争论。如果在约里奥概述了他的方案后，道特里没有从他的顾问那里得到肯定答复，那么约里奥就没有足够的资源来动员他实验室所需的成吨石墨——并且，如果他不能说服道特里的顾问，他也不可能说服自己的同事。正是同样的科学工作让他去了伊夫里的小屋、道特里的办公室，让他接近他的同事，让他重新审视他的计算。正是这种同样的规训和被规训劳动，促使他去关注国家科学研究中心的发展——如果不这样，那么在新物理学领域中，就不会有足够老练的同事（Pestre 1984）对约里奥的论证产生兴趣。他在共产主义郊区给工人讲课——如果不这样，科学研究就不会得到广泛支持。他邀请矿业联盟的总经理来参观他的实验室——如果不这样，他就不会得到反应堆所需的成吨放射性废料。他在《自然》上发表论文——如果不这样，他的研究目标就会落空。但最重要的是，要努力让这个可恶的反应堆运转起来。

我们将会看到，约里奥推动西拉德、科沃斯基、道特里和其他所有人的力量，是与他已动员的资源和利益的量成正比的。

如果反应堆失败了，如果每个中子所释放的中子不超过一个，那么所有这些累积的资源将分散开来，不再值得费这么大劲。这样的研究将被视为昂贵的、无用的或不成熟的；约里奥所说的话将被视为缺乏指称的谎言。在科学论中重要的是，之前毫无关联的元素集成了一个异质体，在一个共同的集体中同舟共济，而整个新集成的集体中所流动的内容将决定约里奥的话是真是假。本体论和认识论问题之间应保持清晰的区分，现在给出这种断言已为时过晚。由于约里奥的工作，这些问题如今已相互联系在一起，伊夫里的铜球中所发生的事情决定了约里奥所说的话与世界真实面貌之间的关联性。

科学事实的流动系统

转译的操作使政治问题与技术问题互相转换；确信（conviction）的操作在争论中动员了人类主体与非人类主体的杂合物。科学论没有先验地界定科学内容的核心与其语境的距离，因为假定这种距离会使部长与中子之间无数的短回路变得难以理解。无论线索、节点和路径在传统科学哲学家看来是多么扭曲和难以捉摸，科学论都追随着它们。根据定义，流动系统使科学事实保持活力，如果无法对解释了该流动系统的、难以捉摸的、异质的联系做出一劳永逸的概括性描述，那么我们还是有可能描绘出不同的成见——想要成为好的科学家，研究者就必须同时持有这类成见。

让我们试着历数约里奥必须同时考虑的各种流动，这些流动共同保证其所言的指称。与此同时，约里奥必须让反应堆运转起来，说服他的同事，激发军队、政治家和实业家的兴趣，使公众对他的活动有积极的印象，最后但并非最不重要的一点，他必须理解这些中子发生了什么，这些中子的命运对他所关注的各方都非常重要。如果科学论试图以任何实在的方式来理解一个给定的科学学科在做什么，那么它首先需要描述这五种类型的活动：仪器、同行、联盟（allies）、公众，以及联系或结（links or knots）。之所以称为"联系或结"是为了避免"概念性内容"一词带来的历史包袱。这五种活动中的每一种都同样重要，每一种都反馈到自身和其他四种活动中：没有联盟，就没有石墨，进而也就没有反应堆；没有同行，就没有来自道特里的赞成意见，进而就没有赴挪威的考察；没有计算中子增殖率的方法，就没有对反应堆的评估，也就没有证据来说服同事。在图3.3中，我绘制了科学论在重构科学事实的流动时所需考虑的五个不同的循环。

世界的动员

如我们在第2章所见，如果我们通过世界的动员这一尤为一般化的表达，理解了所有非人类逐渐载入话语的方式，那么我们所必须追随的第一个循环就可以被称作世界的动员。这是一个有关朝向世界移动、使之动员起来，将其带到争议场点、使之参与进来并可供争论的问题。在某些学科（如约里奥的核物理学）中，这一表达主要指至少是从第二次世界大战以来构成了大科学历史的仪器和主要设备。对许多其他学科来说，它还指在过去三四个世纪，派往世界各地的探险队带回的植物、动物、战利品和制图观测结果。第2章讲述了其中一个例子：亚马孙森林中的土壤愈加流动化，并通过一系列形变，开始了通往巴黎大学的远航。对其他学科而言，"动员"一词既不是指仪器、设备，也不是指探险，而是指调查，即收集社会或经济状况信息的问卷。

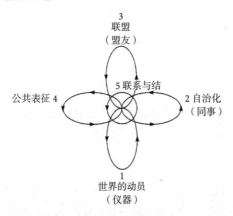

图 3.3 一旦我们放弃了内核／语境模型，就可以设置一个替代模型。对于任何科学的真实再现，都必须同时考虑这五个循环；在这个模型中，概念元素（联系与结）仍位于中间地带，但它更像一个连接其他四个环的中心结，而不是像石头一样被语境包围。

101   无论哪种转义发挥作用，这个循环实际上都与康德所谓的哥白尼革命有关，尽管康德几乎没有意识到这种宏伟的表达所指定的活动是多么实用：科学家们不再围绕客体运动，而是让客体围绕他们运动。我们的朋友——土壤学家们迷失于一片难以辨认的风景之中（参见图 2.7）；一旦安全地返回马瑙斯，他们就可以在地图上标出所有的土壤层，一瞥便能征服先前支配着他们的森林。16 世纪的地理学家墨卡托是首位提出地图集（atlas）术语的学者。从他著作的扉页可以看出，阿特拉斯（Atlas）[1] 造物的任务——将世界承载于他的肩上——现已转换为"一本地图集"；他不需要英雄般的力量，而只需翻动制图师手中拿着的精美印刷书籍的书页。

第一个循环涉及用仪器和设备来应对探险和调查，但也要应对场点——这些场点用于集结和控制世界上所有被动员起来的客体。例如，仅在巴黎，自然历史博物馆（the Museum d'Histoire Naturelle）的画廊、人类博物馆（Musée de l'Homme）的收藏、地理局（Service Géographique）的地图、国家科学研究中心的数据库、警察的档案和法兰西公学院生理学实验室中的设备——对那些希望理解转义的人来说，以上种种都是至关重要的研究对象。人们通过这些转义彼此交谈，愈发如实地谈论事物。受益于新的调查和新的数据，先前没有资源的经济学

---

1 希腊神话中受罚以双肩揹天的巨人。——译者注

家开始以每分钟数千列的速度输出可靠的统计数据。先前不受任何人重视的生态学家，现在可以用美丽的卫星摄影照片介入争论，这些照片使她不必离开巴黎的实验室就能观察博阿维斯塔森林的变化。习惯于在手术台上逐个治疗病人的医生，现在可以查阅由医院的记录服务所提供的基于数百种病例整理而成的症状表。

如果想要理解为什么这些人的话开始变得更有权威、更有把握，我们就不得不追随这个世界的动员——它使物能显现自身，使之能立即被用于科学家与其同事之间的争论。动员使世界卷入了争论。要书写第一个循环的历史，就要写下世界如何在动员*（mobile）下形变为不可变的、可组合的历史。简而言之，这是对用科学家能读懂的文字书写的"伟大的自然之书"的研究，或者说，这是对物流学（logistics）的研究——这种物流学对科学逻辑（logics）而言是不可或缺的。

自治化

科学家需要数据（或者准确地说，*获得的数据*[1]）来说服某人，也需要有人被他说服！研究血管系统第二部分的历史学家，旨在表明研究人员是如何寻找到同行的。我将第二个循环

---

1 原文为 sublata，疑为笔误，对照法语版翻译，以下是法语版原文："Pour convaincre, un scientifique doit disposer de données (ou plus exactement d'obtenues), mais également de collègues a convaincre"。——译者注

称为自治化（autonomizaion），因为它关涉一门学科、一种职业、一个小圈子或一所"无形学院"*是如何变得独立、如何形成自身评价与相关性标准的。我们总是忘记：专家是从外行培养出来的，正如士兵是从平民培养出来的。科学家和研究人员不是一直都有的。有必要花大功夫将化学家、经济学家、社会学家分别从炼金术士、法学家、哲学家中抽离出来；或者，有必要花大功夫使生物学家、化学家杂合为生化学家，使心理学家、社会学家杂合为社会心理学家；这都将达成巧妙的混合体。学科之间的冲突并不是科学发展的阻碍，而是科学发展的动力之一。要想增加实验、探险和调查的可信度，前提是要有既能批判又能运用它们的同行。如果世界上只有两名专家能解释卫星上的1000万张彩色图像，那么这些图像又有什么用呢？一个孤零零的专家在术语上就是矛盾的。没有一小群同事同时实现自治化，就没有人能成为专家。我们的朋友——土壤科学家们即使是在亚马孙中部，也从未停止在虚拟场所与同事交谈。他们在彼此不在场的情况下持续争辩，仿佛这片树林已经变成了会议室的木质嵌板。

对科学职业的分析无疑是科学论中最容易的部分，也是科学家们最容易理解的部分。科学家们从不缺少关于这个话题的八卦。它涉及社团和学会的历史，也涉及小圈子、小团体和小集群的历史，研究者之间的所有关系都孕育其中。更一般地说，这种分析应对的是在历史进程中区分科学家与艺术大师、专家与业余爱好者、核心研究者与边缘研究者的标准。如何为一种新的职业创立价值，严格控制头衔与准入门槛？如何垄断竞争力？如何规范某个领域中的内部人员组成？如何为学生和门徒找工作？如何解决相近学科（如植物学和土壤学）之间无数的竞争力冲突？

除了职业史和学科史外，第二个循环还包括科学建制*（institution）的历史。必须有组织、资源、章程和条规，以便将成批同行聚集起来。例如，没有学院、研究所、大学、国家科学研究中心、地质与矿产研究局和桥梁公路工程局，就无法想象法国科学是什么样子。这些建制对于解决争论是必要的，就像第一个循环中所获得的数据在常规流动一样。实践中的科学家面对的问题是，第二种活动所需的技能与第一种活动所需的完全不同。土壤学家可能擅长挖沟渠、在森林中部的桶里养蠕虫；而在写论文和与同事交谈时，这些就毫无用处。但二者必须兼具。流动指称不会随数据而止步，它必须进一步流动以说服其他同事。但对科学家而言，情况更为复杂，因为流动本身也不会止步于第二个循环。

联　盟

要想开发仪器，要想有自治化的学科，要想建立新建制，就必须有第三个循环——我称之为联盟。以前不会给对方留有时间的小团体，可能会加入科学家们的争论中。必须使军队、

104 实业家、国王、教师、国会议员分别对物理、化学、制图学、教育理论、政治科学感兴趣。如果失去了这些使人感兴趣的劳动，那么其他循环也将不过是扶手椅上的旅行；没有同事和世界，研究人员就不会有高昂的开销，但也不会有什么价值。为了科学工作能够规模化发展，为了使探险活动成倍增加并走得更远，为了使建制得以成长、职业得以发展、教授席位和其他职位得以开放，就必须动员起富有的、资源充足的庞大群体。同样，使他人感兴趣的技能，与设置仪器、培养同行所需的技能不同。某人可能很擅长写说服力强的技术性论文，但不善于说服政府部门，无法让他们相信没有科学就无法前进。正如约里奥一例所揭示的，这些任务甚至有些矛盾：约里奥的联盟带来了许多陌生人，如道特里和他的顾问们；而自治化的工作旨在将讨论范围限制在他的物理学家同事们身上。

正如我们在前一节所看到的，这个问题并不在于历史学家寻求科学学科的语境解释，而在于科学家自身将学科置于足够大且安全的语境之中，使之得以存在和延续。这不是研究经济基础对科学的上层建筑的影响的问题，而是探寻这样的问题，比如实业家如何通过投资一个固态物理学的实验室来改善自身的生意，或者如何依附于交通部门而实现国家地质部门业务的拓展。这些联盟并没有妨碍科学信息的纯粹流动，而是使血液流动得更快、脉搏率更高。根据情况的不同，这些联盟可以有无数种形式，但这种说服和联络的巨大工作从来都不是自明的：

军人与化学分子之间、实业家与电子之间并没有自然的联系；他们不会因为某种自然倾向而相遇。该倾向、该趋向（clinamen）必须被创造出来。回头来看，社会和物质世界必须工作起来，让这些联盟看起来是不可避免的。这里展现了新的非人如何与数百万新人类的存在相互缠绕的历史，它博大精深、趣味盎然，也可能是历史中对于理解我们自己的社会最为重要的部分（参见第 6 章）。

公共表征   105

即便仪器已就位，同行已受过训练和规训，资源充足的建制准备为同行和收藏品所组成的奇妙世界提供港湾，政府、工业、军队、社会保障和教育为科学提供了广泛的支持，但仍有大量的工作要做。大量新奇的社会化客体——原子、化石、炸弹、雷达、统计、定理——进入了集体，所有这些鼓动和争议将给人们的日常实践带来可怕的冲击，将有可能推翻正常信念和意见系统。若不是这样，那才奇怪了，因为如果科学不改变人和事物的联系，它又是为了什么呢？那些不得不环游世界以动员世界、说服同事并围攻部长和董事会的科学家，现在必须处理好他们与另一个由平民组成的外在世界的关系，即与记者、权威人士，以及街上男男女女的关系。我将这第四个循环称为公共表征（public representation）（如果我们能把这个表达从与"公共关系"[PR] 相关的污名中解放出来的话）。

与科学斗士们经常表明的相反，这个新的外在世界并不比前三个循环更外在：它只是具有其他属性，并把有其他性质和能力的人卷入战场。社会如何形成有关何为科学的表征？什么是民众自发的认识论（spontaneous epistemology）？他们对科学有多信任？如何在不同时期、不同学科中衡量这种信任？例如，艾萨克·牛顿（Isaac Newton）的理论是如何在法国被接受的？查尔斯·达尔文（Charles Darwin）的理论是如何受到英国牧师欢迎的？大战期间的法国工会成员是如何接受泰勒主义（Taylorism）的？经济学是如何逐渐成为政治家们所热衷的话题的？精神分析是如何逐渐融入日常心理学讨论的？DNA指纹专家在证人席上是如何表现的？

与其他的循环一样，该循环需要科学家们具备完全不同的技能。该技能与其他循环无关，但对科学家而言是决定性的。一个人可能很擅长说服政府部长，但完全无法应对脱口秀上的提问。如何创造出一门既能改变所有人的观点，又期望所有人都能被动接受的学科呢？如果灵长类动物学家、人种学家和遗传学家为性别角色、攻击性和母爱提出了完全不同的谱系，那么如果大部分公众对此表示不满，他们又怎么会感到惊讶呢？所有重新计算过绕恒星旋转的行星数量的天文学家都知道，如果突然将大量的其他生命形式加入人类集体的定义中，那么一切都会发生改变。第四个循环更重要，因为另外三个循环在很大程度上都依赖于它。例如，法国先进的分子生物学研究的主要部分，依赖于某个私人慈善机构每年为抗争肌肉萎缩症而举办的电视节目，支持或反对基因决定论的每一个论点都会反馈到这笔资金中。一定要对科学的公共表征极其敏感，因为信息不是简单地从前三个循环流动到第四个循环，它也构成了科学家们对自身研究对象的许多预设。因此，这一循环绝非科学边缘的、附加的东西，它也是事实构造的一部分，不能将其留给教育理论家和传媒专业的学生。

联系与结

到了第五个循环，也尚未最终触及科学的内容，好像其他四个循环仅仅是第五个循环的存在条件。从第一个循环开始，我们一刻都没有离开科学智识的工作进程。如图 3.3 所示，我们并没有像科学斗士们常说的那样，无休止地绕着桑树丛转而逃避"概念性内容"。我们只是沿着静脉和动脉向前，现在不可避免地抵达了跳动的心脏。为避免使用"概念"一词，我将这第五个循环称为联系与结。为什么该循环有着比另外几个更难研究的名声呢？嗯，它确实更难啃。我现在不是要假装破解它，而是要简单地重新定义它的拓扑学，可以这么说，拓扑学是它稳固的原因之一。

这种硬度（hardness）与桃子柔软果肉里面核的硬度不同。它是一个处于网中心的结，尤为紧密。它之所以是硬的，是因为它必须把如此多的异质资源整合在一起。当然，心脏对于理

107　解人体的循环系统是很重要的，但哈维的著名发现显然不是通过将心脏和血管相互分离而得来的。科学论也是如此。如果把内容和语境区分开，那么科学的流动就变得无法理解，其氧气和营养物质的来源以及它们进入血管的方式也将变得无法理解。如果没有第五个循环，会发生什么呢？其他四个循环将立马消亡。世界将不再是可动员的，愤怒的同事们会四散奔逃，盟友会失去兴趣，公众在表达震惊或冷漠后也会失去兴趣。但如果切断其他四个循环中的任何一个，第五个循环的消亡也会随即而至。

　　在科学大战中，这一点始终是首当其冲的牺牲品。当然，约里奥"有思想""有概念"，他的科学有一些内容。但是，当科学论寻求理解科学的中心概念性内容时，它会首先关注这一内容在哪些边缘上扮演着中心的角色，是哪些静脉和动脉使心脏泵动、哪些网起着结的作用、哪些路径构成了交叉点，以及哪些商业活动承担着结算所的功能。如果我们想象约里奥正沿着构成图3.3中心的循环进行流动，我们将会理解他为什么如此急切和诚挚地试图找到一种方法，来将他的仪器、同事以及被他牵涉的官员、实业家和公众维系在一起。

　　是的，约里奥只有理解了链式反应才能成功，而且他最好快一点理解，要赶在西拉德第一个实现它之前，德国人占领巴黎之前，挪威人提供的两百升重水用完之前，哈尔班和科沃斯基被邻居斥为外国人而被迫逃离之前。是的，有一个理论；是的，科沃斯基在深夜进行的横截面计算将会有所不同；是的，他们生产的关于中子的知识将使他们直到1940年5月的溃败结束之前处于决定性优势的边缘。但你需要所有剩下的东西来让这个计算成为某个理论。这里确实有一个概念性的核心，但这并不是由位于最远处的关注点来定义的；相反，它是使它们聚集在一起的，是加强它们的凝聚力的，是加速它们的流动的。科学斗士用一种错误的隐喻来为科学的概念性内容做辩护。他们希望它像一个飘浮在天堂的理念[1]，摆脱了尘世的污染；科学论对它的理解，则更像在丰富的血管系统中心进行跳动的心脏，或者说，更像肺中成千上万的肺泡使血液再氧合。

　　隐喻中的差异并非微不足道。科学论最希望能解释第五个循环和其他四个循环之间的尺度（size）关系。一个概念之所以成为科学的，不是因为它离它所包含的其他东西更远，而是因为它与一个更广泛的资源库有着更密切的联系。羊肠小道不需要匝道。大象的心脏比老鼠的心脏大得多。科学的概念性内容也是如此：硬学科比软学科需要更大、更硬的概念，这并不是因为它们在距离上与剩余的世界更远，即其他的四个循环——数据、同行、盟友和旁观者，而是因为它们搅动、操纵、移动和连接的世界要大得多。

　　一门科学的内容不是其所包含的东西；它本身就是一个客

108

1　Idea，即柏拉图的"理念"。——译者注

器。事实上，借助词源学之手，科学的概念（Begriffer，来自
greifen，意为抓牢或握紧）就是把一个集体紧紧地团结在一起。
技术内容不是神给那些研究科学的人所设置的令人震惊的谜
团，以提醒他们另一个逃离历史的世界的存在，来使他们感到
谦卑；技术内容也不是为认识论者提供的娱乐，使后者得以看
不起所有对科学一无所知的人；技术内容是这个世界本身的一
部分。它们只在我们的世界中生长，因为它们的组成来源于越
来越大的集体中越来越多的元素（参见第 6 章）。为了使这一
点不单单是一个空洞的意图声明，我显然应该比我在对约里奥
的概述中更接近技术内容。但是，在接下来的章节中，在用一
个人类与非人类打交道的新定义代替旧的主客体二分之前，我
无法做到这一点。同时，我可以简单地把概念、联系与结置于
不同的位置，这样当我们了解一门科学深奥的内容时，我们就
会立即寻找赋予其意义的其他四个循环。

109　**把社会从集体中摘除**[1]

　　怎样才能说服我的科学朋友们，我们通过研究科学事实的
血管化获得了实在论，并且使科学增加了硬度？这貌似太合乎
常理了，以至于看起来是异端——至少短时间内是如此。一门

1　在这里，拉图尔使用的是“社会摘除术”（the enucleation of society）。——译者注

科学的联系越紧密，科学就越坚固；怎么可能比这更简单呢？然而，认识论者已经把这个生活中非常简单的事实变成了一个彻底的谜，造成这一点的政治原因将在第7章得到清楚的阐释。对认识论者而言，科学学科无须通过任何形式的、与世界剩余部分相连的血管就能变得坚实和可靠。心脏需要泵进和泵出，但无需任何输入、输出、身体、肺和血管系统。科学斗士应对的是一颗在手术台上由灯照亮的、空空如也的心脏；科学论应对的是一团血淋淋的、跳动的、缠绕的混乱，即整个集体的血管化。前者嘲笑后者，因为后者成员的白大褂上有血、看起来很脏，并指责后者忽视了科学的核心。确实，我们怎样才能相互交谈呢？

然而，正如第2章的结尾所谈论的内容，我们还必须解释如何从科学论所提出的实在论模型中，提取出难以置信的、非实在论模型。一个新的范式应该总是能够理解其所要取代的范式。正如我们在图2.24中看到的，语词与世界之间存在巨大鸿沟的概念是通过抹去所有的转义，只去质问像两个遥远的、相互对峙的书架般的极端，从而人为地制造出指称的"问题"而获得的。对科学流动系统的破坏则更加可怕（参见图3.4）。如果未能密切关注科学努力的整体性（图3.4a），人们就会有这样的印象：一方面，存在着一系列（如同日冕般的）偶发事件；另一方面，其中心是最重要的概念性内容（图3.4b）。在这里，只要稍有疏忽，稍有不慎，就会出现此种情况！丰富而脆弱的

110

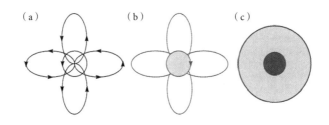

图 3.4　如图 2.24 所示，只要抹去了关键的转义，就可能从新模型中抽取出典范模型。如果从其他四个维度中切除（a）的中心圆——概念维度，那么它将转换为一个核心（b），而当其他四个现在已经断开的循环重新连接时，将形成一种与定义科学的内在核心（c）无关的语境。

网将被切断，与它所连接、召集的事物相分离。若再有一个微小的疏忽的话，"科学内容"的核心将从偶然的、历史的"语境"中分离出来（图 3.4c）。我们将从几何学的一个分支转向另一个分支，从结转向面。

唯有疏忽且草率地使用不同的分析解剖工具，才会从科学家异质而多样的劳动中获得内容 vs. 语境的模型。整个劳动变得模糊不清，因为人们看到的不再是本质上的连接点，也就是理论和概念所理论化和汇集的所有不同元素。人们遇到的不是连续的、曲折的转译路径，而是撞上一道将科学与"科学之外"因素相分离的铁幕，就像一道长长的灰色混凝土墙，切断了柏林精致的车道、电车线和街区的流通。在面对这些坚硬而持久，以至于像是天外来物的客体时，认识论者灰心丧气，只能把它们送去柏拉图式的天堂，使之在完全变幻无常的历史中彼此联系起来。这种历史有时被称为"科学的概念史"，尽管它已经没有任何历史意义，进而没有任何科学意义（参见第5章）。伤害已经造成：现在，顽固的理念和原理的漫长轨迹似乎如同许多异物般，盘旋在偶然的历史之上。

最糟糕的还在后头：那些习惯于研究我所列出的各个方面的历史学家、经济学家、社会学家，对所有浮动于他们头上的奇怪东西感到气馁，并将科学的概念核心留给了科学家和哲学家，审慎地满足于在"社会因素"和"社会维度"间徘徊。如果在放弃研究科学技术内容的同时，并没有使自己所要研究的且用来局限自身的社会存在 [1] 变得不可理解，那么这种审慎会给他们带来荣耀。事实上，完全人为地分离细胞与细胞核、理论与理论化的来源，所造成的最严重问题并不在于，使智性的历史学家假定了与历史无关的、无尽展开的"纯"科学观念。真正的危险在于社会科学家的一致信念，即通过排列"祛核"的语境，就有可能在无须应对科学和技术的情况下解释社会存在。

我们现在有了两个平行系列的、没有任何交集的人工物——观念和社会 *，用来取代人与非人的集体。第一个系列导致了认识论之梦和对科学斗士的下意识防御，这简直恼人

1　在这里，拉图尔使用了"the very"来修饰"社会存在"，表示强调。——译者注

且幼稚；第二个系列导致了对社会世界的错觉，它更具破坏性——至少对像我这种试图践行实在论哲学的人来说是这样的。由于这一祛核社会语境的发明，整个现代世界都变得不可理解。

例如，我们假设有一位历史学家正在研究"二战"期间法国的军事决策和计划。如我们所见，转译的操作使约里奥的实验室在法国军务的开展中不可或缺。现在，约里奥自己也无法启动他的反应堆，除非发现一种新的、更容易启动链式反应的放射性元素——钚。研究军务的历史学家必然在追随一系列转译后，对钚的历史产生兴趣；更确切地说，这种必然性是约里奥的工作及其成功在起作用。考虑到科学家们在过去三四百年的活动，在发现自身处于实验室之前，人们可以研究一个军人多久呢？如果研究的是战后科学，最多只有一刻钟；如果研究的是 19 世纪，可能会有一个小时（McNeill 1982；Alder 1997）。因此，在书写军事史时忽视组成这段历史的实验室是荒谬的。这不关乎学科的原则，即知道一个人是否有权不关注科学技术而接近历史，而关乎事实——历史学家所研究的参与者是否将自身的生活、情感，与实验室、科学专业所动员的非人类混在一起。如果答案是肯定的，那么就像这个例子中最确定的一样，不把约里奥和军方以不同方式用于战争与和平的钚放回游戏中是无法想象的。

现在，我们可以开始衡量，那些声称科学论提供了"科学的社会解释"的人，对科学论存在的巨大误解。事实上，科学论确实提供了一种解释，但它解释的是一个无用的社会概念是如何人为兴起的 *。要想获得这种无用的社会概念，方法是把科学学科从它们的集体存在中摘除出去。在这种摘除术后，留下的是一个人与人的社会，以及一个概念核心。如果我们把社会解释和概念解释理解为两种不同的解释，使平行系列的人工物永远不会相交，那么认为科学论寻求调和这两种解释就更荒谬了。将两种人工物重新捆绑在一起会产生第三种人工物，而不是获得解决方案。我们从图 3.4 中可以明显看出，简单地将社会因素的巨大日冕嫁接到科学的内在核心（如图 3.4c），不会使我们回到图 3.4a 所示的、在五个循环中进行流动的科学事实的丰富血管化。隐喻、范式和方法都截然不同，且统统不相容。为了在科学的研究中重获实在论立场，我们必须完全放弃社会的概念，而不管科学斗士和大多数社会科学家投来何种奇怪的目光。[1]这也难怪：正如我们将在第 7 章和第 8 章看到的那样，发明这种社会概念的原因完全不适用于解释任何事情。

---

[1]　在这里，拉图尔使用的是 the notion of a society，即作为单数的统一体的社会。——译者注

4 从构造到实在：巴斯德与他的乳酸发酵物

目前，我们已采取两项举措来对第 1 章所提出的配置*进行有益的调整。通过在语词与事态之间建立某种安全的符合关系，缸中之心灵试图进入"外在"世界中；而现在看来，"外在"世界这一概念对科学而言是尤为不切实际的，它如此牵强、如此受限，只能由强大的政治动机进行解释（本书后续的章节将审视这些强大的政治动机）。在第 2 章中，我们开始理解指称并不是某种被添加进语词的东西，而是一种流动现象——再一次借用威廉·詹姆斯的术语。如果我们希望语词所指称的是逐渐被填充到语词中的物，那么这种流动指称的运动就不应该中断于任何跳跃。在语词与世界之间的纵向深渊上不再悬着危险的符合之桥，现在我们在语词与世界之间有了坚固而厚实的横向路径，其中流动着大量的形变。

接着在第 3 章，我们意识到旧配置将不可实现的双重约束强加给科学家："完全阻隔社会的、心理的、意识形态的和人的重压"；同时，"绝对地而非相对地，确信关于外部世界的定律"。与这种相互矛盾的禁令相反，我们意识到，唯一合理且现实的心灵如实谈论世界的方法在于，使尽可能多的关系和血管在丰富的血管化（vascularization）中再次联系，这种血管化使科学流动起来——当然这意味着不再有任何"心灵"（Hutchins 1995）。科学的学科所拥有的关系越多，其精确性就越有可能流动于众多血管之中。相比于将科学从社会中解放出来这一不可能的任务，我们现在有了一个更可控的任务，那就是尽可能将学科与集体的其他部分联系起来。

然而，什么都还没有解决。我们只是刚开始从旧配置最明显的缺陷中解脱出来，但还没有找到更好的配置。如果我们想继续下去，就必须考虑更多的实在。可以说，我们在第2章和第3章安然无恙地离开了这个世界。我们的朋友——土壤科学家、约里奥和他的同事不停地忙碌着，但土壤和中子本身表现得它们好像一直就待在那里，只等着被转变为大量标桩、图表、地图、论点，并对人类的话语领域施加影响。这显然不足以解释我们如何能如实地谈论事态。世界实体与科学共同体相联并开始被社会化为一种集体[*]，如果不转变我们对世界实体在此过程中所作所为的理解，那么不管如何调整指称概念都无济于事。

科学论一开始所设定的解决方法就是使用"建构"和"构造"这两个词。考虑到科学家对世界的形变，我们已提及了"事实的建构""中子的构造"以及其他类似的表达方式，这些表达方式使科学斗士们陷入困境，现在他们又开始回击我们。事先说明，我承认如此解释行动存在很多问题。第一，虽然"建构"和"构造"是有关技术性活动的术语，但在社会学家和哲学家笔下，技术已经变得几乎和科学一样晦涩不清（正如我们将在第 6 章看到的），而这些社会学家和哲学家在现代配置所允许的狭小空间内展开工作。第二，这种解释意味着行动的能动性总是来自人类领域，而世界本身只不过是为人类的独创性提供了一种活动场所（我会尝试在第 9 章关于"实像"的讨论中消除这种说法）。第三，谈及建构就暗含着零和博弈，它拥有固定的要素清单；所谓构造只是以其他方式将它们组合在一起。第四，更令人担忧的是，旧的配置劫持了建构和构造的概念，将之作为武器运用于对抗真理和实在的两极化战争之中。其言外之意往往在于，如果某物是被构造出来的，那么它就是假的；同样，如果它是被建构出来的，那么它必须是可解构的。

115

　　这就是为什么科学论越是揭示科学的建构性特征，我们与我们的科学朋友之间的误解就越深。仿佛我们是在颠覆科学的真理主张。是的，我们在颠覆一些东西，但完全是别的东西。尽管意识到这一点有些迟滞，但对于早先人们认为理所当然的有关建构和构造的惯常用法，我们也正在动摇其基础——此外，正如我们将在第 9 章看到的，我们还在颠覆行动和创造的基本概念。如果我们真的希望理解行动中的科学，那么建构和构造就与所有其他传世下来的概念一样必须被彻底重构，甚至比指称和"概念性内容"等概念更需要如此。通过访问另一个实验场点——路易·巴斯德的实验室，我希望在本章完成这一重构。接下来就让我们遵循《论乳酸发酵》[1]这篇文章中的细节，该文被科学史家视为巴斯德最重要的论文之一。

这篇文章对达成我们的目的而言是十分有利的，因为它是围绕两个组合型戏剧而架构起来的。第一部戏剧调整了非人类和人类的地位，将非实体的、灰姑娘式的化学理论转变为光荣的、英雄般的角色。与此同时，巴斯德如白马王子式的观点历经种种困难，最终推翻了李比希的理论："被建筑者拒绝的石块变成了基石。"第二部戏剧是一部反身性戏剧，也是一个只出现在结尾的谜：谁在建构事实？谁在导演故事？谁在幕后操纵？是科学家的偏见，还是非人类？由此，在本体论戏剧的基础上又增加了一场认识论戏剧。用巴斯德自己的话来说，我们将能看到科学家如何为自身和我们来解决科学论的两大基本问题。首先让我们来看看灰姑娘 – 酵母那令人振奋的故事。

116 戏剧一：从属性到实质

1856 年，也就是主要兴趣转向啤酒酵母发酵的一段时间

1　J. B. 柯南特（J. B. Conant）在《哈佛实验科学案例史》（*Harvard Case Histories in Experimental Science*，1957）中，将该文的一部分翻译成英文。我在若干地方已经完成并修改了翻译。法语文本参见《巴斯德全集（第 2 卷）》。相关背景参见 Geison (1974)。

后，巴斯德发现了一种乳酸所特有的酵母。今天的乳酸发酵不再是讨论的对象，全世界的奶制品商、乳制品商和奶酪制造商可以通过邮件，想订购多少酵母就订购多少。但只要将自身"置于当时的处境下"，人们就能欣赏巴斯德报告的独创性。在19世纪中叶，李比希化学占据着科学圈的主导地位，此时声称特定的微生物可以解释发酵无疑是一种倒退，因为化学只有在摆脱了晦涩的活力论解释后才能荣耀加身。发酵要用一种纯化学方式进行解释，即发酵靠的是惰性物质的降解而非任何活物的介入。无论如何，研究乳酸发酵的专家们从未见过任何与糖的形变相联结的微生物。

在巴斯德论文的开头，乳酸发酵没有明确的、可分离的原因。即使涉及酵母，但酵母也只不过是发酵这一纯化学机制中几乎无形的副产品，或者更糟糕的是，它是一种不受欢迎的杂质，会阻碍和破坏发酵。然而，在论文的最后，酵母本身已成为成熟的实体，并被整合到同一类相似现象之中；它已成为发酵的唯一原因。在某个单一自然段中，巴斯德带着酵母完成了整个形变过程：

> 如果没有事先警惕，就很难在显微镜下将其与酪蛋白、非聚合谷蛋白等区分开来；由此，没有任何迹象表明它是一种单独的物质或它是在发酵过程中产生的。它的视重量与实施该过程最初所需的含氮材料相比总是微乎其微的。

最后，它经常与大量的酪蛋白和白垩混合在一起，因此没有理由怀疑它的存在。（§7）

但巴斯德用这句无畏而令人惊讶的话作为本段的结尾："然而，正是这个（酵母）起了最重要的作用。"这种突兀的形变，不仅是指从虚无中提取出来的酵母变成了万事万物，也是指白马王子——巴斯德本人的转变。在论文的开头，他的观点在李比希和贝采尼乌斯（Berzelius）的强大理论面前一文不值。而在论文的最后，巴斯德战胜了他的敌人，他的观点赢得了胜利，击败了关于发酵的化学解释。他说：

（使乳酸发酵的致因如此晦涩的）事实看起来非常有利于李比希或贝采尼乌斯的想法……这些观点获得了与日俱增的信任——这些工作都一致反对把我们正在思虑的现象归因于某种来自组织和生命的影响。（§5）

再一次，巴斯德用一句充满挑衅的话结束了这一段，这句话使先前论点的重点发生了偏转："我被引向了一个截然不同的观点。"随着灰姑娘的崛起和白马王子的胜利，另一种更为广泛的形变势在必行。故事开始时自然世界的能力与故事结束时的不一样。在论文的开头，读者生活在这样一个世界里，即有机物质与发酵物之间正是接触与腐烂的关系：

在［李比希］看来，发酵物是一种极易变动的可分解物质，而这种变动会激活发酵，并向可发酵物质的分子组传达分解性干扰。李比希认为这就是所有发酵的主要原因，也是大多数传染病的起源。贝采尼乌斯认为，发酵的化学行为指的就是**接触的行为**。（§5）

到了故事的最后，读者生活在这样一个世界里，即发酵物和任何其他已确定生命形式的东西一样活跃，甚至现在它以有机物质为食，原本作为原因的有机物质变成了作为食物的有机物质：

> 无论是谁，只要他公正地判断这项工作的结果以及我不久将要发表的结果，就都会与我达成共识，即发酵似乎与**生命**和球状体的组织紧密相关，而与其死亡和腐烂无关；发酵不再是一种因接触而产生的现象，在这种接触中，糖在发酵物在场时发生转变，但没有失去任何东西或从发酵物中获取任何东西。（§22）

118

现在让我们跟随故事中主要的非人类角色，来看看这个实体在成为公认的物质之前不得不经历多少不同的本体论阶段。对于这个从必须摧毁、再分配和重组的其他实体中涌现出来的新行动者，科学家如何自圆其说地解释？这个行动素x即将被命名为乳酸发酵酵母，在它身上会发生什么？就像

第 2 章中森林 – 稀树草原的界限一样，这一新的实体首先是一个流动对象，它历经考验并遵从了一系列非凡的形变。在一开始，它的存在就被否定了：

> 截至目前，细微的研究还无法发现有组织生物的发展。观察者在识别出其中一些存在物的同时，也确定了它们只是意外情况，并且破坏了整个过程。（§4）

接着，巴斯德的主要实验让"先知先觉的观察者"发现了这样一个有组织的存在。但是，这个物体 x 的所有基本特征都被剥夺了，它们被重新分配到基本感官数据中：

> 如果仔细审视寻常的乳酸发酵，你会发现在白垩和含氮物质的沉积物的表面有一些灰色物质，它们有时会在表面形成整整一层（有时会形成一个区域）。在其他时候，你会发现这种物质黏附在容器的上侧，此时的灰色物质是由气体运动带来的。（§7）
>
> 当它凝固（结块）时，看起来就像被挤压或沥干的寻常酵母。它略黏稠，显灰色。在显微镜下，它似乎是由单独的或成簇的小球状体或非常短的分段细丝所组成，这些球状体或细丝构成了类似于某些非晶态沉淀物的不规则薄片。（§10）

很难有比这更微弱的存在了！它不是一个物体，也不是融贯实质的断言，而是一团稍纵即逝的感知。在巴斯德的科学哲学那里，现象优先于现象所表征的背后之物。要赋予 x 一种本质，使之成为一个行动者，还需要一系列实验室考验，物体 x 通过这些考验证明了自身的才能。在下一段中，巴斯德把它变成了我在别处所称的"行动之名"*：我们确实不知道它是什么，但可以从实验室进行的考验中得知它的所作所为。一系列的述行*优先于权能*的定义，随后权能的定义将成为这些述行的唯一原因。

119

接着，每升中溶解50～100克糖，加入一些白垩，并撒入我刚才提到的来自良好的寻常乳酸发酵的**一种灰色物质**……就在第二天，一种活跃而有规律的发酵开始了。原本非常清澈的液体变得浑浊；白垩一点一点地消失了，与此同时，随着白垩的溶解，一种沉积物生成并不断地、渐进地生长。所生成的气体是纯碳酸的，或者是不同比例的碳酸和氢气的混合物。白垩消失后，如果液体蒸发，那么一夜之间就会形成大量的乳酸盐结晶，而且母液中含有不同量的这种碱的丁酸盐。如果白垩和糖的配比正确，那么在操作过程中，乳酸盐就会在液体中大量结晶。有时液体就变得非常黏稠。总之，我们眼前所看到的就是一种特征明显的乳酸发酵，以及这种现象的种种意外和习以为常

的繁杂性，而该现象的外在表现为化学家们所熟知。（§8）

我们还不知道它是什么，但我们知道它可以被喷洒，引发发酵，使液体浑浊、白垩消失，形成沉积物，产生气体，形成晶体，变得黏稠（Hacking 1983）。到目前为止，它是记录在实验室笔记本上的一系列条目，散落的碎片（membra disjecta）还不是某种实体——只是一种寻找它们所属实质的属性。在文本中的这一点上，实体是如此脆弱，它的封套 *（envelope）是如此不确定，以至于巴斯德都惊讶于它的移动能力：

> 它可以在不失去其活动性的前提下被收集并运送到远方，这种活动性只有在物质干燥或在水中煮沸时才会减弱。转化大量的糖只需要很少的酵母。这些发酵应当最好进行下去，以免受阻于植物或外来滴虫，也可以使物质免受空气的影响。（§10）

也许摇动烧瓶会使这种现象消失，也许将之暴露在空气中会破坏它。在实体得到来自稳固的本体论实质的保证之前，巴斯德必须添加一些预防措施，尽管他很快就会发现这些措施是无用的。虽然还不知道实体是什么，但对于实体周围所勾勒出的模糊界限，巴斯德不得不进行全面地摸索探究以确定其精确的轮廓。

但是，巴斯德如何增加这个实体的本体论地位？如何将这些脆弱的、不确定的界限转换为一个固实的封套？如何从这一"行动之名"走向"事物之名"？行动了那么多，实体一定是行动者吗？不一定。要想把这个脆弱的候选者转变成作为行动起源的成熟行动者，需要做得更多；此外，还需要其他的行动来得到这些断言的基础以定义权能，然后由实验室考验中的大量述行来"表达"或"显现"这种权能。在论文的主要部分，巴斯德毫不犹豫、想方设法地使这一实体的本体性基础稳定化，赋予它类似于啤酒酵母的活动性。巴斯德借用种植植物的隐喻来引出驯化和培育的过程，牢牢确立了植物的本体论地位，从而塑造出那满怀抱负的行动者：

> 在这里，我们发现了啤酒酵母通常的所有特征，且这些物质可能具有有机结构。在自然分类中，这些有机结构将啤酒酵母置于相邻的物种或两个相连的科中。（§11）
>
> 另一个特征也使这种新的发酵物与啤酒酵母可以相提并论：如果操作的其他条件保持不变，在含糖的、含白蛋白的清澈液体中播种的并非乳酸发酵物，而是啤酒酵母，那么啤酒酵母也会发育，并随之产生酒精发酵。人们不应由此得出结论说这两种酵母的化学成分是同一的，就像不能因为两种植物生长在同一土壤中就说它们具有同一的化学成分一样。（§13）

121 　　§7中的非实体在 §11 中很好地确立起来，并在自然史最精确、最庄严的分支——分类学中有了一个名字、占有了一席之地。巴斯德刚将酵母确定为所有行动的起源，使之成为一个成熟的独立实体，他就以酵母为稳定的元素来重新定义所有先前的实践：我们以前不知道自己在做什么，但现在我们知道了：

> 　　所有化学家都会惊讶于，乳酸发酵在我设定的条件 (当乳酸发酵物独自发育时) 下的迅速性和规律性；它通常快于等量物质的酒精发酵。而一般情况下，乳酸发酵需要更长的时间。这个很好理解。谷蛋白、酪蛋白、纤维蛋白、细胞膜以及所使用的组织都含有大量无用的物质。通常情况下，它们只有在与植物或微生物接触而发生腐烂后才会成为乳酸发酵物的营养物质，因为腐烂使这些元素变得可溶解、可吸收。（§12)

　　缓慢而难预料的实践加上晦涩的解释，是巴斯德所掌握的一套快捷而又可理解的新方法：一直以来，奶酪制造商在不知情的情况下，在为发酵物提供食物的培养基中培养微生物，而这种食物本身则为了适应多个相互竞争的发酵物所处的环境而发生变化。原本为无用副产品的原因，却出于自身的结果而转化为食物！

　　更进一步地，巴斯德把这种新塑造的实体转变为一整类现象中的"奇葩个例"。现在可以对发酵这一普遍现象的"通用环境"下定义了。

> 良好发酵的必要条件之一是发酵物的纯度、同质性、不受任何阻碍的自由发育，以及很好适应其个体性质的营养物质的促进作用。在这方面，重要的是要认识到中性、碱性、酸性，或液体的化学成分环境在主导这种或那种发酵物的生长方面起着重要作用，因为每种发酵物的生命都不能以不变来适应环境的万变。（§17）

通过借鉴若干种看似不相容的科学哲学，巴斯德重新解决了认识论中仍有诸多争议的问题，即新的实体是如何从旧的实体中涌现出来的。非实存的实体历经若干阶段而转变为泛型类（generic class）是有可能的，在这些阶段中的实体由浮动的感觉数据所组成，被界定为行动之名，最后变成了类似于植物的有组织生物，在完备的分类学中占有一席之地。流动指称并不像第2章和第3章那样，把我们从某个研究场点带到另一个研究场点，从某类轨迹带到另一类轨迹，而是从某种本体论地位走向另一种本体论地位。在这里，不再仅仅由人类通过形变来传递信息，非人类也是如此，它们偷偷地从几近非实存的属性变成了成熟的实质。

从事实的构造到事件

巴斯德自身对其文本——戏剧———的解释是如何修改了有关构造的常识性理解的？我们说那是巴斯德通过在里尔的实验室里设计一个行动者来实现的。他是怎么做到的？这一壮举的传统解释是说巴斯德为行动者*设计考验*来展示后者的才能。为何行动者的定义是从考验而来的？因为除了通过行动之外，定义行动者别无他法，而且除了通过询问所关注的角色如何修改、转变、扰乱或创造其他行动者之外，定义行动者别无他法。这是一个实用主义者的信条，我们可以把它扩展到（a）物本身，不久后将被称为"发酵物"；（b）巴斯德向其科学院同事所讲述的故事；以及（c）巴斯德的对话者对迄今为止书面文本中只存在一个故事的反应。巴斯德同时参与了三项考验，我们应该根据目前已熟悉的流动指称概念使这三项考验对立统一起来。

首先，在巴斯德讲述的故事中，有些角色的权能*是由其从事的述行*而得到定义的：让读者为之喝彩的是，几近隐身的灰姑娘变成了获胜的英雄，成为乳酸发酵的基本原因，而最初它只是乳酸发酵的一种无用副产品。其次，巴斯德在实验室里正忙着搭建对这位新行动者进行考验的新人工世界。他不知道发酵物的本质是什么。巴斯德是一个优秀的实用主义者：对他来说，本质就是实存，而实存就是行动。

123

这个神秘的候选者——发酵物想干什么？实验者的大部分聪明才智都花在了设计迂回的情节和精妙的舞台上，并让行动素*参与到无法预料的新情境之中，而这些情境能积极地定义行动素本身。第一个考验是一个故事：它有关语言，与任何童话或神话中的考验是相似的。第二个考验是一种情境：它与非言语的、非语言的组成部分（玻璃器皿、酵母、巴斯德、实验室助手）有关。或者，它们是相关的吗？

第三个考验就是用来回答这个问题的。巴斯德在1857年11月30日的学术会议上宣读了其论文的简短版本《关于乳酸发酵的记录》，当他讲述灰姑娘排除万难获得胜利、白马王子击败化学理论之龙的故事时，巴斯德经受住了这个新的考验。巴斯德试图说服科学院院士们相信其故事并不仅仅是故事，而是独立于他的愿望和想象力而发生的。可以肯定的是，实验室的环境是人工的、人造的，但巴斯德必须确定发酵物的权能是其自身的权能，绝不依赖于他发明一种考验来使该权能自我显现的聪明才智。如果巴斯德赢得这个新的（第三个）考验会发生什么？一种新的权能将被添加到他的定义中，就像第二个考验给另一种行动素——发酵物——增加了一种新的权能一样。巴斯德将以令众人满意的方式来证明酵母是一种活的有机体——它可以引发一种特殊的乳酸发酵。如果巴斯德失败了会怎么样？那么，第二个考验就会付之东流。巴斯德会用灰姑娘－发酵物的故事来取悦他的同龄人，这个故事的确是有趣的，但也只是一个有关巴斯德自身期望和年少聪慧的故事。巴斯德并没有在科学院说任何新东西，去改变同事们有关巴斯德及其构成世界的活有机体的能力的看法。

然而，实验并不是这三个考验中任何单独的一个。当它成功时，它是三者的结合运动；当它失败时，它是三者的分离运动。在这里，我们再次识别出第 2 章所研究的流动指称的运动。陈述的准确性与外在事态无关，而与一系列形变的可追踪性相关。任何实验都不能只在实验室、文献或只在同事间的争论中得以研究。实验当然是一个故事，也是可研究的，但是这个故事是与某种情境相联系的，在这种情境中，新行动素经受了由舞台监督所精心策划的可怕考验；接着，舞台监督反过来同样经受了其同事手上的可怕考验，后者检验了第一个故事与第二个情境之间的关联。实验是关于非文本情境的文本，随后经受他人检验以决定它是否仅为一个文本。如果最后的考验成功了，那么它就不仅仅是一个文本，其背后确实有一个真实的情境，并且行动者及其作者都被赋予了一种新的权能：巴斯德证明了发酵物是一种活物；该发酵物能引发不同于啤酒酵母所引发的独特发酵。

我想说的要点是，"建构"绝不仅仅是现有元素的重组。在实验过程中，巴斯德和发酵物相互交换、相互增强各自的属性——巴斯德帮助发酵物彰显其才能，发酵物"帮助"巴斯德赢得了他的众多勋章中的一枚。如果最终考验失败了，那么它只是一个文本，它背后没有任何支撑它的东西，行动者和舞台监督都没有获得任何新的权能。它们的属性相互抵消，而同事们可以得出结论，认为巴斯德只是促使发酵物以他所希望的方式发声。如果巴斯德赢了，我们将在底线上找到两个（部分）新行动者：一个新酵母和一个新巴斯德！如果他输了，那就只有一个新行动者，而他这个旧巴斯德将作为一个无足轻重的人物，与一些不成型的酵母、废弃的化学制剂淹没于史册。

无论我们想要思考或争论的是实验室的人为特征，还是这种特殊解释类型的文献层面，我们都需要明白不是巴斯德发明了乳酸发酵物，它是发酵物本身发明的。至少，这是巴斯德的同事、巴斯德本人和玻璃器皿中的微生物三重考验所必须解决的问题。对他们所有人来说，至关重要的是，无论实验的独创性如何、人为设置多么不合常理，抑或理论期待的非充分决定性或分量如何，巴斯德都成功地从行动中脱身而成为一名专家，这种转变是由巴斯德之前未曾发明之物的出现而实现的。无论环境是多么地人为，都必须有独立于环境之外的新东西涌现出来，否则整个事业就会付之东流。 125

正是因为事实和人工制品之间的这种"辩证关系"，尽管哲学家不会严格捍卫真理的符合论，但绝不可能被某个纯粹的建构主义论点说服超过三分钟。好吧，公允地说，是一个小时。自休谟和康德以来，大多数科学哲学都在接受、逃避、回避、回归、放弃、解决、反驳、包装、剖析这一不可能的自相矛盾：一方面，事实是由实验编造出来的，永远无法逃脱人为的环境；另一方面，至关重要的是事实并不是编造出来的，它涌现出一些非人为的东西。笼子里的熊在其狭小的牢房里来回踱步，都不如哲学家和科学社会学家那般固执和苦恼，后者在事实和人工制品之间不停地反反复复。

这种固执和苦恼来自把实验定义为零和博弈。如果实验是零和博弈，每一个输出都必须有一个输入相匹配，那么没有某物能在事先未投入实验室的前提下逃出实验室。这就是通常定义下的建构和构造的真正弱点：无论哲学家在某个环境中的输入清单是怎样的，它的元素始终同一——同一的巴斯德，同一的发酵物，同一的同事或同一的理论。不管科学家怎样天赋异禀，他们总是玩一套固定的乐高积木。遗憾的是，由于它既被构造而又不是被构造的，所以实验中的东西总是比投入的要多。因此，用一系列稳定因素和行动者来解释实验的结果，总是会显示出赤字。

对于这种赤字，各式各样的实在论者、建构论者、唯心主义者、理性主义者会做出不同的解释，或对之进行辩证地说服。所有人都会通过兑现自己最在意的股票来弥补赤字："外在"的自然、宏观或微观的社会因素、先验自我、理论、立场、范式、偏见或辩证学家的混合搅拌器。看起来，人们可以利用无穷无尽的丰厚银行账户来完成这一列表，并用来"解释"实验结果的独创性。这种解决方案的新颖性并不在于调整初始行动者的列表，而在于添加一个用于平衡解释的首要因素。这样，每一个输入都与输出相平衡。没有新的解释出现。或者实验只是揭示自然；或者历经整个实验过程的社会、偏见或理论盲点在实验结果中背离了自身。在科学史上，最为频繁的就是发现自然或社会的存在物。

126

　　但认为实验是一种零和博弈是毫无根据的。相反，巴斯德论文中提出的每一个困难都表明实验是一个事件*。如果元素列表上的元素在事件结束之前、在巴斯德开始其实验之前、在酵母引发发酵之前和在科学院会议之前就已进入情境之中，那么这种元素列表无助于解释任何事件。如果制定了这样一份元素列表，那么列表上的行动者将不会被赋予在事件中所获得的权能。在这份列表中，巴斯德是一个前途无量的晶体学家，但还未令人满意地揭示出作为活物的发酵物；正如李比希所承认的，发酵物可能与发酵伴随而来，但是它还没有被赋予引发不同于啤酒酵母所引发的乳酸发酵的属性；至于科学院院士们，他们还未依赖自己实验室里的活酵母，而且可能更偏好于维持来自李比希化学的坚实基础，而不是再次把玩活力论。完成这种输入列表并非一定要通过提取任何资源存货，因为实验事件之前所提取的存货并不等同于实验事件之后所提取的。这就是为什么实验是一个事件而不是一种发现、揭露、强加，不是先天综合判断 *，也不是潜能 *的现实化，等等。

这也是为什么实验后所制定的列表不需要添加自然、社会或其他任何东西，因为所有元素都已发生了部分形变：最后，一个（部分）新的巴斯德、一个（部分）新的酵母和一个（部分）新的科学院都在轮流祝贺。第一个列表上的要素是不充分的，这并不是因为遗漏了某一个因素或没有仔细制定这份列表，而是因为行动者通过事件和实验的考验获得了新的定义。毫无异议的是，科学在实验中实现了增长；但关键在于巴斯德同样在这个实验中得到了改变和成长，科学院和酵母也是如此。相会之后的他们不同于刚刚相会时的他们。正如我们将在下一章看到的，这可能会引导我们去探究是否有一部不仅仅是科学家历史的科学史，以及是否有一部不仅仅是科学史的物的历史。

戏剧二：巴斯德对建构论与实在论之争的解决方案

如果说重构建构和构造的概念以便将实验视为事件而非零和博弈，这一点并不太困难，那么如何理解同时坚持实验室环境的人为性和实验室墙内所"编造"实体的自主性则要困难得多。可以确定的是，"事实"这个词的双重含义对我们有所帮助——它既是被编造出来的，又不是被编造出来的；

正如加斯东·巴什拉所言，"事实已经完成"，但要探索这一词源所隐含的学问，大量的概念性工作势在必行（参见第9章）。不难理解为何房子、汽车、篮子和杯子同时是构造的而又是真实的，但这无助于解释科学对象的神秘性。这不仅仅是因为它们既是编造出来的，又是真实的。相反，恰恰是因为它们是人为编造的，才能从所有的生产、建构或构造中获得完全的自主性。技术或工业隐喻无助于我们理解这一最令人困惑的现象，而这一现象多年来一直在消耗科学论的耐心。正如我时常发现的那样，解决棘手的哲学问题的唯一办法是深入一些经验性场点，去看看科学家自身是如何摆脱这一困难的。巴斯德在这篇论文中的解决方案非常机智，如果我们一直追随这一方案，那么科学论将走向迥然不同的进程。

　　巴斯德很清楚自己的谱系是不连续的。从时不时出现在容器顶部的几乎无形的灰色物质，到具有营养需求和相当特殊味道的类植物的成熟实质，他是如何做到这一点的？他是怎么迈出这关键一步的？行动的归因由谁负责？属性的赋予又由谁负责？巴斯德是否在推动自己的实体向前？是的，他在行动，他有偏见，是他填补了非充分决定的事实与应该可见的事实之间的鸿沟。在论文的最后一段，巴斯德非常明确地"供认"了这一点：

128

纵观整篇回忆录，假设新酵母是有组织的、活的有机体，以及它对糖的化学作用符合其发育和组织，这些都是我进行推论的基础。如果有人说我的结论超出了事实本身所能证明的，我会回应说这是确证无疑的，因为我所采取的立场置于一种观念框架（思想秩序）之中，而严格来说，无法对这一观念框架进行无可辩驳的证明。这就是我的看法。每当化学家研究这些神秘现象并足够幸运地有了重大进展时，他会本能地把神秘现象的主要原因归结为与其自身总体研究结果相一致的反应。这是在面对所有争议性问题时人类思维的逻辑过程。（§22）

正如我们在上一节所看到的，为理解非实体向实体的形变，巴斯德发展出一种完整的本体论和认识论，而且这种认识论是相当复杂的。和大多数法国科学家一样，巴斯德是一个理性主义的建构论者，反对他的眼中钉奥古斯特·孔德（Auguste Comte）的实证主义。对巴斯德来说，事实总是需要理论来加以架构和确立的。这种无可避免的"思想秩序"源于对学科的忠诚（一名"化学家"），而这种忠诚是与过去的投入（"与其自身总体研究结果相一致"）紧密相关的。巴斯德将这种学科惯性根植于文化和个人历史（"他自身的研究"），以及人性（"本能""人类思维的逻辑过程"）之中。在巴斯德看来，供认这种偏见是否会削弱他的主张？

一点也不会——这是一个显而易见的悖论，这一点对我们理解非常重要。下述这句话是我曾引用过的，它引入了另一种截然不同的、更为经典的认识论——在这种认识论中，事实可以在公正的观察者那里得到明确评估。在本章的剩余部分，我们将试图理解这两个对立句子之间的鸿沟，而奇怪的是，这两个句子并没有被视为相互矛盾的。

> 在我发展这门学科知识的过程中，我认为无论是谁，只要他公正地判断这项工作的结果以及我不久将要发表的结果，就都会与我达成共识，即发酵似乎与生命和球状体的组织紧密相关，而与其死亡和腐烂无关。（§22）

129

尽管就在这句话之前，人类思维的逻辑过程就排除了"公正判断"，尤其是在"争议性问题"方面的"公正判断"，而对这些争议无法"进行无可辩驳的证明"，同样是巴斯德，可能突然就说服了某位公正的判断者。这两个认识论毫不相关，但又毫无困难地并列在一起。首先，事实的可见化离不开理论，而且这个理论根植于研究纲领的前史——正如经济学家所说，它是"路径依赖的"，但是，对事实的评判可以独立于前史而进行。"事实"一词的两种对立含义再一次得到重申。是巴斯德没有意识到这个困难，还是我们不能像他那样轻而易举地调和建构论和经验论？谁陷入了自相矛盾——是巴斯德，还是我们？

在从一种认识论走向另一种认识论时，巴斯德并未陷入自相矛盾。为了理解这一点，我们必须理解他是如何在作为实验者的自己和所谓的发酵物之间分配活动性的。正如我们刚看到的，实验是科学家的一个行动，非人类可以在其中显现自身。实验室的人为性并不有悖于其有效性和真实性；它那明显的内在性实际上是构成其彻底超越的源泉。这显然是一种奇迹，而如何获得这种奇迹呢？答案是通过一种非常简单的设置，这种设置困扰了观察者很长时间，而巴斯德很好地说明了它。实验创造了两大平面：在一个平面中，叙述者是能动的；而在另一个平面中，另一种角色——非人类展开行动（参见图 4.1）。

实验将行动从一个参考系出位[*]到另一个参考系。谁是

130

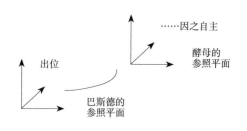

发酵是由巴斯德的手建构的……

图 4.1 解释实验的困难来自"出位"，它串联起科学家的参照平面与物体的参照平面。只是因为巴斯德在自己的平面上工作得很好、很努力，发酵物才能在自己的平面上自主生活。这一至关重要的关联应当保持下去。

这个实验的能动力量？巴斯德及其酵母都是。更准确地说，巴斯德行动起来从而使酵母得以独自行动。我们理解了为什么巴斯德很难在认识论的建构论版本与实在论版本之间做出选择。巴斯德创造了一个他不必创造任何东西的阶段。他发展出一套手势、玻璃器皿和笔记本，由此，实体一旦出位就变得独立自主。根据所强调的是这两个矛盾特征中的哪一方，同一文本要么成为建构论的，要么成为实在论的。说巴斯德编造了这个实体，是因为他把偏见投射于实体上，还是因为实体的属性塑造了巴斯德并迫使他那样做？巴斯德的分析家是诉诸人类、文化和历史利益来解释争议的结束，还是说分析家被迫平衡巴斯德所努力塑造的非人类的能动作用？这些问题不同于哲学问题，它们并不受限于科学哲学的期刊页面或科学大战的可怜赌注：科学论文反复再三地应对这些问题，也导致了这些问题的兴衰。

巴斯德论文中的实验舞台设计千变万化，因为它遵循了部署在文本中的可变本体论的所有巧妙之处。在同一篇论文中，有些实验背景化、黑箱化，而另一些则成为关注的焦点，并允许出现变化。做科学的实践起初只暗含在尤为程序化的实验描述中，而这些实验很快就黑箱化了。在其他情况下，对乳酸发酵过程的"秘诀"式描述则重新引入了人类的能动性。但借用夏平和谢弗的表达，实验在这方面没有任何"麻烦"（Shapin and Schaffer 1985）。巴斯德原封不动地借鉴了进

131

行乳酸发酵的程序，而这种程序众所周知。巴斯德说："1780年，希尔（Sheele）在酸化的乳清中发现了乳酸。时至今日，他从乳清中去除乳酸的程序仍是最值得遵循的。"（§4）接着，巴斯德附上了秘诀。该实验程序与实践紧密相连而又被完全置于背景之中，它定义了基本的乳酸发酵，前景的酵母将在其中出现。没有乳酸发酵的稳定秘诀，就没有酵母可以显现出它的才能。在同一篇科学论文中，作者可能先粗暴地否认仪器和人类的干预作用，再经历实验哲学的若干相对主义或建构论阶段，最后跟随着实证主义的宣言。例如，中心段落7和8展示了主要的实验，并完全改变了巴斯德的舞台设计。聚光灯下又出现了人类的活动性，而麻烦也随之而来：

> 我用酵母重量15～20倍的沸水来处理酵母一段时间，然后从啤酒酵母中提取可溶部分。这种复杂溶液由白蛋白和矿物质组成，并经过了仔细的过滤。接着，每升中溶解50～100克糖，加入一些白垩，并撒入我刚才提到的来自良好的寻常乳酸发酵的一种灰色物质；然后把温度提高到30或35摄氏度。也可以引入碳酸流来排出烧瓶中的空气，而烧瓶里装有浸入水下的出口曲管。就在第二天，一种活跃而有规律的发酵开始了……总之，我们眼前所看到的就是一种特征明显的乳酸发酵，以及这种现象的种种意外和习以为常的繁杂性，而该现象的外在表现为化学家

们所熟知。（§8）

当实体处于其最弱本体论地位的时候（参见本章第1节），实验化学家在纷乱的感官数据中忙碌行动着：提取、处理、过滤、溶解、加入、撒入、升温、引入碳酸、装管等。但巴斯德转移了读者的注意力，使自主的行动者出位，并说道："我们眼前所看到的就是一种特征明显的乳酸发酵"。导演退居幕后，读者与舞台监督共同见证了在中心舞台独立于任何工作或建构而形成的发酵。

在这种新的培养基中，谁在行动？是巴斯德，因为他撒入、煮沸、过滤和观察。是乳酸酵母，因为它生长迅速、消耗食物并获得力量（"转化大量的糖只需要很少的酵母"），并与在同一块土地上生长的相似生物（如植物）进行竞争。如果忽视巴斯德的工作，我们就滑入了素朴实在论的深渊，而科学论在过去25年间都试图把我们从这个深渊中解救出来。但如果我们忽视乳酸本身自动而自主的活动性，会发生什么呢？我们就会陷入与第一个深渊一样无底的深渊，即社会建构论的深渊，它忽视了非人类的作用。我们的研究对象都把注意力集中在非人类身上，巴斯德花了几个月时间为之设计舞台。

在这两种情况下，我们甚至不能声称在论文写作过程中只有作者、人类作者在工作，因为文本中至关重要的恰恰是作者身份和权威之间的倒置：巴斯德促使酵母授权他，以酵母的名义发声。谁是整个过程的作者，谁是文本中的权威，这本身就是开放性问题，因为角色和作者的可信度能相互交换。正如我们在上一节看到的，如果科学院的同事不相信巴斯德，那么巴斯德将成为虚构作品的唯一作者。如果整个设置经得起科学院的审查，那么文本本身最终将获得酵母的授权，酵母的真正行为可以说是整个文本的担保。

我们怎么能理解这一实验的人工舞台技艺呢？这个实验旨在让纯培养基的乳酸，利用自身能动性而独立发育。实验恰恰是矛盾上演和解决的地方，为什么认识到这一点就这么复杂呢？在这里，巴斯德并没有纠缠于错误的认识，抹去前进过程中自身工作的痕迹。我们不必在科学工作的两种描述之间做出选择，因为巴斯德在论文最后一段明确并举了这相互矛盾的二者。"是的，"他说，"我超出了事实，我不得不这样做，但任何公正的观察者都会认识到乳酸由活的有机体而非死的化学所构成。"在巴斯德看来，承认自身的活动并不会削弱他对酵母独立性的主张，这种削弱的程度就好比看到木偶师手中的线会削弱木偶在另一个参照平面上"自由"行动的可信度。只要不理解为何在我们看来是矛盾、在巴斯德那里却不矛盾的东西，我们就不能从自身研究的东西中学有所获——我们只是将自身的哲学范畴和概念隐喻强加在他们的工作之上。

寻求修辞手法：表达和命题

是否有可能使用这些范畴和比喻（即使这意味着要再次重构它们），使科学家的工作可见化并产生独立于科学家工作的结果，而不是使之模糊化？科学论在这个问题上挣扎了很久，但依然毫无结果：为什么要再次解决这个问题？坚持旧的配置并接受语言哲学的结果会容易得多，也不必费心于试图让世界参与到我们对它的谈论之中——这种尝试似乎迫使我们遭遇如此多棘手的形而上学困难。这一点我是赞同的。那为什么不回到哲学常识，只区分认识论问题和本体论问题呢？为什么不把历史限定在人类和社会领域，使自然完全不受历史的影响呢？要理解科学论，真的需要这么多哲学工作（或者说概念的拼接，这更合适）吗？为什么不静静地停留在某个令人满意的培养基上，比如，我们的知识是两种矛盾力量的合力——用我们在小学都学过的平行四边形的力量，以及大卫·布鲁尔在"科学论101"（Bloor [1976] 1991）中所讲授的版本？每个人都会满意的。一方面，我们拥有社会、偏见、范式、人类情感等方面的力量；另一方面，我们拥有自然和实在的力量。知识只是由此产生的对角线。难道这不能解决所有的困难吗？（参见图 4.2）

遗憾的是，希伯来人回想起埃及的洋葱非常可口，但已无法回头品尝了。怀旧是一种异域风情，是现代配置的安全

134

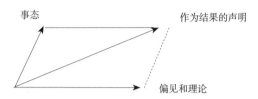

图 4.2 解决实验问题的经典方法之一是把实验看作两种力量的合力：一方力量来源于经验世界，另一方力量来源于既定的信念体系。

避风港（参见第 9 章）；在对矛盾立场不切实际的权宜安排中，没有什么是真正奏效的。我们只是因为习惯了我们所留下的过往而没有习惯现在即将面对的，才发现旧的配置更符合常识。这种合理的妥协是多么不合理啊！

根据平行四边形的物理学，如果没有任何力量来自我所谓"偏见和理论"的轴，我们将径直地、原原本本地、不受约束地接近事态。这一点能得到哪个实验室科学家片刻的信服？这种科学家无论如何都不会是巴斯德，他深谙自己为使事态可见化而做的工作，也知道提交给科学院同事的论文精确指称了自身的工作。然而，科学斗士们强加给科学论的反面立场更难以自圆其说。如果没有我所谓"事态"一轴的拉力，那我们有关这个世界的陈述就完全由早期社会中现存的所有神话、理论、范式和偏见所组成。这一点能得到哪个实验室科学家片刻的信服？或者哪个理科生会相信它？无论如何，反正巴斯德是不会信的。

在 19 世纪全部的社会偏见中，去哪里编造、召唤和拼凑像巴斯德烧瓶中乳酸发酵物那样的微生物呢？再丰富的想象力也无法完成这一虚构的壮举。当然，两种对立力量之间的拉锯战也无济于事。不，不，只要不想太多，并且能在水火不容的两种立场之间来回变换，以实现现代配置的非反身性应用，那么现代配置就是可行的。只有用极其强大的政治原因（参见第 7 章和第 8 章），才能解释为何我们会把常识标签贴在对事态不切实际的界定上，即什么是如实地谈论事态。我们可能不安于放弃旧的思维习惯，但绝不能说我们放弃合理的立场而提出离谱的主张。如果有的话，那就是我们可能不顾科学大战的猛烈截击，正慢慢地从荒谬走向常识。

理解巴斯德解决方案的困难，来自他使用了"发酵物是在我的实验室里构造的"和"发酵物是自主的，与我的构造无关"这两种陈述，并将二者视为同义的。更准确地说，巴斯德似乎认为由于他在实验室里细心和熟练的工作，发酵物才因此是自主的、真实的，且独立于他所做的任何工作。为什么我们很难将这种解决方案接受为一种常识？为什么我们要义不容辞地保护巴斯德不犯下两种分析性罪过中的任何一种？这两种分析性罪过就是，要么遗忘了巴斯德一直所做的工作，这样就可以说发酵物是外在的；要么放弃外在的非人类概念，这样就可以把注意力集中在巴斯德的工作上？有关平行四边形力量的隐喻还不足以阐明实验中具体发生的

135

情况。是否有其他更好的比喻来帮助理解巴斯德的奇特烙印——"建构主义实在论"？

让我们从前面章节中使用过的舞台隐喻开始，作为导演的巴斯德将实验的某些方面带到了前台，并将其他方面背景化，置于聚光灯外。这种隐喻有一个很大的优势，那就是使注意力同时集中在两个参照平面上，而不是在这两个对立方向之间来回拉扯。尽管舞台监督或木偶师的工作显然旨在自我隐身，将注意力从后台引向舞台，但他们的工作对表演本身而言是不可或缺的。观众的大部分愉悦感实际上来自另一个平面的颤抖存在，这个平面既被即时而不断地感知，又被愉快地遗忘。然而，伴随这种愉悦感的是这种比喻的主要弱点。从艺术界借用而来的这一隐喻导致了一个不幸的后果，那就是使科学作品美学化了，削弱了它对真理的主张。尽管准确地说，科学论的主要作用之一是使科学带来愉悦感（Jones and Galison 1998），但这并不是我们的目的——我们的目的在于寻找独立于自身创造的真理。

将科学与艺术相提并论所产生的危害，当然比用拜物教[*]的概念来理解科学要小，我们将在第9章研究这一点。当我们将科学家理解为拜物者时，就是在指控科学家完全遗忘了自身刚刚完成的工作，并为手中产品的表面自主性所迷惑。艺术家至少可以享受劳动质量，哪怕它是无形的，但天真的信徒是无药可救的，他们忘记了自己是陈述的唯一原因，认为陈述除了外在之物没有其他原因。诚然，这种比喻很好地解释了任何劳动痕迹的被迫消失，但是，唉，它把劳动者理解为无理取闹的：科学家要么是腹语现象的聪明操纵者，要么是惊讶于自身诡计且轻信的魔术师。这个难题来源于现代主义者对行动和创造的基本定义，我们目前还无法解决它，直到我稍后引入"实像"*这一新概念。我们能做得更好，并彻底逃离艺术和虚构吗？

　　为什么我要说巴斯德"凝视着"乳酸发酵物？为何要用观看的视觉隐喻？这种言说方式的优点是，尽管无法捕捉到观看者的任何活动，但它确实强调了被观看物的独立性和自主性。视觉隐喻被无休止地运用于说明科学家以"有色镜片"来"过滤"其所"看到的东西"，以"偏见"来"扭曲"物体的"图像"，以"世界观""范式""表征"或"范畴"来"解释"世界是什么样的。然而，有了这样的表达，这些转义就不可能完全是消极的，因为与这些表达相反，完美的理想图像仍然在理性之光的照耀下不受约束和阻碍地接近世界。甚至那些唉声叹气、认为我们不幸地无法"彻底摆脱"有色眼镜的偏见和成见的人，和那些仍相信我们的确可以摆脱对社会、立场和情感的所有牵绊而接近事物本身的人一样，有着同一的想象目标。他们都认为："那些使科学必须卑躬屈膝才能起作用的所有传义手段——仪器、实验室、建制、争论、论文、收藏品、理论、金钱 [这是我在第 3 章中

137

概述的五环]，如果能废除它们，那么科学的凝视将更具洞察力……"如果在失去了孜孜以求所研究之物的前提下，科学还得以存在并显现出自身的生命力，那么它对世界的看法将会更加准确！

但是，当巴斯德从完全承认自己的偏见立马转变为完全确定发酵物是一种外在活物时，上述的说法根本不是巴斯德的意思。巴斯德最不希望看到的就是自己的工作被抹去，被当成无用的扭曲！如果是这样的话，他怎么能从里尔的一个主席做到巴黎一个更有权力的职位呢？相反，他对下述这一点非常自豪，即历史上首次通过人为创造条件，使乳酸发酵物自由出现并最终成为特定实体。这绝不是将过滤与非转义的凝视对立起来，而似乎是过滤得越多，凝视也就越清晰——这是一个矛盾，如果不破解它，那么可敬的视觉隐喻就无法维持下去。

然后，我们可能会尝试转向工业隐喻。例如，当一个学工科的学生坚持认为，在深埋于沙特阿拉伯地质层中的石油与我从法国小村庄贾利尼（Jaligny）的旧泵放入汽车油箱的汽油之间存在着大量形变和转义时，这并没有丝毫减弱对汽油实在性的主张。相反，很明显，恰恰是因为这些形变、运输和化学提炼等，我们才能够利用石油的实在性；如果没有这些转义，石油将永远无法得到开放利用，就像阿里巴巴的宝藏一样被安稳地埋藏。因此，在生成一个可怕的双关语方面，工业隐喻相比于视觉隐喻、汽油相比于凝视有着巨大的优势：它允许人们积极采取每一个传义步骤——这与流动指称的概念非常一致。流动指称是一个连续性回路，它永远不会停止，除非信息流中断。要么我们拒绝形变，那么汽油与石油相去甚远；要么我们接受形变，那么我们所拥有的将是汽油而非石油！

138

然而，巴斯德并没有想到任何这样的准工业过程。他不想将乳酸发酵物看作一种原材料，通过在这些原材料基础上的许多巧妙操作，提炼出一些有用的和强有力的论点来说服同事；也不认为如果连接流没有中断，他就能自证所言。凝视隐喻的不足并不等于汽油隐喻就是充分的，因为在面对我所强调的现象的奇异性质时，天然气隐喻和凝视隐喻一样容易崩溃：巴斯德做得越多，他工作所依赖的实质就越独立。它远不是一种特征留存得越来越少的原材料，而是从一个几乎无形的实体开始，承担着越来越多的权能和属性，直到最终成为成熟的实质！我们想说的是，发酵物不仅和所有人工制品一样是建构的、真实的，而且它在形变之后变得更真实。这有点不可思议，就好比因为我的汽车油箱里有更多的汽油，所以沙特阿拉伯有更多的石油。显然，构造的工业隐喻无法处理这种奇特的关系。

与道路、路径或轨迹相关的隐喻稍微好一点，因为它们没有触及对象本身的自主性，还保留了传义性形变的积极方面。如果说实验室实验为发酵物的出现"铺平了道路"，那么显而易见的是，我们并没有否定最终所获得的发酵物的实存。如果我们向第 2 章的土壤科学家指出，谢氏线型洞穴测量仪所喷出的棉线"通向"了他们的野外场点，他们不会认为这是"扭曲"了观点的"过滤器"暴露出来了，因为没有这一小工具，他们将完全无法安全地穿过亚马孙森林。有了轨迹隐喻，所有位于研究者的凝视与物体之间的纵向元素都能变为横向的。视觉隐喻迫使我们对物进行持续遮掩，而轨迹隐喻却铺下了如此长的红地毯，使研究人员可以不费吹灰之力地接近它。由此，我们似乎能贯通工业隐喻的优点（所有传义都正面佐证了实体的实在性）与凝视隐喻的优点（现象是外在的，不是我们进行概念提炼的原料）。

唉，这也不是巴斯德谜题的解决方案。无论"轨迹"隐喻意欲何为，现象都不是"外在的"，等着研究者去接近它们。必须通过巴斯德的工作才能使乳酸发酵物显现出来（就好比必须通过我的工作才能使巴斯德的哲学创新点显现出来，因为这在我干预之前是不可见的，同样，发酵物在巴斯德干预之前也是不可见的！）视觉隐喻可以解释可见物，但无法解释"使"物可见化的过程。工业隐喻可以解释为何某物被"制造"出来，但不能解释为何它会因此而"可见"化。轨迹隐喻的优势在于突出了科学家的工作及其运动方面，但在描述物体的所作所为方面，它和视觉隐喻一样古典得令人绝望。

物体在这里的所作所为指的是，它什么都不做，只等着光照射其上，或沿着科学家照亮的轨迹，走向物体本身的坚硬实存。舞台隐喻的优势在于指出同时有两个参照平面，但它无法同时关注这两个平面，除非将第一个平面作为"真实"的后台，使人们对虚构的舞台信以为真。但是，我们想要的不是更多的虚构和信念，而是更多的实在和知识！

表 4.1 总结了所有这些隐喻的优势和不足。每一个隐喻都有助于理解科学，但无一例外都迫使我们避开巴斯德双重认识论所提出的重大困难。巴斯德指出了一种截然不同的现象，这一现象应该至少暗含了四种相互矛盾的规范——一旦我们坚持行动的现代主义理论，那么这四种规范就是相互矛盾的（参见第 9 章）：（1）乳酸发酵物完全独立于所有人类建构；（2）在巴斯德所做的工作之外，它没有独立实存；（3）这一工作不应该被消极地视为对发酵物实存的诸多质疑，而应当被视为在使发酵物的实存成为可能上有着积极作用；（4）实验是一个事件，它不仅仅是对固定列表的现有要素的重组。

根据这一概述，实验性实践似乎是不可言说的。依照流行的说法，它并没有从任何现有的比喻中获益。这种不可能性的原因将在后面的第 7 章进行说明。它源于奇异的政治学，140
这种政治学使事实立马鸦雀无声而又十分健谈——这正依了那句俗语："他们为自己代言。"因此，在用突然出现的声音来制止人类的喋喋不休、使政治发言永远空洞方面，这种政治学拥有巨大的政治优势。为了规避所有这些隐喻的缺陷，我们必须放弃这样一种区分：发言的人与沉默的世界。只要语词或凝视在一边而世界在另一边，那么就没有能同时满足所有这四种规范的比喻；由此，公众就产生了对科学论的错误认知。

但现在情况可能有所不同了：物和语言之间没有巨大的

表 4.1

隐喻	优势	劣势
平行四边形	解释了为何知识既不是自然的，也不是社会的	不能同时关注这两个平面，因为它们是相互矛盾的
剧场	同时展示两个平面	更加美学化并转向虚构
拜物	解释了为何遗忘工作	科学家受到自身错误意识的欺骗
视觉的	关注独立之物	对工作只字未提，将所有转义都视为有待消除的缺陷
工业的	将实在与形变相联系	将物视为原材料，一直在丧失自身特征
轨迹	每一个转义都使对物的接近成为可能	没有改变物的地位；物仍待在原地，未经历任何事件
表达	强调了物的独立性；同时展示两个平面；维持历史事件的特征；将实在与一定量的工作联系起来	并未被列为一种常识隐喻；导致了一系列棘手的形而上学难题（参见第 5 章）

纵向鸿沟，取而代之的是横向的指称路径之间的许多细小差
异——由第 2 章可知，横向的指称路径本身是一系列渐进的
和可追踪的形变。在科学论那里，常识起初帮不上什么忙，
我将不得不凑合着用自己贫乏的资源——比如我另一幅匪夷
所思的涂鸦。在这本书一开始，我就一直在寻求对陈述模型
的替代，这种模型设定了一个"外在的"世界，语言试图通
过跨越自身和世界之间巨大鸿沟的符合关系来接近这一世
界——正如我们在图 4.3 上方图形所看到的那样。如果我的
解决方案看起来是稀里糊涂的，那主要是因为我试图对人类
和非人类的言语能力进行再分配，而这本身就很难阐述清
楚！除了这一点外，读者们还应该记得我们已经抛弃本体论
问题和认识论问题之间那尤为虚幻的划界，这导向了许多清
晰明确的分析。

我想借用阿尔弗雷德·诺斯·怀特海（Alfred North
Whitehead）的一个术语——命题*（Whitehead [1929] 1978）
概念，以重新确立人类和非人类的关系模型。命题不是陈述、
不是物，也不是二者之间的任何传义。他们首先是行动素*。
巴斯德、乳酸发酵物、实验室都是命题。用于区分不同命题
的，不是语词和世界之间的某一个纵向深渊，而是它们之间
的许多差异，没有人预先获悉这些差异是大是小、是临时的
还是最终的、是可还原的还是不可还原的。这正是"命题"
这个词所表明的。它们不是与自然*（由沉默的物体所组成，

其对立面是健谈的人类心灵）有关的立场、事物、物质或本质，而是为不同实体的相互关联提供一定的场合。这些互动场合使实体能在事件过程中修改自身的定义——本例中的事件就是一场实验。

这两种模型的关键区别在于语言所扮演的角色。在第一个模型中，陈述拥有指称的唯一方法是对应于一种事态。但"乳酸发酵物"这个短语和乳酸发酵物本身是截然不同的，它们的相似程度就好比"狗"这个短语会吠叫或"猫在垫子上"这句话会发出呼噜声。对于陈述及其相符合的事态，总会有一种根本性的质疑牵涉其中，因为它在不可能相似的地方带有相似性。命题与命题之间不是跨越巨大鸿沟的符合关系，而是我所谓的表达关系*。例如，巴斯德在里尔的实验室里"表达"了乳酸发酵物。当然，这也意味着语言的情境发生了巨变。表达不再是由沉默之物所包围的人类思维的特权，而是成为命题的一个非常普遍的属性，多种实体都可以参与其中。

表达这个词虽然是在语言学中使用，但绝不限于此，它还能应用于语词，也能应用于手势、论文、环境、仪器、场点、考验。例如，在图 2.12 中，当我的朋友勒内·布莱（Rene Boulet）把土块放入"土壤比较仪"的小纸箱时，他正在表达这一土块。如果巴斯德如实地谈论发酵物，那并不是因为他能用语词表达出发酵物所同一的东西——这是一项不可能完成的任务，因为"发酵物"这个词本身并不发酵。如果巴

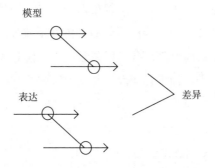

图 4.3　在标准模型（参见图 2.20）中，要想获得指称，就需要使陈述跨越巨大深渊并承担起确立符合的危险任务，以此来弥合语词和世界之间的鸿沟；但是，如果既不顾及世界，也不顾及语词，而只考虑互不相同的命题，我们就能得到另一种非符合的关系；问题就转变成了命题是否可由其他命题来表达。

斯德心灵手巧，如实地谈论了发酵物，那是因为他表达了完 143
全不同的发酵物关系。例如，他指出要将发酵物视为活的具体实体，而非纯化学过程中毫无用处的副产品。根据符合性陈述的要求，这显然是一种谬论、一个谎言，至少是一种偏见。这正印证了巴斯德所说的："我正在超出事实所证明的……因为我所采取的立场置于一种观念框架之中，而严格来说，无法对这一观念框架进行无可辩驳的证明。"

对陈述而言，超出事实并表明立场是一件糟糕的事，因为工作和人类能动性的痕迹掩盖了触及外在世界的目标。但如果目标是更精确地表达乳酸发酵物和巴斯德实验室这两个命题，那么超出事实并表明立场就是极好的。陈述旨在达到一种自身触不可及的符合性，而命题依赖于差异的表达，这种差异使新现象显现于区分它们的裂缝中。陈述寄希望于同义反复（A 是 A），而表达依赖于与其他实体的谓词*关系（A 是 B、是 C，等等）。距离说"乳酸发酵"这句话相似于乳酸发酵这个事物本身不远了。但将乳酸发酵视为如啤酒酵母般具体的、活的有机体，为 19 世纪科学、工业、发酵物与社会之间的关系开启了一个全新的时代。

命题没有对象的固定边界。它们是其他实体发展史的意外事件。此类表达多多益善。我在本章第 2 节中使用过的概念——在实验事件*中经受考验*而获得的"行动之名"*，现在有了新的含义。千言万语汇成一句话，实验室技巧使乳酸发酵物变得可表达化。它不再沉默、不再未知、不可定义，而是由更多条目、文章（包括在科学院呈现的论文！）以及对更多情境的更多反应所组成。简单来说，有更多的物用于谈论乳酸发酵物，更多的人所说的话增加了乳酸发酵物的可信度。在生物化学一词的所有意义上，该领域都变得"更加表达化"，而同样的事情也发生在生物化学家身上。事实上，正是巴斯德的发酵物才使他们以生物化学家的身份存在，而不用像在李比希时代那样必须在生物学和化学之间做出选择。由此，我们就能在自相矛盾的前提下满足上述列举的四种规范。巴斯德做的工作越多，乳酸发酵物就变得越独立，因为实验室的人工环境使乳酸发酵物变得更加表达化，而这一命题与发酵物本身毫无相似之处。乳酸发酵物现在作为一个独立实体而实存，因为它在如此多能动的、人工的环境中，在如此多的其他实体中得到了表达。

我们将在下一章的第1节使这一尤为抽象的构想具体化。现在要说明的一点是，我们在实践中从来不会只用语言资源来表达陈述，再查看是否有相符合的事物来证实或证伪我们的话语。包括语言哲学家在内的所有人都不能先说"猫在垫子上"，然后转向谚语中的猫，看看它是否趴在谚语中的垫子上。我们对所谈论事物的涉入，比传统图景所示的更加密切、也更不直接：当进入像良好的实验室那般精心表达的环境时，我们可以说新的、原创的事物。命题间的表达比言语要深刻得多。我们言语是因为有关世界的命题本身是可表达的，而不是相反。更确切地说，正是我们所许可的有趣的言语之物，使我们得以有趣地发言（Despret 1996）。可表达命题的概念，在认识者与被认识者之间建立起与传统观点截然不同的关系，但它更准确地捕捉到科学实践的丰富全貌。

5 物的历史性：在巴斯德之前，细菌何在？

"但是，"任何有常识的人都会低声恼怒地说道，"在被巴斯德制造之前，发酵物是否存在？"答案是无可回避的："不，它们在巴斯德出现之前并不存在"——这是一个显而易见的、自然的甚至是常识性的答案（我即将表明这一点）。正如我们在第 4 章所看到的，巴斯德邂逅的是一种模糊的、浑浊的、灰色的物质，它温顺地坐落于烧瓶的一角，而巴斯德将之转变为壮丽的、轮廓分明的、可表达的酵母，在科学院的舞厅里华丽地旋转着。自 1850 年代以来已过了很长一段时间，而灰姑娘的马车夫仍未变回老鼠，但这一点丝毫没有改变这样的事实，即在白马王子出现之前，灰姑娘是无生命化学过程中一个几乎无形的副产品。当然，我的童话与那些科学斗士的童话相比并非更有益处。科学斗士们始终声称发酵物是"外在"实在的一部分，而巴斯德用其敏锐的观察力"发现"了它。不，我们不仅需要重新思考巴斯德及其微生物在实验前后的所作所为，还需要重铸现代配置所提供的用于研究这些事件的概念。不过，我对上述问题的圆滑回答所造成的哲学难题，并不在于发酵物的历史性，而在于"编造"这一词组。

如果所谓的"历史性"仅仅是指我们对微生物的当代"表征"可以追溯到 19 世纪中叶，那便不成问题了。我们只会退

146　　回到先前抛弃的对本体论问题和认识论问题的区分上。为了消除这种区分，我们将历史性同时赋予人类对微生物的发现过程和微生物本身。这意味着我们应该能说，不但为我们人类服务的微生物在 1850 年代发生了改变，而且微生物本身也改变了。微生物与巴斯德的相遇也改变了微生物本身。巴斯德对它们而言可以说是一种"偶然"。

换个角度来看，如果我们所说的"历史性"仅仅是指发酵物会像臭名昭著的流感病毒或艾滋病毒那般"与时俱进"，那也没有什么困难。就像所有生物或宇宙大爆炸的历史性一样，发酵物的历史性牢牢地植根于自然。现象不是静态的，而是动态的。然而，这种历史性[*]并未涵盖科学史和科学家史。这只是以运动描绘自然的另一种方式，而非将之视为静态的生命。另外，人类史和自然史之间的区分也毫未弥合。不管鸿沟两边的宇宙如何躁动或混乱，认识论和本体论之间的区分仍会维持下去。

本书对科学论中实在问题的研究行至一半，我想在本章中以命题和表达的概念将有关历史性的问题重新格式化。上一章末尾对这些概念进行了抽象的定义，将之作为唯一能满足表 4.1 中所列全部规范的比喻。主－客体童话的所有不切实际与荒谬之处，在人类－非人类这对范畴中即便不是很轻易地实现，至少也是可想象的。我将在本章第一部分中列出新词汇清单——这些新词汇有助于我们从现代主义的困境中解脱出来。我将冒着给读者带来过量乳酸发酵物的风险，沿用和第 4 章一样的案例。随后为检验新词汇有用与否，我将转向巴斯德另一个典型案例，即他与普歇（Pouchet）关于自然发生说的辩论，由此，讨论的对象由发酵物转向微生物。

实质没有历史，但命题有

我将对一小部分的概念进行双重扭转测试（double torsion test），就像工程师在证实其材料的阻抗时所做的那样。这可以说是我的实验室考验。我们现在有两个仪器列表：一方是客体、主体、鸿沟和符号；另一方是人类、非人类、差异、命题和表达。当被置于这两种不同的设置时，历史这一概念会经历怎样的形变？当张力从一组概念转移到另一组概念时，何为可行的、何为不可行的？

在表达的概念出现之前，在对"巴斯德之前有发酵物（或微生物）存在吗？"这个问题作出否定回答时，不可能不陷入某种唯心主义。主客体二分对活动性和被动性的分配方式是，一方所拿走的正是另一方所失去的。如果说巴斯德编造了微生物，也就是发明了微生物，那么微生物就是被动的。如果微生物"引导巴斯德思考"，那么巴斯德就是它们活动的被动观察者。然而，我们已开始理解到，人类和非人类这对范畴并不涉及两种对立力量之间的拉锯战。相反，一方越

147

具有活动性，另一方也越具有活动性。巴斯德在他的实验室工作越多，他的发酵物就越具有自主性。正如我们将在第9章看到的那样，唯心主义试图把活动性归还给人类，而没有废除使活动性成为零和博弈的雅尔塔协定，也没有重新定义行动的概念，这一做法是不切实际的。在包含社会建构论在内的各种形式中，唯心主义在反对给予经验世界以过多独立性的论辩方面有很大的优势。但论辩术的乐趣只能持续至此。如果我们不再把活动性视为只有一方才拥有的稀有商品，那么看着人们试图抢夺所有玩家都大量拥有的东西就不再有趣了。

主客体二分还有另一个缺点。它不仅是零和博弈，而且不得不包含两种本体论：自然和心灵（或社会）。这使任何有关科学工作的解释都难以自圆其说。我们何以能声称在发酵物史（第4章）、原子链反应的历史（第3章）或森林-稀树草原边界史（第2章）中，只有自然和主体这两类行动者呢？何以能声称一方行动者不做的任何事情，另一方行动者都必须接手？例如，巴斯德的培养基应该导向哪边行动者？勒内·布莱的土壤比较仪、哈尔班对横截面的计算等属于主观性还是客观性，抑或是同属两方？显然，以上说法都不对，但这些小小的转义对于独立行动者的出现都是不可或缺的，而独立行动者从来都是科学家工作的结果。

命题的最大优点在于不必被强行要求分裂为仅仅两个领域——可以毫无困难地说，命题间存在许多领域。它们显露为一个流形（manifold），无须强迫自己进入二元性之中。这种我正试图描绘的新图景，先后两次分解了传统的拉锯战：这里没有赢家和输家，甚至都没有两支队伍。因此，如果说巴斯德所发明的培养基使发酵物显现出来，那么我能始终赋予这三种元素以活动性。如果加上里尔实验室，那么我将拥有四个行动者；如果说服了科学院，那么我将拥有五个行动者，以此类推，无须总是担心或害怕我可能会用完行动者，或混淆两种本该从中提取行动者的储备（而且是唯二的储备）。

诚然，主客体二分有一个巨大的优越性：它使陈述的真值有了明确的意义。当且仅当有事态与陈述相符合，该陈述才有所指称。但正如我们在前面三章所看到的，当开始研究科学实践的细节时，这种决定性的优势就变成了噩梦。语言哲学家们已把成千上万的书本扔进了分裂语言和世界的深渊，但仍然毫无填满这一鸿沟的迹象。作为唯二的领域，语言和世界之间的指称之谜一如既往地晦涩难懂，我们现在只对其中一极——语言、心灵、大脑甚至当前社会所发生的事情作了细致了解，但对另一极——世界中所发生的一无所知。

有了命题就不必如此失衡了，并且还要同等精细地了解任何有助于指称壮举的因素。指称不再是全有或全无的符合，无需填补两大领域间巨大而彻底的鸿沟，而只需在能动实体（这些能动实体只有些许差异）间的小鸿沟中进行移位（shift）即可。指称*这个词在多种工具和转义的帮助下，可以运用于说明运动的稳定性——这一点是屡见不鲜的。当我们说巴斯德如实讲述了一个真实事态时，没有额外要求他从语词跳跃到世界。这些话很像是在试图避开交通堵塞前，我们从收音机里听到的："今早市中心的高速公路畅通无阻。""它指称的是那里的东西"这句话表明了一系列横向的传义联盟的安全性、流动性、可追踪性和稳定性，而不是说两个相去甚远的纵向领域间不切实际的符合。当然，这还远远不够。稍后我将以更低代价对真理与谬误重新进行规范区分，并对良好表达的命题与非表达命题做出区分。

无论如何，"在被巴斯德制造之前，发酵物就已经存在"这句话都表达了两种完全不同的意思，如何理解它将取决于它是夹在主客体二分的两极之间，还是载入了表达化的人类和非人类的序列。现在已经到了问题的关键。在这里，我们将见证扭转测试成功与否。

在真理的符合论中，发酵物要么在那里，要么不在那里；如果它们在那里，它们就一直在那里；如果它们不在那里，它们就从未在那里。它们不会像灯塔闪烁的信号那般若隐若现。相反，巴斯德的陈述要么符合事态，要么不符合事态，并可能根据历史的变换、预设的权重或任务的困难度而出现或消失。如果我们使用主客体二分，那么唯二的两个主人公就不能平等地共享历史。巴斯德的陈述可能有历史——它出现在 1858 年而非 1858 年以前——但发酵物不可能有这样的历史，因为它要么一直在那儿，要么从未在那儿。它们只是作为符合的固定目标，所以物体无法出现或消失，也就是无法发生变化。

　　这就是本章开头低声恼怒地提出那一常识性问题的原因。物体没有历史而陈述有历史，这二者间的张力是如此之大，以至于当我说"发酵物在1858年前当然不存在"时，我正在尝试一项不可能完成的任务——这种不可能性就好比用绳索将启航后的英国皇家海军舰艇"不列颠尼亚号"（the HMS Britannia）拴在码头。如果我们无法缓和两极间的张力，那么"科学史"这个词就毫无意义，因为存在的只是科学家的历史，而外在世界不为其他历史所动。即使仍可以说自然被赋予了活力论，但那完全是另一种历史性。

　　幸运的是，有了流动指称的概念后，就能很轻松地缓和有历史和无历史之间的张力。如果用来拴住英国皇家海军舰艇"不列颠尼亚号"的绳索断开了，那是因为码头一直固定着。但是这种稳固性从何而来呢？只会来自这样一种配置，即把指称对象设为一端，而另一端是跨越了巨大鸿沟的陈述。然而，"发酵物的存在"并没有限定于其中一极（码头），而在于构成指称的一系列形变。如前所述，指称的准确性表明了横向系列的流动性和稳定性，但不是指两个稳定点之间的桥梁或固定点和可移点之间的绳索。流动指称如何帮助我们界定物的历史性？很简单。一系列的形变构成了指称，其中的任一变化都会制造某种差异，而要设立一种运动的、活跃的历史性——与乳酸良

150

好发酵时一样活跃，我们首先需要的正是差异！

虽然这听起来很抽象，但比起所替代的模型，它更符合常识。巴斯德在1858年里尔实验室里所培养的乳酸发酵物，并不等同于李比希在1852年慕尼黑实验室进行酒精发酵后的残渣。为什么不等同呢？因为它不是由同一文章、同一成员、同一行动者、同一仪器和同一命题所组成。两个命题没有共同点。它们表达不同的东西。但物本身何在呢？这里，它存在于组成物本身的元素列表中，这些列表有长有短。巴斯德不是李比希，里尔不是慕尼黑，1852年不是1858年，种在培养基中的东西并不等同于化学过程的残留物，等等。这个答案刚开始听起来很可笑，那是因为我们仍把物想象为位于某一端上，在那里等着成为指称的基础。但如果指称在整个系列中流动，那么该系列任一元素的任何变化都会导致指称的变化。在里尔或慕尼黑，用酵母培养或不用酵母培养，用显微镜或眼镜进行观察，等等，都将得到不同的物。

151　　　这种缓和张力的方式可能看起来像是对常识的极度歪曲，这是因为我们想在属性之外拥有实质*。这是一个完全合理的要求，因为我们始终都在从述行*转向权能*的归属。但正如我们在第4章中看到的，实质与属性之间的关系并没有主客体二分强迫我们进行想象的那样具备谱系：先是超越历史的外在实质，再由心灵观察现象。我们逐渐从一系列属性转向实质，这一点不仅是巴斯德向我们阐明的，也是我从巴斯德在多种本体论间漂移中认识到的。最初作为属性的发酵物，却在最后成为一种实质，一种有着明确界限、自身名称和顽固性的物。它不仅仅是自身各部分的总和。"实质"*这个词并未指定"隐藏其下"、不受历史影响之物，它指定的是由多个能动者聚集而成的稳定和融贯的整体。相比于作为一种无论在其上建造什么，它都以不变应万变的基础，实质更像是将项链上的珍珠串联在一起的线。精确指称限定了一种顺畅而从容的流动，同样，以实质的名义指明了集合的稳定性。

　　然而，这种稳定性并不一定是永久的。最好的证据是酶学（enzymology）在1880年代接管了这一领域，这让巴斯德大吃一惊。发酵物从作为反对李比希化学理论的活的有机体，重新转变为化学试剂，甚至能通过合成制造而成。表达的不同使它们也不一样，但它们仍凭借一种实质、一种新的实质团结在一起；尽管它们在形式上有所差异，但在归属于新兴生物化学的保险柜（solid house）数十年之后，现在都归属于酶学的保险柜。

　　正如我们所看到的，形容实质的最佳词汇是"建制"*。以前使用这个词是毫无意义的，因为它显然源于社会秩序，而且除了将形式随意强加给实质之外没有别的含义。但是在我概述的新配置中，我们不再纠结这种概念的瑕疵起源。如果能将历史赋予发酵物，那也能将实体性赋予建制。说巴斯德学会通过一系列惯例化的手势而随心所欲地生产某种活跃的乳酸发酵——这种发酵显然不同于其他发酵如啤酒或酒精发酵等，

152　　这一点不能被视为削弱了发酵物对实在的主张。相反，这意味着我们现在谈论的是作为事实 *（matter of fact）的发酵。语言哲学无可救药地想通过跨越符合之桥来接近的事态（state of affairs）无处不在，它们处于稳定的建制中，不近人情、顽固不化。在这里，我们已经无比接近常识了：发酵物在1858年的里尔就开始牢牢地建制化，这只是一种老生常谈。它们——意指整个发酵物集合——相比于十年前在李比希的慕尼黑实验室有所不同，而我们用历史来表述这种不同，这种说法当然不能为科学大战提供素材。

　　因此，我们取得了一些进展。对本章开头问题的否定性回答，现在看来更合理了。哪怕构成实体联结的文章中只有一篇发生了变化，那这些实体的联结也都有了历史。遗憾的是，如果将历史性淡定地分配给所有构成实质的联结，而又无法正确地限定这种历史性类型，那就还未解决任何问题。历史本身并不能保证有什么有趣的事情发生。克服现代性区分并不等同于保证事件 *就会发生。如果能赋予"发酵物在巴斯德之前是否存在？"这一问题以合理意义，那么我们就还未克服现代性的困境。主客体的争论性二分与因果性概念，分别维持和强化了该困境的影响力。如果历史除了激活潜能 *（将已存在的原因转变为结果）外没别的意义，那么无论有多少联结同时发生，都不会有任何事物、至少不会有新事物发生，因为结果已经以潜能的方式隐藏于原因之中。科学论不仅应该避免使用社会来解释自然，反之亦然，还应该避免使用因果性来解释任何事情。在本章的最后一节，我将试图阐明因果性发生在事件之后而非事件之前。

在主客体框架中，只有那些探索自认为稳固现象的人才会受到来自矛盾心理、模糊性、不确定性和可塑性的困扰。但生物同样也有矛盾心理、模糊性、不确定性和可塑性，实验室为这种生物提供了存在的可能性，也就是历史性的机遇。如果巴斯德犹豫不决，我们就不得不说发酵同样也在犹豫不决。物体既不会犹豫也不会颤抖。但命题会。发酵在 1858 年之前、在其他地方经历过其他生命，但用怀特海的另一个术语来说，其共生*（concrescence）是一种从巴斯德及其实验室而来的特定的、过时的、地方化的生命，而巴斯德本人则因为自身第二个伟大发现而发生了形变。在这个宇宙的任何角落（当然包含自然*）都找不到这样一种原因或强制性的运动，它允许通过对事件的总结来解释该事件的出现。否则，人们将不会有差异地应对事件*，只需简单地激活那始终存在的潜能。时间无济于事，而历史也是徒劳。乳酸酵母的发现—发明—建构，要求将转义*的身份赋予进入其联结的每一篇文章。这种转义既不全是所发生之事的原因，也不全是其完全的结果；既不全是所发生之事的完全手段，也不全是其完全的目的。我们消除一些人为困难以便与更棘手的困难交锋，这在哲学中是司空见惯的。至少这些新困难是新颖的、真实的，并且能凭借经验来解决。

命题的时空封套

如果我想把"在巴斯德之前，发酵物何在？"这一问题变成常识性的，那么当物如其他历史事件一样得到同等对待，没有被当作社会历史逐渐展开的稳定基础，也没有被现有原因解释时，我就必须表明自己用于概述的词汇能更好地解释物的历史。为了达到这个目的，我将采用路易·巴斯德和费利克斯·阿基米德·普歇关于自然发生说的争论。这一广为人知的争论为我进行比较史学的小实验提供了便利的场点（Farley 1972, 1974; Geison 1995; Moreau 1992；关于普歇的研究，请参见 Cantor 1991）。这一测试非常简单：谁更生动地凸显了自然发生说的出现和消亡，是二元论模型还是表达命题模型？在我们的扭转测试中，这两种解释的哪一种表现得更好？

让我先简单介绍一下这一案例的历史，它大概发生在本书第 4 章所研究案例的四年之后。在没有冰箱和缺乏保存食物方法的欧洲，自然发生是一个非常重要的现象，任何人都能很容易地在自己的厨房里复制这一现象，而显微镜的传播使这一无可争议的现象变得更加可信。相反，巴斯德对该现象存在的否认，只存在于巴黎乌尔姆街实验室（the laboratory on the rue d'Ulm in Paris）的狭小范围内，只存在于"鹅颈瓶"实验中阻止所谓"空气携带的细菌"进入培养瓶的范围内。试图在鲁昂复制这些实验的普歇，证明了巴斯德所发明的新物料培养和新技能是多么脆弱，因为它们无法实现从巴黎到诺曼底的迁移。此外，普歇还发现自然发生在沸水烧瓶中一如既往地轻松出现。

巴斯德的实验无法在普歇那里得到复制，这成为反对巴斯德主张的证据，也证明了广为人知的自然发生现象的普遍存在。要想成功地使普歇的常见现象退出时空而不再出现，巴斯德需要将实验室实践逐步地、一丝不苟地扩展到其对手的每一个场点、每一个主张。"最后"凭借这一套新的实践，整个新兴的细菌学、农用工业、医学都清除了自然发生说，并将其转化为一种对世界上"任何角落"都"从未"存在过的现象的信念，哪怕自然发生在过去的几个世纪里都惯常出现。然而，这种清除需要编写教科书、制作历史叙事、设立从大学到巴斯德博物馆的许多建制——这实际上是（在第3章讨论过的）科学循环系统中五大循环的同时扩展。要使普歇的主张成为对不存在现象的信念*并维持下去，必须紧密锣鼓地做一些工作。

是的，需要紧密锣鼓地完成一些工作。时至今日，如果你像我这个拙劣的实验者一样以一种有缺陷的方式复制巴斯德的实验，即不把你的技巧和物料培养，与微生物学实验室里所学到的无菌和细菌培养的严格规训联系起来，那么构成普歇主张的现象仍会出现。当然，巴斯德主义者会将这种做法称为一种"污染"，而且如果我写了一篇论文来证明普歇的主张，并基于自身的观察重振普歇的传统，那将无法发表这篇论文。但是，如果不仅是我这个糟糕的实验者，还有整整一代熟练的技术人

155 员都不再采用从巴斯德实验室学到的集体预防措施、标准化和规训，那么谁胜谁负将再次不确定起来。一个不再知道如何培养微生物和控制污染的社会，将很难对1864年敌对双方的主张做出判断。历史从未指望能用一种惯性力来取代科学家的辛勤工作，并延续下去直至永恒。对我们在第2章开始遵循的流动指称而言，这是另一种扩展，而这一次轮到历史方面的扩展。在科学家眼中，没有休息日！

在这里，我感兴趣的不在于这一叙述的准确性，而在于对有关微生物技能传播过程的叙述，以及对激进党从拿破仑三世时期默默无闻到第三共和国时期显赫一时的描述，或者说是从柴油机到潜艇的扩展，我感兴趣的是叙事的同源性（homology）。拿破仑三世的灭亡并不意味着第二帝国从未存在过，柴油机的出现也不意味着它们将永远存在；巴斯德对普歇自然发生说的逐步驱逐，也不意味着自然发生说从未是自然的一部分。直到今天，我们仍可能碰见波拿巴主义者，尽管他们不可能成为总统；同样，我有时也会遇到自然发生说的追随者们捍卫普歇的主张，捍卫的途径之一是将普歇的主张与益生元（prebiotics）——早期生命史联系起来，并想再次重写历史，尽管他们从未成功地使自己"修正主义"的论文得到发表。

波拿巴主义者和自然发生主义者现在都被推到边缘，但他们的在场本身就有趣地表明，第一种模型允许科学哲学家"最终地""确定性地"摆脱错误实体的世界，这种做法太粗暴了。

它不仅是粗暴的，也忽视了每天仍需要做的、激活历史"最终"版本的大量工作。由于没有对民主文化进行大量投资，激进党终究像第三共和国在1940年6月一样消失了——民主文化和微生物学一样，必须讲授、实践、维持并深入人心。想象着在历史的某个时间点，惯性足以维持那些难以生成的现象实在，这始终是危险的。当一种现象"确定"存在时，这并不意味着它将永远存在，也不意味着它独立于所有的实践和规训，而是说它已经在一个巨额花费的庞大建制*中站稳脚跟。必须非常小心地监测和保护这一建制。

156

因此，在用以取代传统形而上学的历史形而上学中，我们应能冷静地谈论相对实存*（relative existence）。这可能不是科学斗士们想要自然*物体享有的那种实存，却是科学论想要命题享有的那种实存。相对实存就是我们跟着实体走，而无需"从未、无处、总是、到处"这四个副词去延伸、框定、挤压、切割实体。如果我们要用这些副词，那么普歇的自然发生将从未在世界任何角落出现过；它始终是一种幻觉，不能成为构成空间和时间的实体群的一部分。然而，巴斯德由空气携带的发酵物总是在那里、无处不在，而且早在巴斯德之前，它们就已经是构成空间和时间的实体群中的真正成员。

诚然，处于这种框架下的历史学家会告知一些可笑的事情，即为什么普歇及其支持者错误地相信自然发生的存在，以及为什么巴斯德在找到正确的答案之前摸爬滚打了若干年，而回溯这些走过的弯路并不能提供有关讨论实体的新的基本信息。尽管历史学家们提供了有关人类能动者的主观性和历史的信息，但如此呈现下的历史并不适用于非人类。在旧配置的要求下，实体要么（已经）无处存在且从未存在，要么（已经）永远存在且无处不在，历史性被限定于主体一方而禁止被运用于非人类。而某种程度的存在、有一点实在、占有明确的地点和时间、拥有先行者和追随者，这些是用于界定我所谓命题的时空封套*的典型方式。

但是，为什么使所有行动者平等地共享历史性，并在行动者的四周绘制相对实存的封套而不增加或减少任何东西，这一点看起来如此难以实现呢？其原因在于，科学史和历史本身都卷入了一个道德问题，我们必须先解决这个道德问题，然后才能在第 7 章和第 8 章中解决更严峻的、关键的政治问题。如果清除了对四个绝对性副词的解释，那么历史学家、道德学家和认识论者会忧心忡忡，觉得我们可能永远无法限定陈述的真假。

157　　　在尼伯龙根传奇（the Nibelungen saga）中，负责保护宝藏的是两个巨人——"从不在任何地方"的法夫纳（Fafner）和"总是无处不在"的法左特（Fasolt）。他们在主张或者更确切地说是威胁性地咆哮着什么呢？科学论已经接受了一种天真的相对主义，声称所有的论点都是历史的、偶然的、地方化的、暂时的，因而即使给定充足的时间也无法将不同论点区分开来，也不能将自身外的其他论点修改为非存在的。巨人夸夸其谈地说，如果没有他们的帮助，就只会出现大量同等有效的无差别主张，一下子吞没民主、常识、礼仪、道德和自然。他们认为，逃离相对主义的唯一方法在于使所有已证明正确的事实脱离历史和地方性，并把它们安全地储存在非历史的自然*中，在那里事实一直存在，且不会有任何形式的修改。此外，有历史和无历史之间的划界*是美德的关键所在。出于这个原因，只能将历史性赋予人类、激进党和皇帝，并定期清除自然中所有的非存在现象。依据这种划界主义观点，历史只是人类接近非历史自然的权宜之计：它是一种方便的传义、必要的邪恶，但两位宝藏守卫却不认为应当用它来支撑事实的存在。

尽管人们经常提出这些主张，但它们既不准确，也很危险。正如我所言，说其危险是因为他们忘记了为维持使事实持久实存的必要建制所付出的代价，而依赖于非历史性的无偿惯性。但更重要的是，它们是不准确的。没有比将巴斯德与普歇的主张详尽地差异化更简单的了。与强壮守卫的说法不同，一旦摈弃了守卫们想让非人类对人类事件所拥有的吹嘘和空洞特权，那么这种差异化就更为明显。科学论中的划界以差异化*为敌。这两个巨人的所作所为就好比18世纪的法国贵族，后者声称，如果公民社会不是由他们的高贵脊梁牢牢支撑，而寄希望于平民百姓的卑贱肩膀，那么它就会分崩离析。碰巧的是，公民社会最好由公民的肩膀进行承载，而不由那些宇宙和社会秩序的支柱如阿特拉斯般（Atlas-like）扭曲地承载。看起来，同样的论证也可以被用于差异化，这里进行差异化的是科学论在所有相关实体间重新分配活动性和历史性时所部署的时空封套。在维持至关重要的地方性差异方面，普通历史学家似乎比顶尖的认识论者做得更好。

例如，让我们了解一下普歇和巴斯德所提出主张的两种命运，以表明在没有进行划界的前提下，如何清楚地对二者进行差异化。尽管技术本身在这里并不构成一个问题（它将在下一章成为一个问题），但它有助于提供命题和表达的一个基本模型，该模型使用了一些为追随技术方案*而开发的工具。由于在只赋予柴油机和地铁系统以相对实存方面并没有重大的形而上学困难，所以就相对实存而言，技术史要比科学史"宽松"得多。技术系统的历史学家知道他们有自己的蛋糕（实在），也吃了它（历史）。

在图 5.1 中，实存并非一个全有或全无的属性，而是一个相对的属性，可以将之理解为对二维空间的探索，而这个二维空间由联结和替代、"与"和"或"所组成。如果能与许多其他实体进行联结和合作，那么实体就会增长实在性。相反，如果不得不抛弃联结者或合作者（人类和非人类），那么实体就会减少实在性。因此，这张图并不包含任何超越历史性的最终阶段，在这一阶段中，实体凭借惯性、非历史性和自然性而永恒延续。不过，一些众所周知的现象，如黑箱化、社会化、建制化、标准化和培训锻炼等，将能够说明这些实体被维持和延续的无缝方式和普通方式。正如先前所述，事态先变成事实，再成为理所当然的事情。在图 5.1 的下方，通过与越来越多的元素相联结，包括机器、手势、教科书、建制、分类法、理论等，巴斯德主张空气传播细菌的做法获得了实在性。这种说法也适用于普歇的主张，其主张在版本 $n+2$、时间 $t+2$ 上非常软弱，因为它们已失去了几乎所有的实在。我们的两大巨人尤为强调差异化；而现在，就可以充分且形象化地展现巴斯德的扩展实在与普歇的收缩实在之间的差异。这种差异只相当于左边的短段和右边的长段之间的关系。它并没有在从未存在过的和一直存在的之间进行绝对划界。二者都是相对真实的、相对实存的，也就是现存的（extant）。我们从不说"它存在"或"它不存在"，而是说"这是由自然发生的相关表述或空气携带细菌的相关表述所封套的集体历史"。

159

附录 A

让我们假定，实体的定义来自作为行动者的其他实体的联结剖面。假设这些行动者是从一个列表中被提取出来的，例如按字母顺序排列行动者的列表。进一步假定，联结就是所谓的纲领，每一个纲领都有一个旗鼓相当的反纲领*，后者会分解或忽视所讨论的联结。最后，假设要从反纲领转移到纲领，每

160

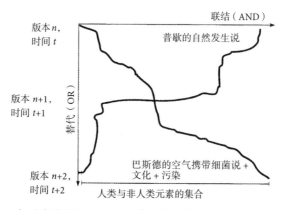

图 5.1 相对实存的绘制可以沿着两个维度进行：联结（AND），即给定时间内有多少元素相互融贯；替代（OR），即给定联结中必须调整多少元素，才能使其他新元素与该方案相融贯。由此产生了一条曲线。在这条曲线中，联结的任一调整都以另一维度的移动为代价。普歇的自然发生说越来越不真实，而巴斯德的培养方法历经多次形变后愈发真实。

个元素都要求一些元素离开纲领，而一些已持久联结的元素会密切追随着纲领（Latour, Mauguin, et al. 1992）。

现在，我们将定义两个交叉的维度：联结 *（类似于语言学家的意群 *）和替代 *（或语言学家的词例 *）。出于简化的目的，可以把它们看作"AND"维度（横轴），以及"OR"维度（纵轴）。通过确定创新在"AND—OR"轴上所处的位置，并将之与依次定义它的"AND"和"OR"位置记录进行对比，就可以实现对任何创新的追踪。如果各不相同的行动者都用相

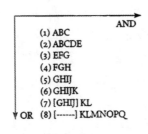

图 A.1

应的字母进行替换，并将这种做法作为一种惯例确定下来，那就能追踪实体之路，如图 A.1 所示的进程。

纵轴对应的是对替代的探索，横轴对应的是参与创新的行动者的数量。按照惯例，我们从上到下依次阅读这张图。

所有历史叙述都可以进行如下编码：从 X 的角度来看，在时间（1）的版本（1）和时间（2）的版本（2）之间，纲领 ABC 转变为纲领 ABCDE。

那么叙事的动态性就可以编码如下：

为了招募 F 加入该纲领，ABCD 必须离开而 G 必须加入，由此在时间（3）产生了版本（3）：EFG。

在经过若干这样的版本之后，仍连在一起的元素就可以说是"实存"的：它们可以共同黑箱化，并被赋予某种身份即标签，例如在版本（7）之后的意群 [GHIJ] 就被命名为建制*。历经不同版本后而不再联结的元素便失去了实存。

161

要定义某个实体，人们不再去寻求本质，也不再寻求与事态的符合关系，而是寻找元素所加入的所有意群或联结的列表。这种非本质主义的定义会有大量的变动，就好比以一系列用法来对某词进行定义：当"空气"与"鲁昂"和"自然发生"联结在一起时，它将不同于与"乌尔姆街""鹅颈瓶实验"和"细菌"相联结的"空气"；在前一个情况下，它是指"生命力的传输"，而在后一个情况下则是指"氧气和携带灰尘的细菌的传输"；但是，普歇用于与"出于维护上帝的创造力而支持自然发生的意识形态"相联结的"皇帝"，与巴斯德意义上的"皇帝"是不同的——后者将皇帝与"提供实验室资金而不涉及任何科学主题"联结在一起。空气的本质是什么？是所有这些联结。谁是皇帝？所有这些联结。

要判断某一联结（如"现任的法国皇帝是秃头"）是否为相对实存，可以将这个版本与其他版本进行比较，然后"计算"出该联结在其他意群里的稳定性：比如"法国皇帝拿破仑三世留着小胡子""法国总统是秃头""理发师没有治疗秃头的灵丹妙药""语言哲学家喜欢用'现任的法国国王是秃头'这句话"。联结的长度，以及对观点的各种替代和移位而产生的联系的稳定性，充分解释了我们所谓的实存和实在。

乍一看，实体的这种开放性实在似乎有违常识，因为金山、燃素、独角兽、法国秃头国王、嵌合体（chimeras）、自然发生、黑洞、席子上的猫，以及其他黑天鹅和白乌鸦，与哈姆雷特、大力水手和拉美西斯二世都处于同一时空之中。这种平和的状

况显然过于民主，无法避免相对主义的危险；但这种批评忘了
这一点，即我们对实存和实在的定义并非来自孤立陈述和事态
之间的一一对应，而是来自由概念空间的联结和替代所形成的
独特署名。

正如科学论所反复表明的，正是集体历史使我们能判断现
象的相对实存；没有一个凌驾于集体之上、超越历史范围的更
高法庭，哪怕许多哲学正致力于发明这样一个法庭（参见第 7
章）。这种叙事图表有些粗略，仅仅是想使我们注意到一种不
放弃差异化道德目标的替代选择：每个相对实存都有且只有一
个特有的封套。

第二个维度占据了历史性。科学史并未记录一个已经实存
的实质穿越时间的旅行。这样的记录必须以接受巨人的过多要
求为代价。而科学论则记录了实体表达的构成要素是如何变更
的。例如在一开始，普歇的自然发生说由许多元素组成：常识
经验、反达尔文主义、共和主义、新教神学、自然史、观察卵
子发育的技巧、多重创造的地质理论、鲁昂自然史博物馆的设
备等。巴斯德的反对使普歇改动了其中的许多元素。每一次改
动、替代或转译都是在图 5.1 的纵向维度中上下移动的。为了
将元素联结成一个持久的整体从而获得实存，普歇必须对构成
自身现象的列表进行调整。但新的元素不一定会与先前的元素
融贯，由此，替代让图中出现了向下的移动，并且由于新"招

162

募"的元素之间缺乏联结，可能也会有向左的移位。

例如，科学院提名了一个委员会来负责裁决这一争端。为了达到这个委员会的要求，普歇必须学习有关对手的大量实验室实践。如果达不到这些要求，他就会失去巴黎科学院的支持，而不得不愈发依赖各省的共和党科学家。普歇可能会扩展自己的联结，如从反波拿巴主义的通俗报刊中获得大量支持，但无法获得他所期盼的来自科学院的支持。联结和替代之间的妥协，就是我所谓的集体探索。任何实体都是这样一种探索、一系列事件、一个实验、一个命题，涉及什么与什么相一致、谁与谁相一致、谁与什么相一致、什么与谁相一致。如果普歇接受了对手的实验，又获得了反正统的通俗报刊而非科学院的支持，那么他的实体——自然发生——将会出现变化。它不再是跨越整个 19 世纪都不曾变动的单一实质，而是一套联结、一个由移位妥协组成的意群和一种词例，用于探索 19 世纪的集体所经受的一切。这里的"词例"[*]（paradigm），取自该词的语言学意义而非库恩意义上的"范式"。

令普歇沮丧的是，在鲁昂工作的他似乎无法使自己的所有行动者联合在同一个融贯的网络中。这些行动者包括新教主义、共和主义、科学院、沸腾的烧瓶、新生的卵的发育（eggs emerging de novo）、作为自然史学家的能力、灾变创造论。更准确地说，如果他想维持这种集合，他必须在移位观众的同时维持完全不同时空下的联结。现在，这演变成一场激烈的战斗，对抗的是官方科学、天主教、宗教偏执，以及化学凌驾于自然史之上的霸权。我们应当记住普歇并不是做边缘科学的，而是被推到了边缘。当时的普歇似乎执科学之牛耳，坚持认为只有通过地质学和世界史而非巴斯德的烧瓶及其狭隘关注，才能解决自然发生的"重大问题"。

　　巴斯德也探索了19世纪的集体，但其联结所依赖的元素在一开始就与普歇的有很大不同。正如我们在第4章看到的，巴斯德才刚开始与李比希的发酵化学理论做斗争。这一新兴意群 *包含许多元素：调整后的活力论对抗化学，重新运用如播种与培养实体等晶体学的技巧，位于里尔的与以发酵为本的农业企业有颇多联系的职位，全新的实验室，用惰性材料制造生命的实验，为抵达巴黎和科学院的迂回，等等。如果巴斯德在不同培养基中学习培养的发酵物，每一种都有自己的特定性——一种用于酒精发酵，另一种用于乳酸发酵，第三种用于丁酸发酵，而且发酵物也能如普歇所主张的出现自然发生，那么巴斯德召集实体而组成的联结将走向末路。事实证明，李比希对巴斯德回归活力论的断言是正确的；由于无法控制的污染，不可能在纯培养基中进行培养；必须重新编排污染本身，使之成为能在显微镜下观察到的新生命形式的起源；农业企业将不再对如自身一样杂乱无章的实验室实践感兴趣，等等。

　　在这个简略的描述中，我并没有区别对待巴斯德和普歇，就像巴斯德是在与真正无污染的现象打交道，而普歇是在与神

164

话和幻想打交道。出于获得实在的目的，双方都尽最大努力将尽可能多的元素团结在一起，但所运用的并非同一元素。反李比希、反普歇的微生物将授权巴斯德来维持发酵的活因、发酵物的特定性，使巴斯德在规训十分严格和高度人为限制的实验室内控制和培养微生物，从而立即与科学院、农业企业连接起来。巴斯德也在探索、磋商、试验着什么与什么相一致、谁与谁相一致、什么与谁相一致、谁与什么相一致。对获得实在而言，别无他法。但巴斯德所选择的联结和所探索的替代构成了一个与众不同的社会 – 自然集合，他的每一步都修改了联结实体的定义——这些联结实体包括空气和皇帝，实验室设备的使用和对储存（也就是食物储存）的解释，微生物的分类学和农业企业的方案。

实质的建制

我已经展示了如何对称地概述巴斯德和普歇的行动，以及如何在不对事实和虚构进行划界的前提下，尽可能如我们所愿尽量多地恢复二者间的差异。我还初步描述了如何用时空封套的对比来取代关于实存或非实存的判断——这里的时空封套是在提出联结和替代、意群和词例时绘制的。从这一步中，我们获得了什么？相比于实质永远存在的观念，为什么会有人更偏好科学论对所有实体都是相对实存的解释？为什么把物的历史性这一奇怪假定增添到人的历史性上，就能简化对物的历史性和人的历史性的叙述？

第一个优点是，我们不必认为某些如发酵物、细菌或卵等涌现为实存的实体，完全不同于由同事、皇帝、金钱、仪器、身体技巧等构成的语境。在第3章末尾，我们质疑了语境和内容之间的区分；现在，这种质疑有了形而上学的雄心抱负。每一个构成了图A.1中某个版本的集合，都是一个包含了人类和非人类元素在内的异质性联结列表。这类主张有许多哲学上的困难，但正如我们在约里奥一例中看到的，它的巨大优势在于不要求让构成自然的列表或构成社会的列表稳定化。这个优势是决定性的，克服了大多数潜在的不足，因为正如我们稍后将看到的，自然*和社会*都是一种政治机制的人造物，只不过它们的政治机制截然不同，且无须对科学实践进行准确描述。我们用来描述人类和非人类相联结的术语，越不为主客体二分论所熟悉便越好。

历史学家不能强行想象巴斯德和普歇会对单一的自然做出不同的"解释"，也不能强行想象单一的19世纪会将自身的印记强加给历史行动者。对这两个集合来说，至关重要的是上帝、皇帝、事态、卵、缸和同事等的所作所为。每个元素都通过联结得到定义，并且每个元素都是在联结场合中创建而来的事件。乳酸发酵物、鲁昂城、皇帝、乌尔姆街的实验室、巴斯德和普歇的名望、上帝、心理学和预设等都是如此。乌尔姆街的实验室对空气传输的发酵物进行了深层次的改造，同时也深度改造了巴斯德，使他战胜了普歇；此外，命途多舛的鹅颈瓶实验也对空气进行了改造——它一方面是输送氧气的介质，另一方面是携带灰尘和细菌的介质。

第二个优点是我已经展示过的，即尽管历史学家在探究过程中不时发出如"你冷了""你变暖了""现在你热了！"的警告，但我们没有必要对这两个封套给予不对称的对待，认为普歇是在黑暗中摸索并不存在的实体，而巴斯德正逐渐导向玩躲猫猫的实体。第9章将表明这种对称性如何帮助我们绕过不切实际的有关信念的观念。普歇和巴斯德之间的区别不在于前者相信而后者知道。他们都在联结和替代彼此不怎么相似的元素，并针对所有实体的对立要求进行实验。两位主人公所召集起来的联结是相似的，因为他们都绘制了一个时空上情境化的、经验上可观察的时空封套。这种划界能妥善地二次应用于巴斯德和普歇自身与其所联结实体之间的细小差异，但不能应用于信仰者和认识者之间的巨大差异。

第三个优点，这种相似性并不意味着巴斯德和普歇在构建同一网络、共享同一历史。这两个联结中的元素除了由巴斯德设计而由普歇接管的实验环境外，几乎没有交集。普歇的这一接管直到他回避科学院委员会的苛刻要求才结束。细细追随这两个网络，将使我们拥有完全不同的有关19世纪集体的定义。这意味着这两种立场的不可通约性本身就是两种集合逐渐差异

166

化的产物，而这种不可通约性对道德判断和认识论判断来说是非常重要的。是的，最终巴斯德和普歇的立场变得不可通约——这是一个地方化的、暂时的结局。一旦接受了这两个网络的基本相似性，就不难识别它们之间的差异。自然发生的时空封套，相比于空气携带细菌并污染了微生物培养的时空封套，有着同等鲜明而清晰的界限。两大巨人以惩罚来胁迫我们所认可的主张，它们之间确实存在着深渊，但这一深渊有一个附加好处：*被历史终止而由自然本体论进行接管的明确划界已经消失了。*正如我们将在本书最后几章所看到的，现已准备好在独立于描述事件问题的情况下，首次对这条划界线的实施状况进行分析。换言之，我们将从道德和政治争论中解救出差异化，差异化与道德、政治争论毫不相关。

这一优点尤为重要，因为它使我们能继续限定化、情境化和历史化，甚至对"最终"实在的扩展也是如此。当我们说巴斯德击败了普歇时，说现在空气所携带的细菌"无处不在"时，这种无处不在是可以被经验性记载的。从科学院的角度来看，巴斯德的工作使自然发生在1864年销声匿迹了。但自然发生说的支持者们坚守了很长时间，确信自己已推翻了巴斯德的化学"独裁"（他们就是这么称谓的），逼迫其退回到"官方科学"的脆弱堡垒中。他们认为自己占据了这一领域，而巴斯德及其同事们也是这么看待自己的。现在，我们可以比较这两大"扩展领域"，而无须将差异归结于不相容和不可转译的"范式"

167

（这次是库恩意义上的）——这种范式上的差异将使巴斯德与普歇永远隔绝。共和党人、地方居民和自然史家能接触到反波拿巴主义的通俗报刊，他们站在扩展自然发生说的一边。而数十个微生物实验室取消了自然发生在自然中的实存，重塑了由纯培养基培育和污染防治这双重实践所造成的现象。二者并非不相容的范式。之所以变得不相容，是因为主要参与者的两大集合都进行了一系列的联结和替代。只是它们之间拥有的共同因素越来越少了。

这种解释可能难以理解，因为我们觉得微生物必定有某种超出其一系列历史表现的实质，哪怕只是一点点都可以。我们可能已准备好承认这一点，即权能的集合总是在网络的内部，由精确的时空封套进行勾勒，但我们情不自禁地认为实质在其行进过程中所遭遇的限制，要比权能所遭遇的少。它似乎过着自己的生活，一如既往，就像无玷圣胎教义中的圣母玛利亚一样，她一直在天堂等着在正确的时间移植到安妮的子宫里，这一切甚至发生在夏娃堕落之前。这确实是对实质概念的补充，但正如我在本章第一节所表明的，最好用建制*的概念来解释这种补充。

这种对实质概念的再修订是至关重要的，因为它指出了一些被科学史错误解释的问题：如果没有惯性定律，现象是如何维持实存的？为什么不能说巴斯德是对的而普歇是错的？好吧，我们可以这么说，但前提是我们要尤为清晰而准确地呈现

出建制机制，这一机制仍能有效地维持两种立场间的不对称。 168
要解决这一问题，就要用如下方式来表述：我们现在生活在谁
的世界里，是巴斯德的世界还是普歇的世界？我不知道别人的
情况，但就我而言，每次吃巴氏杀菌酸奶、喝巴氏杀菌牛奶，
或者服用抗生素时，我都生活在巴斯德的网络之中。换句话说，
要解释一个持久性的胜利，并不需要将超历史性赋予某个研究
纲领，使之在某个临界点或转折点就突然不再需要进一步维护。
事件之所以为事件，它必须是持续性的。人们只需继续对网络
进行历史化、地方化，并找出该网络的追随者及其构成要素。

在这个意义上，我参与了巴斯德对普歇的"最终"胜利；
同样，我也参与了共和党人对专制政府的"最终"胜利——这
一点之所以能实现，是因为我在下一次总统选举中的投票，而
非弃权或拒绝登记。声称并不需要进一步的工作、行动、建制
便能取得胜利，这是荒谬可笑的。简单地说，我继承了巴斯德
的微生物，是这一事件的后代，而这反过来又取决于我今天对
它的看法（Stengers 1993）。说这类"无处不在和总是存在"
的事件遍布整个时空流形，这充其量是一种夸大其词。离开当
下的网络，就会产生完全不同的有关酸奶、牛奶和政府形式的
定义，而这一次，它们并非自然发生的……所谓的丑闻并非科
学论对相对主义的宣扬，而是那些在科学大战中声称无须维护
真理建制且毫无风险的人成了道德典范。我们稍后会明白他们
是如何完成这个小把戏，并将道德的台面向我们翻转。

回溯因果之谜

我很清楚，广泛运用事件和命题的概念来替换诸如"发现""发明""构造"或"建构"等表达，仍有许多纰漏。其中之一就是从技术实践中借用来的建构概念，而我们将在下一章对技术实践进行解构。另一个则是我在本章开头对"在巴斯德之前，微生物是否存在？"这一问题的圆滑回答："当然不存在。"我给出这样的回答是符合常识的。在没有证明为何我这样认为之前，这一章不能结束。

巴斯德"之前"有微生物存在，是什么意思？与第一印象相反，在巴斯德"之前"的漫长时间里并没有什么深刻的形而上学之谜，只有一种非常简单的视错觉。只要在时间上的实存扩展和在空间上的扩展一样都得到了经验性记载，视错觉就会消失。换句话说，我的解决方案是给出更多而非更少的历史化。巴斯德一旦稳固了自身有关空气携带细菌的理论，就迫不及待地以新的观点重新解释过去的实践，例如，主张在啤酒发酵过程中之所以会出现问题，是由于其他发酵物在无意间污染了酒桶：

> 每当适当性质下的白蛋白液体含有某种实质（如糖），能凭借这种或那种发酵物的性质进行不同的化学转化时，这些发酵物的细菌就都倾向于同时繁殖，而且它们通常是同时发育，除非某种发酵物比其他的都更快地侵入培养基。

后一种情况中，在使用这一有机物的播种方法时，其中有机物已经形成并准备好繁殖，这正是我们得以确定的情况。（§16）

当时的巴斯德并不知道农业和工业一直以来的所作所为，而现在的他能对其进行追溯性的理解。过去和现在的变化在于巴斯德现在掌控了有机体的培养，而不至于稀里糊涂地受控于无形的现象。先前的人们在不理解的情况下命名了所谓的疾病、入侵或事故，而巴斯德凭借在培养基中播种细菌，对这些命名进行了再表达。乳酸发酵的工艺成为一门实验室科学，可以在实验室随意掌控条件。换句话说，巴斯德将过去的发酵实践重新解释为在黑暗中摸索的实体，而现在可以从这些实体中全身而退。

这种对过去的回顾和想象如何才能实现呢？巴斯德在1864年生成了1863年、1862年和1861年的新版本，它现在包含了一个新的元素："微生物间无意之中的斗争，表现为错误的、杂乱无章的实践。"历史的这种逆向生产对历史学家，尤其是史学方面的历史学家而言是再熟悉不过的（Novick 1988）。基督徒如何在一世纪后将整个《旧约》重塑，以确证为耶稣的诞生所做的长期秘密筹备，或者欧洲国家如何在"二战"结束后重新解释德国文化史，没有比这些更容易理解的事情了。同样的事情也发生在巴斯德身上。他用自己的微生物学对过去进行

170

了翻新：将 1864 年之后所制造的 1864 年与 1864 年期间所生成的 1864 年进行比较，并没有同样的要素、质地和联结。在图 5.2 中，我将尽量简单地说明这一点。

如果忽视了这项巨大的翻新工作——包括讲述历史、编写教材、制作仪器、训练身体以及创造职业忠诚与谱系学，那么"在巴斯德之前，微生物是否存在？"这一问题就会呈现出其麻痹性的一面，使思维出现短暂的恍惚。然而，不一会儿后，这个问题就有了经验上的答案：巴斯德也小心翼翼地将其地方性的生产扩展到其他时间和地点，使微生物成为其他人潜意识行动的基础。现在，我们能更好地理解"实质"一词的奇特词源，它在有关巴斯德的两章里给我们带来了很多麻烦。实质并不意味着在属性的背后有一个持久的、非历史性的"基础"，而是说由于时间的积淀，有可能使一个新的实体出现在其他实体的下方。是的，有些实质一直都在那里，但前提是它们在过去、在空间中都是活动的基础。因此，实质*这个词现在有了两种实践性含义：一种是我们先前所看到的，将大量实践设置聚集在一起的建制*；另一种是使最新事件"置于"旧事件下方的翻新工作。

"无处不在且总是存在"是有可能实现的，但要付出的代价不小，而且它在地方化和世俗化上的扩展始终是可见的。我们可能需要一段时间，才能轻松地同时应付所有这些日期（以及日期的日期），但在谈论科学网络在时间上的延伸时，没有任何逻辑上的不一致，追随它们在空间上的延伸也一样。甚至可以说，相较于处理相对论物理学所提供的悖论，处理这些明显悖论是微不足道的，而相对论的悖论只是这些悖论中最小的一个。如果没有出于不同的目的而劫持科学，那就能轻松地描述命题的出现和消失——这些命题始终有自身的历史。既然

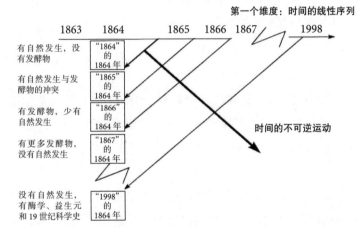

图 5.2　时间之矢是两个维度的合力，而非单一维度的力量：第一个维度是时间的线性序列，总是向前进发（1865 年发生在 1864 年之后）；第二个维度是时间的积淀序列，总是逆向进发（1865 年发生在 1864 年之前）。当被问及"1865 年前的发酵物何在？"时，我们并没有触及构成 1864 年那一栏的顶段，而只触及了那条标志着 1865 年在详尽阐述 1864 年所做贡献方面的横线。不过，这并不意味着唯心主义或回溯因果关系，因为时间之矢总是不可逆地向前。

已经开始看到科学实践是可研究的，我们就能找到此次劫持的背后动机，甚至是罪犯的藏身之处。但是在做到这一点之前，经常走弯路的我们还有一条漫长的弯路要走：工程师代达罗斯[1]（Daedalus the engineer）。如果不开始改写部分技术哲学和进步神话，我们就无法卸下道德和政治包袱——现代主义的配置将这些包袱不公正地置于非人类的肩上。非人类生而自由，却又无往不在枷锁之中。

附录 B

要定义"年"，就应该沿着两个轴而不仅仅是一个轴进行。第一个轴记录时间的线性维度，即年的序列。在这个意义上，1864 年发生在 1865 年之前。但这并不是关于 1864 年的全部内容。"年"不仅是一系列整数中的一个数字，还要沿着第二个轴来记录时间的积淀序列。在第二个维度中，有部分发生在 1864 年的事情产生于 1864 年之后，并从其产生之日起就追溯性地成为 1864 年所发生事情总和的一部分。

如图 5.2 所示，1864 年和自此之后的许多年都是由诸多部分组成的。如果"1864"的 1864 年将自然发生作为普遍现象而接受下来，那么"1865"的 1864 年就会包含关于自然发生

---

1 代达罗斯，古希腊神话中的一位艺术家、建筑家，曾为克里特岛的国王米诺斯建造一座迷宫，该迷宫是代达罗斯最著名的作品。拉图尔对代达罗斯的详尽讨论，参见本书第 6 章。——译者注

的激烈争执。又过一年，即科学共同体明确接受巴斯德的空气传播细菌理论后，这种争执就偃旗息鼓了。由此，"1866"的1864年包含了自然发生的残余信念及获胜后的巴斯德。

积淀的过程永无止境。如果我们向前跳跃130年，仍然有一个"1998"的1864年，它增加了许多特征。不仅包含有关巴斯德和普歇之间争论的新的、丰富的历史编纂学，还包含对这场争论彻底改写的可能——普歇成为最终的赢家，因为他预见了一些益生元的成果。

将时间线性维度与时间积淀维度简单混同，使"1864年之前，由空气传播的细菌何在？"这一问题具有了表面上的深度。如果只考虑线性维度，那么答案是"无处存在"，因为构成1864年全年那栏的第一段并不包含任何空气传播的细菌。这种回答并不是一种荒谬的唯心主义，因为1864年的其他大多数沉积段确实包含了空气传播的细菌。因此，可以毫不矛盾地同时断言："空气传播的细菌于1864年被制造出来""空气传播的细菌一直都在那里"。这里的"一直"是纵轴意义上的，而它总结了自1864年以来生成的所有组成部分。

在这个意义上，相比于"在巴斯德之前，微生物何在？"这一问题，另一个问题则提出了更根本的反对意见，但没有人想到要提出它："1822年（巴斯德出生那一年）之前的巴斯德何在？"

因此，我认为这个问题唯一合乎常识的回答是，"1864年后，空气传播的细菌就一直在那里了"。这个解决方案涉及给予时间和空间延展以同等严格的对待。要想在空间中无处不在或在时间中总是存在，就必须完成工作、建立联系、接受翻新。

如果这些表面谜题的答案都这么直截了当，那么问题就不在于是否要严肃对待这些"谜团"，而在于人们为何将之视为深层次的哲学谜题，并以此来谴责科学论的荒谬性。

6 人类与非人类的集体：追随代达罗斯的迷宫

古希腊人曾把"episteme"和"metis"区分开来，前者直接通向理性和科学知识，后者则机智而曲折地通向技术性技能。既然已经看到科学事实所采取的途径是何等间接、弯曲、转义、相互联系、血管化，我们也许还能为技术人工物找到一个不同的谱系。这是更为必要的，因为许多版本的科学论都依赖于从技术行动中借鉴而来的"建构"概念。但是，我们将会看到，在定义人类与非人类的联系方面，技术哲学并不比认识论更直接有用，造成这一点的原因也是一样的：在现代主义配置中，理论无法捕获实践，而无法捕获的原因只有到第9章才会明晰。因此，技术行动呈现给我们的谜题，就像那些涉及事实表达的谜题一样离奇。在理解了经典的客观性理论对待科学实践是何等不公正之后，我们将看到"技术效率高于物质"（"technical efficiency over matter"）的概念根本无法解释工程师们的精明之处。我们也许最终能够理解这些非人类，我从一开始就把它们称为我们集体中成熟的行动者；我们可能最终会明白，为什么我们不是生活在一个凝视着自然世界的社会中，或者生活在一个将社会作为其组成部分的自然世界中。既然非人类不再与客体相混淆，那么我们就有可能想象人类与非人类纠缠在一起
的集体。

在代达罗斯的神话中，所有事物都偏离直线。在代达罗斯逃出迷宫后，米诺斯（Mions）用了代达罗斯惯用的伎俩，找到了这位聪明工匠的藏身之处并进行了报复。米诺斯乔装打扮，四处宣扬他的悬赏——谁能穿出蜗牛的螺旋壳，谁就能得到奖赏。藏在科卡洛斯（Cocalus）国王宫廷中的代达罗斯没有意识到这是一个陷阱，并通过复制阿德涅（Ariadne）的诡计，完成了这个把戏：他将一根线系在一只蚂蚁身上，让它从顶部的一个洞进入壳内，然后诱导这只蚂蚁迂回穿过这个小小的迷宫。代达罗斯得意扬扬地要求得到他的奖赏，但米诺斯国王同样得意扬扬地要求将代达罗斯引渡到克里特岛（Crete）。科卡洛斯抛弃了代达罗斯；然而，在科卡洛斯女儿们的帮助下，这位狡猾的逃脱者设法把由他安装的宫殿管道系统里的热水调转了方向，使热水意外地落到正在洗澡的米诺斯身上。（国王如同一个鸡蛋般被煮沸而亡。）米诺斯只能在很短的时间内智胜他的工程大师，而代达罗斯总是使出一个又一个诡计，比他的对手抢先一步。

代达罗斯具现了奥德修斯（Odysseus；在《伊利亚特》[Iliad] 中，他被称为 "polymetis"，有诡计多端之意）最为人称道的那种智慧（Détienne and Vernant 1974）。一旦我们进入工程师和匠人的领域，就不可能有未经转义的行动。希腊语中的 "daedalion" 一词被用来描述迷宫，它是一种弯曲的、从直线转向的、精巧但虚假、美丽但做作的东西（Frontisi-Ducroux

1975）。代达罗斯是一名发明家，发明了以下精巧装置：看起来活灵活现的雕像，看守克里特岛的军事机器人，一个古老的基因工程——让波塞冬的公牛能够使帕西法伊（Pasiphae）怀孕，从而怀上米诺陶洛斯（Minotaur）。为了米诺陶洛斯，代达罗斯建造了迷宫；后来，代达罗斯又设法通过另一套机器逃离了迷宫，并在途中失去了自己的儿子伊卡洛斯（Icarus）。代达罗斯是卑鄙的、不可或缺的、罪恶的，曾与从他的诡计中获取权力的三位国王对战，他是技术 [1] 最好的代名词——代达罗斯式的（daedalion）这一概念是领悟我所谓集体 * 概念演化的最佳工具，我想在本章更精确地对其加以定义。在这条道路上，引领我们的不仅有哲学，还有物源说 *（pragmatogony）——这与过去的宇宙起源论（cosmogonies）采取同样的方式，是一种完全神话般的"物的起源"。

176

把人与非人折叠到对方之中

为了理解技术——技术手段——及其在集体中的位置，我们必须像被代达罗斯系在线上的蚂蚁一样狡猾 [2]（或者像第 2 章中将森林带到热带草原的蠕虫）。当我们必须探索机器和诡计、

1　这里的技术是"technique"，即技艺性的技术。——译者注

2　这里的"devious"有双关之意，该词在英语中既有不诚实的、欺诈之意，也可以形容路线的迂回、道路的曲折。——译者注

人工物和代达罗斯式的曲折迷宫时，哲学的直线是毫无用处的。为了在壳的顶部切开一个洞并编织我的线，我需要定义在技术领域中转义的内涵。该定义与海德格尔的恰恰相反。在海德格尔那里，技术从来都不是工具，而只是一种手段。这是否意味着技术转义着行动？不是，因为我们自己已经成为工具，而工具性本身并没有其他目的（Heidegger 1977）。技术支配着男人（在海德格尔那里，没有女人），认为我们能掌控技术是一个十足的幻觉。相反，我们被一种存在（Being）的显露方式——座架（Gestell）架构起来。难道技术逊色于科学和纯知识吗？不，因为对海德格尔来说，技术远不只是应用科学，它支配着一切，甚至包括纯理论科学。通过合理化和贮藏自然，科学落入技术之手，而技术的唯一目的在于无止境地合理化和贮藏自然。在海德格尔看来，作为我们现代命运的技术，与古代匠人所知晓的实现诗性（poesis）的技术完全不同。技术是独一无二的、不可逾越的、无所不在的、高傲的，就像一个生于我们当中的怪物，已经吞噬了它毫不知情的助产士。但海德格尔错了。我将试着用一个简单的、众所周知的例子来证明，为什么在我们与非人类的关系中，任何一种统治——包括所谓非人类对我们的统治——都是不可能的。

那些力图控制枪支销售不受限制的人，喊出了"枪杀人"的口号。全国步枪协会（National Rifle Association, NRA）则用另一句口号进行回应："枪不会杀人，人杀了人。"第一个口号是唯物主义的：枪的行动依赖于不可还原为持枪者社会性质的物质组成。因为有了枪，守法的公民或好人就变得危险了。同时，全国步枪协会给出了（有趣的是，鉴于其政治观点）一 177 个通常与左翼联系在一起的社会学版本：枪自身或凭借其物质组成并没有任何作用。枪是工具、媒介，是人类意志的中立载体。如果持枪者是一个好人，枪就会得到明智的使用，它只会在适当的时候杀人。如果持枪者是一个骗子或疯子，那么在没有改变枪自身的情况下，都将会更有效地（简单地）实施一场在所难免的枪杀。枪为射杀增添了什么？在唯物主义的解释中，答案是一切：一位无辜的公民因其手中的枪变成了罪犯。当然，这把枪不仅能使人行动，还能命令、指挥甚至扣动扳机——而且，在手里拿着一把刀的情况下，谁不想在某个时候刺伤某人或某物呢？每一件人工物都有自己的脚本，都有抓住路人并迫使他们在故事中扮演角色的潜力。相比之下，在全国步枪协会的社会学版本中，枪是意志的中立载体，不会给行动添加什么。它扮演的是被动的导体角色，善与恶都能在其中同等流过。

　　当然，我以一种截然对立的荒谬方式对这两种立场进行了讽刺。没有哪个唯物主义者会说枪本身能杀人。更准确地说，唯物主义者认为好公民是通过持有枪支而得以转变的。一个不持有枪支的好公民可能会变得暴躁，而一旦他持有枪支，就有可能成为罪犯——就像枪有一种把杰基尔医生（Dr. Jekyll）变成海德先生（Mr. Hyde）的力量。[1] 因此，唯物主义者提出了一个有趣的建议，即我们作为主体的品质、能力、个性都取决于我们手中所持有的东西。唯物主义者推翻了道德主义的教条，坚持认为我们等同于我们所拥有的——至少是我们手中所拥有的。

至于全国步枪协会，其成员不能真正坚持认为枪是中立的客体，以至于枪在枪杀的行动中不起任何作用。他们不得不承认，枪增添了某些东西，尽管增添的不是持枪者的道德状况。全国步枪协会所谓的道德状况是柏拉图式的本质：人要么天生就是一个好公民，要么天生就是一个罪犯。因此，全国步枪协会的解释是道德主义的——重要的是你是什么，而不是你拥有什么。枪的唯一贡献就是加速了行动，而用拳头或刀杀人更慢、更脏、更乱。有了枪就能更好地杀人，但在任何情况下，枪都不会改变枪杀者的目标。因此，全国步枪协会的社会学家表明了一个令人不安的观点：我们能够掌控技术，而技术不过是任人宰割的勤勉奴隶。这个简单的例子足以表明，要理解人工物并不比理解事实更加容易：我们用了两章的内容来理解巴斯德的双重认识论，我们也要花很长的篇幅来准确理解物让我们做什么。

1　在这里，"杰基尔医生"和"海德先生"意指某个个体的双重人格。详见英国小说家史蒂文森的小说《杰基尔和海德》（*Jekyll and Hyde*）。——译者注

技术转义的第一种方式：干预

谁或何物该为这种枪杀行动负责？这把枪只是一种转义的技术吗？这些问题的答案取决于什么是转义*。我将给出四种转义。第一种转义是行动纲领（program of action），即能动者（agent）可以在某个故事中描述一系列的目标、步骤和意向，就像在枪与枪手的故事中那样（参见图 6.1）。如果能动者是愤怒的、想要复仇的人，如果能动者因某种原因而未能达成目标（也许是能动者不够强大），那么能动者将会选择偏离和迂回（detour），就像我们在第 3 章中见到的约里奥和道特里的确信（cpnviction）操作：在谈论技术的时候，就不能不提到代达罗斯（daedalia）[1]。（尽管英语倾向于用"technology"替代"technique"，但我将通篇使用这两个单词，把"技性科学"[technoscience] 这一被玷污的术语保留在我神话般物源说的特定阶段。）能动者 1 落在了能动者 2 之上，这里的能动者 2 就是枪。是能动者 1 征募了枪，还是枪征募了能动者 1——这并不重要。第三个能动者从二者的融合中涌现出来。

现在，问题变成了新的复合能动者将追求哪个目标。如果它在迂回之后回到了目标 1，那就开始了全国步枪协会式的故事。枪变成了工具，仅仅是一个传义者。如果能动者 3 从目标 1 位移到目标 2，那就开始了唯物论式的故事。枪的意图、意

1　Daedalia 是 Daedalius 的阳性单数主格，是代达罗斯的形容词。——译者注

志和脚本已经取代了能动者 1 的意图、意志和脚本；人的行为只不过是一种传义。请注意，如果颠倒一下图中的能动者 1 和能动者 2，情况并不会发生变化。**中立工具**是完全处于人类控制之下的神话，它与没有人能掌控**自主命运**的神话相对称。[1]但第三种可能性更容易实现：创造一个新目标，它与能动者 1 和能动者 2 的行动纲领都不符合。（你本来只想伤害别人，但现在手里有枪之后，你就想杀人了。）我在第 3 章中将这种关于目标的不确定性称为转译*。现在应当清楚的是，转译并不意味着从某一词汇到另一词汇的转变，例如从一个法语词转变为一个英语词，就像这两种语言的存在是彼此独立的。我用转译来表示位移、漂移、发明、转义，用它来表示创造一个之前不存在的结，并在某种程度上修改了原初的二者。

179

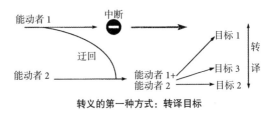

转义的第一种方式：转译目标

图 6.1　如图 3.1，我们可以将两个能动者之间的关系描述为他们目标的转译。这一转译产生了不同于那两个原初目标的复合目标。

1　原文中的"中立工具"与"自主命运"采用了英文首字母大写。——译者注

那么，在这种情况下，枪或公民谁是行动者呢？它们都不是，行动者是公民化的枪，或枪化的公民。如果在假定人类心理能力是永远固化的情况下试图去理解技术，我们将不能成功理解技术是如何被创造的，甚至也无法理解它们是如何被使用的。当枪在手，你就是另一个人了。正如巴斯德在第4章中向我们表明的，存在即本质，行动即存在。如果通过你所拥有的（枪），以及你在使用你所拥有的（你开枪）、你所进入的一系列联结来定义你，那么你的定义就或多或少地被枪修改了，其程度取决于你所承载的其他联结的分量。

这种转译是完全对称的。当枪在手，你就是另一个人了；当枪被你持有时，它就是另一把枪了。因为你拿着枪，你就是另一个主体；因为枪与你有了关系，它就是另一个客体。枪不再是军械库、抽屉里、口袋中的枪，而是你手中瞄准着正在尖叫之人的枪。主体和枪手之真，也就是客体、被持有的枪之真。一个良好的公民变成了一个杀人犯，一个坏人变成了一个更坏的人；一把静置的枪变成了一把开火的枪，一把新枪变成了一把用过的枪，一把体育用枪变成了一件武器。唯物论者和社会学家的双重错误在于，从一开始就预设了关于主体或客体的本质。如第5章所示，这一出发点使我们无法衡量技术以及科学的转义作用。然而，如果把枪和公民都当作命题来研究，我们将意识到主体和客体（以及他们的目标）都不是固化的。当命题被表达出来时，它们就加入了一个新命题，他们就变成了另

180

一个"人"或另一个"物"。

现在，我们有可能转向关注这"另一人（物）"，即枪和持枪者所组成的杂合行动者。我们必须学会将行动归因于更多的能动者，或在能动者之间进行再分配——这里的能动者要多于唯物主义或社会学解释所能接受的数量。能动者可以是人类或非人类（如枪），它们都有目标（或者工程师更倾向于称其为功能）。由于"agent"一词鲜被用于非人类，我们使用了一个更好的术语——行动素（actant）*。为何这一细微的差别是重要的？因为，例如在关于枪和枪手的片段中，我可以用"一群失业的游手好闲者"来替代持枪者，将能动个体（individual agent）转译为集体；或者我可以说"无意识动机"，将其转译为亚能动个体（subindividual agent）。我可以把枪重新描述为"枪支游说团体放在不知情的孩子手里的东西"，使之从一个客体转译为一种建制或一个商业网络；或者，我可以将射击称作"扳机以弹簧和撞针为媒介施加在弹壳上的行动"，将其转译为一系列机械的因果。这些行动者—行动素（actor-actant）对称的例子迫使我们放弃主客体二分，这种区分使集体无法被理解。杀人的既不是人也不是枪。必须由各行动素来分担行动的责任。这是四种转义方式中的第一种。

技术转义的第二种方式：构成

有人可能会反对一个基本的不对称现象——女性制造电脑

芯片，但没有一台电脑制造过女性。然而，常识在这方面就像　　181
它在科学中一样，不是最安全的指南。我们刚刚在枪的例子中
遇到的困难仍然存在，其解决方案也是一样的：行动的主要动
力变成了一系列新的、分布的、交织的实践。只有尊重所有在
这些实践中动员起来的行动素的转义作用，我们才有可能求得
这些实践的总和。

　　我们需要对谈论工具的方式进行简短的探究，来让大家信
服这一点。当有人讲述一个关于发明、制造或使用工具的故
事时，无论是在动物王国还是人类领域，无论是在心理实验
室还是在有史以来或史前时期，故事的结构都是相同的（Beck
1980）。一些能动者有一个或多个目标；突然间，通向目标的
道路被将 metis 和 epsiteme 区分开的那条直路的缺口打断了。
迂回，即 daedalion，开始了（图 6.2）。沮丧的能动者疯狂地

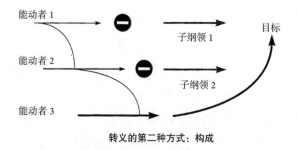

转义的第二种方式：构成

图 6.2　如果增加子纲领的数量，那么复合目标（图中的粗曲线）就
成为所有偏向连续转译过程的能动者的共同成就。

改变方向、随机搜索，然后，无论是通过洞察力或顿悟（eureka），还是通过反复试验和错误（有各种心理学可以解释这一时刻），能动者抓住了一些其他能动者——一根棍子、一个伙伴或一股电流。接着，故事继续，回到先前的任务，移除障碍，取得成果。当然在大多数工具的故事中，不是只有一个子纲领*（subprograms），而是两个或多个子纲领相互交织。一只黑猩猩可能会抓住一根棍子，发现这根棍子太钝了，在经历了另一场危机后，又开始了一个新的子纲领，将这根棍子磨尖，期间一种复合工具得以发明。（这些子纲领的增殖能持续到什么程度，是给认知心理学和进化论提出的有趣问题。）尽管人们可以想象很多其他结果——例如在子纲领的迷宫中失去了原初目标，但我们不妨假设原初的任务在中断后已经重新恢复。

在这里，我感兴趣的是行动组成由图 6.2 中每一步都加长的线所标记。谁执行了这个行动？是能动者 1+ 能动者 2+ 能动者 3。行动是联结实体的一个属性。其他能动者许可、授权、启用和提供了能动者 1。黑猩猩用锋利的木棍够到（或没有够到）香蕉。将行动者作为主要的推动者，绝不会削弱用力量组成来解释行动的必要性。将我们的新闻头条写为"男人起飞""女人进入太空"，是错误的或不公平的。起飞是整个实体联结的属性，其中包括机场和飞机的联结、发射台和售票处的联结。B-52 不会飞，美国空军才会飞。行动不仅是人类的属性，还是行动素联结的属性，而这是技术转义的第二种方式。只是因为行动素在交换能力的过程中，彼此提供了新的可能性、新的目标、新的功能，它才会被暂时赋予"行动者"的角色。因此，使用的案例中具备的对称性同样适用于构造的案例。

但对称又意味着什么呢？对称是通过形变中的守恒之物来定义的。在人类与非人类的对称中，我使一系列能力和属性保持不变，能动者能通过相互重合而交换这些能力和属性。在我们能够清晰地刻画主体与客体、目标与功能、形式与物质之前，在属性与能力的交换是可观察的、可解释的之前，我想使自己处于这样的阶段。我的出发点不是成熟的人类主体或外在世界的可敬客体，它们可能是我的目的地。这不仅与我在第 5 章所探讨的表达 * 概念符合，也与那些告诉我们，我们是由工具创造出来的为世人所公认的神话相一致。对造物者（Homo faber）一词，或更准确地说是造物者造物（Homo faber fabricates）的表达，在黑格尔、安德列·勒鲁瓦 – 古昂（André Leroi-Gourhan 1993）、马克思和柏格森那里，描述的是一场辩证运动，这场运动以我们成为自身工作的产物而告终。在海德格尔那里，相关的神话是"只要将技术表征为一种工具，我们就仍牢牢地掌握着它的意志。我们将会超越技术的本质"（Heidegger 1977, p. 32）。我们稍后将会看到有了辩证法和座架能做些什么。但是，如果发明神话是继续这项工作的唯一方式，我将毫不犹豫地编造一个新的神话，甚至添加一些图表。

183

技术转义的第三种方式：时空的折叠

为何很难精确衡量技术的转义作用？因为我们试图衡量的行动受制于黑箱化[*]——这是一种使行动者和人工物的共同生产变得完全不透明的过程。代达罗斯的迷宫仍是一团神秘。我们能打开这个迷宫，数一数里面有什么吗？

以我们头顶的投影仪为例。它是行动序列（如一场演讲）中的一个点，一个沉默无声的传义[*]，被想当然地视为完全受其功能所决定。现在假设投影仪坏了。这个危机提醒了我们投影仪的存在。当修理工绕着它转、调整镜头、拧紧灯泡时，我们会记得投影仪是由几个部分组成的，每个部分都有其作用和功能，以及相对独立的目标。然而，片刻之前，投影仪几乎不存在；现在，它的各个部分甚至都有个体性的存在，有了自己的"黑箱"。一瞬间，我们的"投影仪"从没有零件变成了由一个零件，再到由多个零件组成。这里到底有多少行动素？我们所需要的技术哲学对算术几乎没有用处。

危机仍在延续。修理工进入了惯例化的行动序列，并更换零件。很显然，他们的行动由一系列的序列步骤所构成，这些步骤整合了几种人类手势。我们不再聚焦于某一个客体，而是看到一群围绕在客体周边的人。行动者与转义者之间发生了转换。

图 6.1 和图 6.2 展示了目标通过与非人行动素的联结而得

184

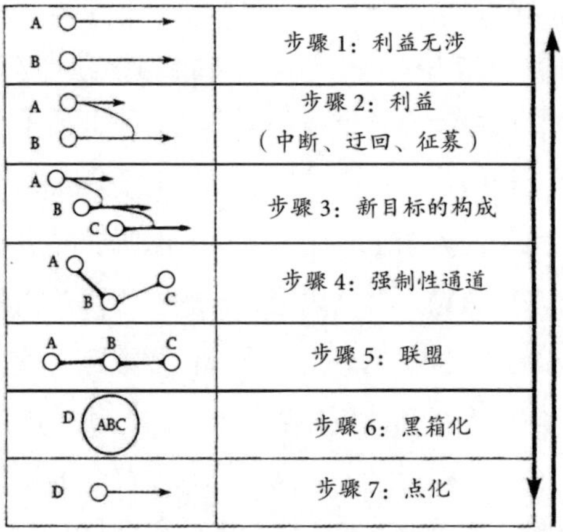

A ●→ B ●→	步骤1：利益无涉
A ●→ B ●→	步骤2：利益 （中断、迁回、征募）
A ●→ B ●→ 　C ●→	步骤3：新目标的构成
A ● 　B ● 　　C ●	步骤4：强制性通道
A　　B　　C ●——●——●	步骤5：联盟
D（ABC）	步骤6：黑箱化
D ●→	步骤7：点化

转义的第三种方式：可逆的黑箱化

图6.3 任何人工物的给定组装都可以根据其经受的危机，在序列步骤之间上下移动。在常规使用中，我们可能会认为一个能动者（步骤7）是由若干能动者（步骤6）所组成，而这些能动者甚至都不是结盟而来的（步骤4）。直到他们再次摆脱其他步骤（如步骤1）的任何影响，才可能看到它们不得不经历的早期转译的历史。

到了重新定义，而行动不单是被称为人类的行动素所具备的属性，还是联结整体的属性。然而，如图6.3所示，情况更加混乱，因为每一步骤的行动素数量都是变化的。客体的构成也是如此：时而显得稳固，时而焦躁不安，就像一群人围着出故障的人工物一样。因此，投影仪可能没有组成部分，可能有一个甚至一百个组成部分，可能其背后有许多人或没有人——并且，每个部分自身亦由一个、零个或许多个客体或群体组成。

185 在图6.3的步骤7中，每个行动都可能朝着行动素分散的方向，或朝着整合成单一点状整体的方向前进（此后不久，这个整体将变得毫无价值）。我们需要解释这七个步骤。

当困惑于图6.3时，请环顾一下你所处的房间，考虑一下房间里有多少黑箱。打开黑箱，检查一下黑箱内的装配。黑箱内的每个部分本身就是一个富含部件的黑箱。若破坏了任一部分，会有多少人在其周围立即物质化[1]？我们该回溯我们的步骤至多久之前、多远之外，来追随那些静置的实体——这些实体平和地帮助你在书桌前阅读本章？使这些实体返回至步骤1；想象一下，那时每个实体都利益无涉，各行其是，没有折服、登记、征募、动员、折叠进其他实体的密谋之中。我们该从哪片森林中获取木材呢？我们该在哪个采石场让石头安静地休息呢？

这些实体中的大多数都静置着，好似它们不存在、不可见、透明、沉默，把它们的力量和它们的行动从不知多少亿年前带到当下的场景。它们有着特殊的本体论地位，但这是否意味着它们自身并不采取行动，或者不对行动进行转义？我们能说这是因为我们创造了这些实体吗？顺便问一下，这个"我们"又是谁？当然不是我——它们应被视为奴隶或工具，或仅仅是座

---

1 区别于批判理论中的"物化"（reification, verdinglichung），此处的"物质化"为"materialize"。——译者注

架的证据吗？我们对技术的忽视到了深不见底的程度。我们甚至无法数清它们的数量，也无法分辨它们是作为客体、配件还是众多熟练行动的序列而存在。然而，仍然有哲学家相信可怜的客体是存在的……如果科学论曾认为人工物的建构有助于解释事实，这就太出乎意料了。非人类两次从客观性的束缚中逃脱出来：它们不是主体所知的客体，也不再是主宰者操纵的对象（当然，它们也不能自我主宰）。

技术转义的第四种方式：跨越符号与物之间的界限

当我们考虑第四种，也是最重要的一种转义时，上述忽视的原因就更清楚了。到目前为止，我已使用了"故事"与"行动纲领"、"目标"与"功能"、"转译"与"利益"、"人类"与"非人类"等术语，看起来技术在可靠地支撑着话语世界。但是技术改变的不仅仅是我们表述的形式，还改变了表述的内容。技术有其意义，但这种意义是通过一类特殊的表达而生产出来的。这类特殊的表达与第 2 章所示的流动指称、第 4 章追随的可变本体论一样，再次跨越了符号与物之间的常识性界限。

在这里，我想到了一个简单的例子：迫使司机在校园里减速的减速带，在法语中被称为"沉睡的警察"。减速带转译了司机的目标，从"减慢速度以免危及学生"变成了"减速并保护汽车的悬架"。这两个目标相去甚远，而我们在这里辨识出和枪的故事中一样的位移。关于司机的第一种说法诉诸道德、文明的无私利性和反思，而第二种说法诉诸纯粹的自私和本能反应行动。根据我的经验，更多人会对第二种而非第一种说法做出回应：与尊重法律和生命相比，自私的特征分布得更加普遍——至少在法国是这样的！司机通过减速带的转义来改变自己的行为：他从道德回落至强制（force）。但从旁观者的角度来看，一个给定的行为是通过哪种途径获得的，这并不重要。校长透过她办公室的窗户，看到车辆正在减速、遵守着她的禁令，这对她而言就足够了。

通过另一个迂回，鲁莽的司机成功转变为受规训的司机。学校的工程师们用混凝土和人行道替代了标识和警告。在该语境中，应当修改迂回概念和转译概念，以便纳入目标和功能定义的移位（如先前例子所示），以及表达方式的变化。工程师的行动纲领即"让司机在校园内减速"，现在用混凝土进行表达。什么词适合于解释这种表达呢？我本可以用"对象化"（objectified）、"物化"（reified）、"现实化"（realized）、"物质化"（materialized）、"印刻"（engraved），但这些词都暗含着一个全能的、将其意志强加于无形物质之上的人类能动者，而非人类也在行动着，替代着目标，为他们的定义做出贡献。我们已经看到，要为技术活动找到一个恰当的术语，并不比为乳酸发酵物的功效找到一个恰当的术语容易——我们将在第9章中明白，这是因为它们都是实像（factishes）*。与此同时，我想再提出另一个术语：委派（delegation）（参见图6.4）。

　　在减速带的例子中，不仅意义发生了替代，而且行动（限速法的执行）也被转译为另一种表达。混凝土中委派了工程师的行动纲领；在考虑该移位时，我们离开了相对舒适的语言学隐喻，进入了未知的领域。我们并未放弃有意义的人类关系而突然进入粗鄙的物质关系世界——尽管这可能是司机们的印象，他们习惯了应对可磋商的标志，而现在面对着不可磋商的减速带。这不是从话语到物质的移位，因为对工程师而言，减速带是整个命题范围内的一种有意义的表达。与第5章中的意群*和词例*相比，命题的选择并不更加自由。他们所能做的不过是对联结和替代进行探索——这些联结和替代追踪着集体的独有轨迹。因此，我们处于意义之中，而不再是处于话语之中；我们不再处于纯粹客体之中。那我们在哪里？

　　在开始详细阐述一种技术哲学之前，我们必须理解委派是

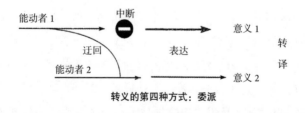

转义的第四种方式：委派

图 6.4　如图 6.1 所示，在第一个能动者的路径中引入第二个能动者，这暗含着一个转译的过程；但在此处，意义的移位要大得多，因为"意义"的本性已经被修改了。表达的内容也在此过程中发生了改变。

188　　另一类型的移位 *。我们在第 4 章中曾用移位来理解巴斯德的实验室工作。例如，我对你说："让我们想象一下，当校园工程师决定安装减速带时，我们处在他们的境遇上"，那我不仅将你运送到另一个时空，而且将你转译为另一个行动者（Eco 1979）。我把你移位出你当下所处的场景。空间点、时间点、"行动者"点的移位，是一切虚构作品中不可或缺的，它们让读者无须移动就能完成旅行（Greimas and Courtès 1982）。你无须离开自己的座位就能绕道穿过工程师的办公室。在你的耐心和想象力的帮助下，你暂时借给我一个角色——它和我一起到另一个地方旅行，成为另一个行动者，然后再返回来，在你自己的世界里成为你自身。这种机制被称作同一化（identification），通过这种机制，"发声者"（enunciator，此处指我）和"发声对象"（enuniciatee，此处指你）都寄希望于我们自身在其他复合型参照系中的委派移位。

　　在减速带的案例中，移位是"在行动上的"（actorial）：被视作"沉睡的警察"的减速带，并不是一个警察，一点也不像一个警察。空间在移位：新的行动素被置于校园的道路上，它能使汽车减速（或损坏汽车）。最后，时间在移位：减速带一天 24 小时都在那里。但这种技术行动的发声者已经从现场消失了——工程师何在？警察何在？——而有些人和物则占据着发声者的位置，像助理官员一样可靠地行动着。一般说来，要想使虚构作品中的行动变为可能，发声者和发声对象的共同在场是必要的；但我们现在拥有的是不在场的工程师、持续在场的减速带和已成为人工物使用者的发声对象。

有人可能会反对说，将虚构的移位与技术活动中的委派移位进行比较是站不住脚的：想象从法国运输到巴西，与从法国坐飞机到巴西不是一回事。确实如此，但它们的区别在哪儿呢？在想象的运输中，你同时占据了所有的参照系，在故事讲述者提供的所有委派角色（personae）之间进行出位与回位。通过虚构作品，自我（ego）、此时（bic）、此地（nunc）可被移位为其他时空中的其他角色。但在飞机上，我不可能占据一个以上的参照系（当然，除非我坐下来读一本小说，这本小说将我带到 1904 年 6 月都柏林的一个晴天[1]）。我正坐在客体建制（object-institution）中，这种建制通过航空公司来连接两个机场。运输行动已下位*（shift down）成了飞机、引擎、自动飞行员和客体建制，而不是出位——在工程师和管理人员不在场（或监控受限）的情况下，将移动的任务委派给这些客体建制。发声者和发声对象的共同在场及其众多的指称，已经坍缩成时空中的一个单点。所有关于工程师、空中交通管制员和票务能动者的指称，已被共同整合进飞往圣保罗（Sao Paulo）的法国航空 1107 号航班的单一指称中。

189

1　拉图尔这里所提到的小说是詹姆斯·乔伊斯的著名长篇小说《尤利西斯》，该小说讲述了主人公在 1904 年 6 月 16 日一昼夜内在都柏林的种种经历，运用创作手法建构起一个交错而凌乱的时空。——译者注

客体由行动者替代，创造了不在场的制造者与偶尔的使用者之间的不对称。如果没有这个迂回和下位，我们将不会理解发声者是如何不在场的：我们会说它要么在那儿，要么就不存在。但是通过下移，不在场和在场的另一种组合成为可能。在委派中，不是像在虚构作品中那样，我在这里，也在其他地方，我是我自己，也是别人，而是一个行动者的行动，它早已过去，早已消失，但在这里，今天，在我身上仍然活跃。我生活在技术委派之中，被折叠进非人类中。

整个技术哲学都被这种迂回所困扰，技术被视为凝结的劳动。可以考虑一下投资的概念：常规的行动过程被中止，迂回凭借若干类型的行动素而开启，而回报是一种新的杂合体，它将过去的行动承载至当下，使有的投资者消失不见而有的留存到现在。这样的迂回颠覆了时空秩序——也许在一分钟之内，我就能动员起数百年或数百万年前发动起来的远方力量。可能会完全重组行动素及其本体论地位的相对形态——技术的行动不断改变形态，用一桶湿混凝土制造出一个警察，并赋予其石头般的永恒性和稳固性。重新分配在场和不在场的相对次序——我们频繁地遇见成百上千的不在场的制造者，它们处于遥远的时空之中，却又同时在场且活跃。最终，通过这些迂回，政治秩序被颠覆了。因为我依赖于许多委派行动，这些行动自身让我为已不在场的其他行动素做事，我甚至无法再追踪那些行动素存在的过程。

这种迂回并不容易理解，而且如第 9 章所示，技术批评家对拜物 * 的谴责更是加剧了这一困难。你在那些机器、器物中看到的是（他们所谓的）人类制造者，是在勤勉工作的、另一种外表下的我们。（所以他们要求）我们应该恢复那些偶像背后的人类劳动。我们曾在全国步枪协会那里听过这样的故事，但是又有了不同的效果：枪不会自己行动，只有人能自己行动。这是一个很好的故事，但为时已晚。人类不再是其自身。我们将行动委派给其他共享着人类存在的行动素，经过发展，这些委派使反拜物纲领只会把我们带入一个非人类的世界——一个在人工物转义之前失落的、变幻不定的世界。批判的反拜物者对委派的抹煞，将使向技术人工物的下位同向科学事实的出位一样朦胧模糊（参见图 6.4）。

　　但我们也不能退回唯物论。在人工物和技术中，我们找不到物质的效率和稳固性，也找不到将因果链印在可塑的人类身上的物质。最终的减速带不是由物质构成；工程师、财政大臣和法律制定者充溢其中，这些人的意愿及故事线混入了碎石、混凝土、油漆及标准计算。我所试图理解的转义和技术转译，居于社会与物质之间互换属性的盲点。我所讲述的不是一个造物者的故事。在造物者的故事中，勇敢的创新者为了接触坚硬的、非人类的——此外还是——客观的物质，突破了社会秩序的束缚。我正努力靠近这样一个区域：在那里，人行道的一些（虽不是全部）特征变成了警察，而警察的一些（虽不是全部）特征变成了减速带。我之前将这个区域称为表达*，它不是主体性与客体性之间的中庸之道或辩证法——我希望我已经将这一点说清楚。我要找的是另一条阿德涅之线（Ariadne's thread）——另一个土地测量仪器[1]——以便追随代达罗斯，看他是如何在一切都不可见的地方折叠、编织、密谋、设计、找到解决方案的。代达罗斯运用手头的所有权宜之计，在日常惯例的裂缝与间隙中交换惰性物质、动物、符号、混凝土和人类的属性。

技术：一个好的形容词、一个糟糕的名词

我们现在明白了技术就其自身而言并不存在，也没有哲学或社会学定义下的客体、人工物或技术。在技术中——科学也一样——没有任何东西可以承担起衬托现代主义透视下人类灵魂的角色。名词"技术"（technique）——或其升级版本，"technology"——不需要被用于将人与各式各样的、由人组合而成的装配相分离。但是，我们能在多种不同的情形下使用形容词"技术的"（technical），而且这种使用是正确的。

"技术的"首先适用于某个子纲领，或我们之前讨论过的一系列嵌套的子纲领。当我们说"这是一个技术的点"时，意

---

1 谢氏线型洞穴测量仪（Topofil Chaix）是一种用于起伏地面、山地等地形的测量和分度工具，使用时将末端固定在起点上，设备内部装有线轴，从计数器上可以读出测量所用线材的长度。——译者注

思是我们不得不暂时偏离主要任务，并将最终重新回到常规的行动过程。这是唯一值得我们关注的焦点。黑箱会暂时打开，并很快再次关闭，在主要的行动序列中变得完全不可见。

其次，"技术的"指的是人、技能或客体的从属角色，他们占据了在场的、不可或缺的次要功能，但他们自身又是不可见的。因此，"技术的"表明了一项专业化的、高度受限的任务，在等级制度中居于明显的从属地位。

第三，形容词"技术的"指的是子纲领平稳功能运行中的小故障、小插曲，这种时候我们会说"这里首先有一个技术问题需要解决"。此处，这种偏离可能不会像第一个意义那样把我们引回主干道，而是可能会完全威胁到最初的目标。"技术的"不再仅仅是一种迂回，还是一种障碍、一种路障，一种迂回的开始、一长串转译的开始，以及或许是一整个全新迷宫的开始。至少在一段时间内，一个本应是手段的东西可能成为目的，或成为我们永远迷失于其中的迷宫。

第四个意义同样带有不确定性，即关于何为目的、何为手段的不确定性。"技术的技能"和"技术的人员"适用于那些有独特能力、诀窍、天赋的人，适用于那些有能力使自己变得不可或缺的人，适用于那些占据特权但地位较低的人。借用军事学术语，可以称之为强制性通道（obligatory passage points）。所以，技术人员、技术客体或技术技能同时是低劣的（因为最终将恢复主要任务）、不可或缺的（因为没有它们，目标是无法实现的），而且在某种程度上是反复无常的、神秘的、不确定的（因为它们依赖于一些高度专业化和略微受限的诀窍）。一意孤行的代达罗斯和跛脚的火神伏尔甘（Vulcan）[1] 很好地诠释了"技术的"这一含义。因此，形容词"technical"有了一种有用的意思，它与之前定义的三类转义——干预、目标构成和黑箱化——是一致的。

"技术的"还指一种非常独特的委派、运动和下位，它与具有不同时间、空间、属性、本体论的，有着同一命运的实体相交叉，从而创造了一个新的行动素。在这里，技术的名词形式常以形容词的意义使用，如我们说"一种通信的技术""一项煮鸡蛋的技术"。在这些例子中，名词"技术"并不是指一个物，而是一种操作方法（modus operandi），即一连串能带来预期结果的手势和技能。

如果有人曾面对面地遭遇某个技术对象，这绝不是漫长的转义者增殖（proliferating mediators）过程的开始，而是结束。在这个过程中，所有相关的子纲领相互嵌套，在一项"单一"任务中相遇。主体与客体在传说中的王国相遇；与之不同的是，人们通常会发现自己处于自身的法人（personne morale）领域，也就是所谓的"嵌合体"（body corporate）或"人造人"（artificial

---

1 伏尔甘是古罗马神话中的火神。据传，古希腊神话中被誉为"工匠的始祖"的火神赫菲斯托斯（Hephaestus）即对应于罗马神话中的伏尔甘。后来，罗马人将伏尔甘与赫菲斯托斯混同，使前者具有了锻造神的身份。——译者注

person）。这是三个多么不同寻常的术语啊！就像人格通过集体化而变得有道德，或者集体通过成为人造人而变得有道德，或者复数通过将撒克逊语的 body 与拉丁语的同义词 corpus 实现加倍而变得有道德。一个嵌合体就是我们和我们的人工物所变成的样子。我们是一个客体－建制。

　　这一点如果没有被对称地应用，将显得微不足道。有人可能会说，"当然，一项技术的获取和激活必须由人类主体、有目的的能动者来完成。"但我想指认的是对称的：对"客体"而言是真的东西，对"主体"而言也是真的。如果不与授权并使他们得以存在（即行动）的事物进行交易，人类就不能作为人类而存在。一把被遗弃的枪只是一件东西，那么一个被抛弃的枪手是什么呢？是的，是一个人（枪只是众多人工物中的一种），但他不会是士兵——当然，也不会是全国步枪协会所说的守法的美国人。有目的的行动和意向性可能不是物的属性，但它们也不是人类的属性。它们是建制的属性、装置的属性，是福柯所谓的"配置"（dispositifs）的属性。只有嵌合体才能容纳转义者的增殖，规范他们的表述，重新分配技能，迫使盒子黑箱化并关闭。那些仅作为物而存在的、脱离集体生活的物是未知的，它们埋藏于地下。技术人工物远离效率的地位，正如科学事实远离客观性的崇高基础。真正的人工物总是建制的部件，它作为转义者在建制的混合状态中瑟瑟发抖，动员着远方的土地与人，随时准备成为人或物，却不知道自己是由一个

193

人组成还是由许多人组成，是由一个人的黑箱组成还是由一个隐藏着许多人的迷宫组成（MacKenzie 1990）。正如会飞的不是波音747，而是航空公司。

物源说：一种对进步神话的替代？

在现代主义配置中，客体被置于自然之中，而主体则身处社会之中。我们现在用科学事实与技术人工物替代了客体与主体，它们有着截然不同的命运和外形。客体只能面向主体，反之亦然，非人类可以通过转译、表达、委派、出位和下位来内折为人类。我们能给它们的安身之所起一个什么名字呢？当然不是自然*，因为正如下一章所示，它们的存在完全是辩论式的。也不是社会*，因为社会科学家已经把它变成了一个关于社会关系的童话，小心翼翼地摘除了其中的所有非人类（参见第3章）。在这个新涌现的范式中，我们用集体*的概念来替代被污染的"社会"一词，这里的集体被定义为在嵌合体中人类属性和非人类属性之间的交换。

我们生活于集体而非社会

在放弃二元论时，我们不是想将所有东西一股脑地扔进同一个容器里，以抹除集体中各个部分的不同特征。我们也想要分析的清晰性，但要追随主客体间不止一条的辩论拉锯战线索。

以博弈之名，不是把主体性延展到物上，不是像对待物那样对待人类，不是把机器当作社会行动者，而是为了讨论人类与非人类的折叠而彻底放弃主体－客体的区分。新图景试图捕捉的，是任何既定集体将其社会构造延展至其他实体的运动。这就是到目前为止我所暂时表达的话（"科学和技术将非人类社会化，使之承担起人类关系"）的意思。这是我的权宜表述，用以替代现代主义的表述："科学和技术使心灵脱离社会而接触到客观自然，并将秩序强加于高效的事物。"

　　我想要的是另一张图表。通过这张图表，我们追踪的不是人类主体如何挣脱社会生活的束缚进而将秩序强加于自然，或恢复自然法则来延续社会秩序，而是一个给定定义的集体如何通过表达不同的联结来修改其构成。在这种不可能的情况下，我需要遵循一系列融贯的运动：第一，要有转译*，我们通过转译的方式表达不同种类的物质；第二，借用遗传学的图景，我所谓的交换（crossover）是由人类与非人类之间的属性交换组成的；第三是所谓征募（enrollment）的步骤，非人类通过征募被引诱、被操纵或被劝导进入集体；第四，正如约里奥及其军事委托方的案例所示，集体中非人类的动员带来了全新的、意想不到的资源，这产生了奇特的新杂合体；第五是位移（displacement），一旦集体的形态、范围和构成因征募与动员新的行动素而改变，那么集体将有新的走向。如果有这样一张图表，我们将永远废除社会建构论。不过，我和我的电脑还不能做出比图 6.5 更好的图。

　　该图的唯一优势是为集体的比较提供了基础，这种比较完全独立于人口统计学（也可以说独立于它们的规模）。过去 15 年间，科学论颠覆了对古代技术（technique，匠人的诗性）和（大规模的、非人道的、专横的）现代技术（technology）之间的区分。该区分只不过是一种偏见。你可以修改图 6.5 中半圆的大小，但你无须修改其形状。你可以修改切线的角度、转译的范围、征募的类型、动员的尺度、位移的影响，但你无须反对那些只应对社会关系或已能挣脱该社会关系而应对自然律的集体。与海德格尔主义者们相反，技术史家和技术哲学家已经越来越清楚地认识到，在核电站、导弹制导系统、计算机芯片设计、地铁自动化与古老的社会、符号和物质的混合物之间有着非凡的连续性（continuity），好几代人种学家和考古学家已经在新几内亚、旧英格兰或 16 世纪勃艮第的文化中对它进行了研究（Descola and Palsson 1996）。与传统区分不同，古代的或"原

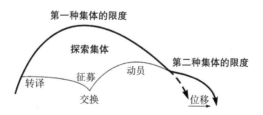

图 6.5　相比于将科学技术描述为摆脱了社会的严格界限，集体被视为通过探索的过程而不断修改这一界限。

始的"集体与一个现代的或"先进的"集体的区别不在于：前者表现为社会文化和技术文化的丰富混合体，后者表现为一种与社会秩序毫无关联的技术。

二者的不同之处在于，相较于前者，后者转译、交换、征募与动员更多的元素，它们更紧密地联系在一起，形成一个更良好交织的社会构造。集体的规模与征募于其中的非人类数量之间的关系是至关重要的。当然，我们发现在"现代"集体中，有更长的行动链、更多的非人类（机器、自动装置、设备）彼此联结，但我们不能忽视市场的规模、在其运行轨道上的人员数量和动员的幅度：是的，有了更多的客体，但也有了更多的主体。试图区分两类集体——将"客观性"和"效率"归因于现代技术，将"人性"归因于低技术含量的诗学，这是严重错误的。客体和主体是同时被制造出来的，主体数量的增长直接关系到搅拌和酿造进集体的客体数量。形容词"现代的"*并未描述社会与技术（或其联盟）之间的渐行渐远，而是描述了二者间加深的亲密程度、更加错综复杂的网络。

民族志学者描述了传统文化中每一个技术行动所隐含的复杂关系，描述了这些关系所假设的对物质的深远转义。这些关系描述了生产最简易的斧子或锅所必需的复杂的神话和仪式模式，揭示了人类与非人类互动所必需的各种社会礼仪和宗教习俗（Lemonnier 1993）。而我们，即使在今天，能否以非转义的方式获得原始物质？我们与自然的互动缺乏仪式、神话和礼

196

仪礼节吗？（Descola and Palsson 1996）科学的血管化是减少了还是增加了？代达罗斯的迷宫变得更笔直还是更蜿蜒了？

认为我们已经使自己实现现代化，势必忽视了大多数科学技术论所审视的案例。任何一项技术的获得都是如此转义，它复杂、谨慎、做作，甚至是巴洛克式的！要为社会化准备人工物，有多少科学（仪式功能的等价物）在其准备中是必要的啊！哪怕只征募一个非人类，必须使多少人、工艺和建制制度到位啊！（如第4章中乳酸发酵，或第3章中链式反应，或第2章中土壤样本的例子。）当民族志学者在描述我们的生物技术、人工智能、微芯片、钢铁冶炼等时，古代的行会和现代的集体就会即刻变得显而易见。如果新旧集体有什么区别的话，那就是我们认为在旧集体中仅仅是象征性的东西，在新集体中则完全是字面意义上的：过去只需要几十个人的语境，现在已动员了数千人；曾经可以走捷径的地方，现在需要更长的行动链。习俗和礼仪礼节变得不是更少，而是更多、更复杂；转义者没有变少，而是增多，而且变得越来越多。

超越造物者神话的最重要结果是：当通过技术委派与非人类交换属性时，我们进入了一种既"现代"又传统的集体的复杂交易之中。如果现代集体和传统集体有什么区别的话，那就是在前者那里，人与非人的关系是如此亲密，事物如此繁多，转义如此错综复杂，以至于无法合理地区分人工物、嵌合体和主体。为解释这种人类与非人类的对称、传统集体与现代集体之间的连续性，必须对社会理论进行某种程度的修改。

批判理论有一种老生常谈的观点，即技术之所以是社会的，是因为它是"社会建构的"——是的，我知道这一点，我也曾用过这个术语，但那是在二十年前，而且我立马公开放弃了它，因为我用"社会的"所指的东西，与社会学家们及其对手所说的完全不同。如果没有精确制定"转义"和"社会的"概念的意义，那么社会的转译概念就是空洞的。如果说社会关系在技术中被"物化"了，那么当面对一件人工物时，我们实际上是在面对社会关系，该断言是一种同义反复，而且是一种非常不可信的说法。如果人工物只是社会关系，那么为什么社会必须通过它们将自身铭写在其他东西上？既然这些人工物是无关紧要的，那为什么不直接铭写自身呢？那是因为批判理论家通过人工物这一媒介，使自身的统治和排斥持续下去，在自然和客观力量的伪装下隐藏自身。因此，批判理论部署了一种同义反复——社会关系就只是社会关系——还为这种同义反复增添了一种阴谋论：社会隐藏在技术的拜物背后。

但技术不是拜物*。技术是不可预测的，是转义者而不是手段，它既是手段也是目的；这就是它们会对社会构造施加影响的原因。批判理论无法解释为什么人工物进入了我们的关系流，为什么我们源源不断地征募非人类并使之社会化。它不是用来镜像、凝固、结晶或隐藏社会关系，而是通过全新的、意料之外的行动来源来重新制造这些关系。社会还没有牢固到能

198 将自己铭刻于任何事物的程度。相反，没有了征募的社会化非人类，甚至无法定义我们所说的社会秩序的绝大多数特征——规模、不对称性、耐久性、力量、等级和角色的分配。是的，社会是建构的，但不是社会地建构的。百万年来，人类将自己的社会关系延展至别的行动素之上，人类与它（他／她）交换大量属性，人类与它（他／她）形成了集体。

一种"仆役"叙事：集体的神话史

跟随这一结合点，应当形成一个社会技术网络的详尽案例研究，但许多这样的研究已经写成。其中绝大多数都没能让人感受到其自身的新社会理论，因为科学大战已经让所有人痛苦地明白了这一点。尽管这些研究做出了英勇的尝试，但许多作者经常被读者误解为是对技术的"社会建构"案例进行编目。读者根据二元论范式来解释从这些研究中找寻出的证据，而这些研究正频繁地颠覆二元论。无论是粗心的读者还是"批判"的作者，都固执地把"社会建构"作为一种解释手段，似乎是因为很难理清"社会技术的"（sociotechnical）这个流行语的各种含义。那么，我想做的是，将其意义层次逐一剥开，并尝试得出它们之间联结的谱系。

此外，在与二元论范式的多年论争后，我已意识到，如果没能用至少看似提供了相同辨析力的范畴来取代被抛弃的范畴，那么没有人愿意放弃独断但有用的二分法（如社会和技术的二分）。当然，我永远无法像主客体二分法已经完成的那样，用"人类—非人类"的组合来完成相同的政治工作，因为事实上正是为了将科学从政治中解救出来，我才开始了这项奇特的事业（详见下一章）。与此同时，我们可以永久抛弃"社会技术集合"（sociotechnical assemblages）这个短语，而不必超越我们希望抛弃的二元论范式。为了继续下去，我必须让读者相信，在解决政治绑架科学的问题之前，还有一种替代进步神话的选择。科学大战的核心是对破坏科学客观性和技术效率的强力指控：那些破坏者正试图让我们退回某个原始的、野蛮的黑暗时代；科学论是某种"反动的"见解——这是难以置信的。

199

尽管进步神话的历史漫长而复杂，但它是基于一种非常原始的机械论（图6.6）。赋予时间之矢以推力的，是现代性终于走出了过去的困惑，即在客体自身的真正存在与人类对客体

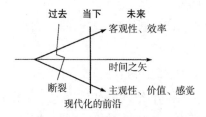

图6.6 在现代主义的进步叙事中，确定性使时间之矢向前推进。该确定性意味着过去与未来不同，因为过去被混淆的事情将变得明晰：客观性和主观性将不再被混淆。这种确定性的结果是现代化的前沿，使人们能够区分倒退和前进。

存在看法的主观性之间的混淆，这种主观性将情感、成见与偏见投射于客体之上。因此，可被称作现代化前沿的东西——如西方前沿，清楚地区分了混乱的过去与未来。这一点毫无疑问会越来越显著，因为它更清楚地将自然律的效率和客观性，与人类领域的价值、权力、伦理要求、主体性和政治区分开来。有了这张地图，科学斗士们对科学论进行定位将毫无困难："因为他们一直坚持混淆客观性和主观性［这是科学斗士们用来指代非人与人的术语］，所以科学研究者们只会将我们引向一个方向，即进入模糊的过去。我们必须通过一场激进的转变运动将自己从这一过去中抽离出来，这场转变使野蛮的前现代性变成文明的现代性。"

然而，在一个有关制图（cartographic）的不可通约性的有趣案例中，科学论使用了一幅完全不同的示意图（图 6.7）。时间之矢得以保留，它仍是强大的、也许是不可抗拒的推力，但一套完全不同的机制使其滴答向前。时间并未进一步澄清客观性与主观性的关系，而是以一种前所未有的亲密程度与规模，使人类与非人类彼此纠缠在一起。时间感、对时间通向何方的定义，我们应该做什么、我们应该发动什么样的战争，在这两张示意图中是完全不同的。因为在我的图 6.7 中，人类与非人类的混淆不仅是我们的过去，还是我们的未来。如果有一件事可以像对死亡和税收一样确定，那就是我们明天将生活在科学、技术和社会的纠葛中，这些纠葛比昨天更加紧密地联系在一起——正如疯牛病事件已经向欧洲牛肉食用者如此清楚地表明这一点。两张示意图间的区别是根本性的，因为现代主义科学斗士认为无论如何都要避免的恐惧——客观性和主观性的混淆——对我们来说却是文明生活的标志。相较于过去，时间在未来加剧混合着人与非人，而非客体与主体。这造就了一个差异化的世界。科学斗士们仍然满怀欣喜地无视这种差异，深信我们试图混淆客观性和主观性。

现在，我又惯常性地在此书中为难。我不得不提供一幅毫不依赖常识资源的替代性世界图景，而我最终的目标只指向常识。进步神话的背后是长达几个世纪的建制化，而我可怜的物源说只受助于少得可怜的图表。然而，我还得继续写下去，因为进步的神话十分强大以至于它终结了所有讨论。

是的，我想再讲一个故事。对于我自己现行的物源说[*]，我分离出 11 个不同的层次。当然，我并不认为这些定义或它们的顺序有任何合理性。我只想表明，客体与主体间二分法的暴政并非不可避免，因为我们有可能想象出另一种二分法不起任何作用的神话。如果我能成功地为想象力提供些许空间，那么我们不会永远被难以置信的进步神话所困。如果我甚至可以开始吟诵这种物源说——我用这个术语来强调它的幻想性，那么我就找到了进步神话的替代方案。进步神话是所有现代主义神话中最强有力的。当我的朋友在第 1 章中问我"与过去相比，我们所知道的是否更多了呢？"时，他正是受这种观点的影响。

201

如果我们的意思是，我们每天都在从事实和社会之间的混淆中进一步摆脱出来的话，那么这个问题的回答就是否定的，我们所知道的并不比过去多。但是，如果我们的意思是，我们的集体正在更深入、更亲密地将自己与人类和非人类的复杂关系联系在一起的话，那么这个问题的回答就是肯定的，我们确实知道得更多。在我们找到进步概念的替代性选择之前（尽管这种选择可能只是暂时的），科学斗士们将永远把声名狼藉的"反动"污名扣在科学论上。

我将用最奇特的方式来建造这个替代方案。我想强调连续的交换，人与非人通过它交换了属性。每一次交换都会导致集体的规模、构成以及人与非人纠缠的程度发生戏剧性的变化。

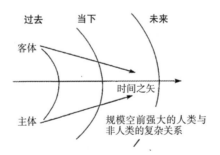

图 6.7　在"仆役"叙事的替代方案中，仍然有一个时间之矢，但其主张与图 6.6 完全不同：相较于过去，客体和主体的两条线在未来变得更加混合，因此带来了不稳定感。取而代之的是，不断扩张的人类与非人类相互联系的规模。

为了讲述这个故事，我将反向打开潘多拉的盒子；也就是说，我将从最新近的折叠类型出发，试图绘制迷宫的地图，直到我们发现最早的（神话的）折叠。我们将会看到，与科学斗士们所恐惧的观点相反，这里不涉及任何危险的倒退，因为所有早期的步骤如今仍与我们同在。这不是主体与客体间骇人的异类杂交，而只是我们人类与非人类的杂合化。

层次 11：政治生态学

在我的物源说中，谈论技术和政治的交叉并不意味着相信物质领域和社会领域有所差别。我只是在揭开关于社会和技术的定义中的第 11 层。人与非人属性交换的第 11 种解释是最容易定义的，因为它是最为字面的意思。在生态危机的背景下，律师、活动家、生态学家、商人、政治哲学家都在严肃讨论，试图给予非人类以某种权利甚至法律地位。就在几年前，注视天空就意味着思考物质或自然。近来，我们看到了一场社会政治的纠葛，因为臭氧层的损耗引发了科学争论、南北政治争论[1]和工业领域的巨大战略调整。现在看起来，非人类的政治表征不仅是合理的，还是必要的，这种想法在不久之前似乎还是荒唐的、不妥的。我们过去常常嘲笑那些认为社会无序，或认为污染会威胁到自然秩序的原始人。我们不再开怀大笑，因为我

1　所谓"发展问题"或"发展矛盾"。——译者注

们不再使用气溶胶，害怕天空会掉下来，砸到我们的头。我们和"原始人"一样害怕由疏忽而引起的污染——当然，这意味着"我们"和"他们"从未原始过。

和所有的交换一样，这次交换混合了来自两端的元素：一端是政治的，另一端是科学技术的。并且，这次混合不再是偶然的重新排列。技术已经教会我们如何掌管非人类的大量装配；我们最新的社会技术杂合体将我们所学到的东西施加为对政治体系的影响。新的杂合体仍然是一个非人类，但它不仅丧失了自身的物质性和客观性，还获得了公民身份的属性。例如，203 它有不受奴役的权利。第一层含义——按时间顺序是最后一个层次——是政治生态学，或者用米歇尔·塞尔的术语来说，是"自然的契约"（Serres 1995）。从字面上看，而不是像以前那样象征地看，我们必须掌管我们所居住的星球，现在必须定义一种物的政治，它将在下一章被讨论。

层次 10：技性科学

当降到第 10 层，我们就会看到，我们目前对技术的定义本身，其实是先前对社会的定义和非人类的特定版本交叉而成的产物。例如，不久前，在巴斯德研究所，一位科学家这样介绍他自己，"嗨，我是酵母 11 号染色体的协调者"。和我握手的那个杂合体，立即变成了一个人（他称自己为"我"）、一个嵌合体（"协调者"）和一种自然现象（酵母的基因、

DNA 序列）。二元论范式不允许我们对这种杂合体进行理解。如果将酵母 DNA 置于一端，将其社会影响置于另一端，那么你不仅不能把握发声者所说的话，而且将错失掌握基因组如何为一个组织所了解、一个组织如何由硬盘中的 DNA 序列而自然化的机会。

我们在这里再次遭遇了交换。尽管这种交换仍可被称为社会技术的，但它是一个不同的种类、行进在不同的方向。对这里我所采访的科学家而言，授予酵母任何权利和公民身份都不存在任何问题。酵母对他而言是一种严格意义上的物质实体。然而，在他工作的工业实验室里，新的劳动组织模式引发了非人类的全新特征。当然，酵母投入生产已经长达千年，如古老的酿造工业所做的那样。但它现在为一个由 30 家欧洲实验室所组成的网络工作。在这些实验室中，酵母基因组被绘制、被人性化和社会化为代码、图书、行动纲领，它与我们的编码方式、计数方式和阅读方式相容，其任何物质性质——局外人（者）的性质——都没有得以保留。它被吸收进集体。通过技性科学——出于此处的目的，我将之定义为科学、组织和工业的混合——由"力量网络"（参见层次 9）得到的协调形式已外延至尚未表达的实体之上。无论多么原始的非人类，都以一种大规模且亲密的方式，被赋予了发声、智慧、远见、自制和规训。社会性以杂乱的方式共享于非人类。尽管在这一模型中，社会技术（参见图 6.8）的第 10 种意义是：自动装置没有任何权利，

204

但它们远不止是物质实体；它们是复杂的组织。

层次 9：力量网络

然而，技性科学的组织不纯粹是社会的，因为在我的讲述中，它们本身概涵了人类与非人类的前九层交换。阿尔弗雷德·钱德勒（Alfred Chandler）与托马斯·休斯（Thomas Hughes）分别追踪了技术、社会因素的相互渗透，并分别冠之以"跨国企业"（Chandler 1977）或"力量网络"（Hughes 1983）的术语。此处再次使用"社会技术的纠缠"一词是合适的。休斯出色地追踪了技术和社会因素的"无缝之网"（seamless web），人们可以用该术语来取代二元论范式。而我的谱系学的要点也是在无缝之网中指认这些属性，包括从社会世界借来的属性，以便将非人类社会化，以及从非人类借来的属性，以便自然化和扩展社会领域。在每一个意义层中，无论如何，似乎都会发生以下情形：我们通过与一方的接触，似乎学到了本体论的属性，接着这种属性被重新导入另一方，产生新的、完全出乎意料的效果。

如果没有物质实体的大规模动员，我们将无法想象电力工业、电信、运输中的力量网络的拓展。休斯的著作是学技术的学生的典范，因为它展示了一项技术发明（电灯）如何导致了一家规模空前的企业的建立（创始者是爱迪生），其辐射范围直接关系到电力网络的物理属性。休斯并没有以任何方式谈论基础设施所引发的上层建筑变化; 相反, 他的力量网络是彻底的杂合体, 尽管是一种特别的杂合体——他们将自身的非人类性质赋予了在此之前弱小的、地方性的、分散的嵌合体。对大量电子、用户、发电站、子公司、电表和调度室进行管理, 具有科学定律般的形式性和普遍性。

第 9 层意义与第 11 层相似, 因为两个层次中的交换大体上都是从非人类到嵌合体。(电子能做的事, 选民也能做。) 但力量网络中人类与非人类的密切性, 不如其在政治生态学中明显。爱迪生、贝尔、福特所动员的实体看起来像物质, 且不具有社会性。然而, 政治生态学涉及社会化的非人类的命运, 这些非人类与我们的关系如此紧密, 以至于它们不得不通过声称自身的合法权利而得到保护。

205

“社会技术的” 第 10 层意义

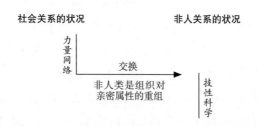

图 6.8 在神话般的物源说中, 每一步骤都可以被描绘为一种交换。这种交换让从社会关系中学到的技能和属性, 与非人类中关系的建立息息相关。按照惯例, 下一步也将进行反向的理解。

层次 8：工业

技术哲学家和技术社会学家倾向于认为，可以毫无困难地定义物质实体，因为它们是客观的，毋庸置疑地由力、元素和原子构成。我们通常认为只有社会领域、人类领域是难以解释的，因为这些领域有着复杂的历史，是他们口中的"象征"领域。但是，我在此处试图表明：无论何时谈论物质，我们实际上都是在考虑一组先前的、社会元素和自然元素之间的交换，以至于我们所谓的"原始的""纯粹的"其实是后来的、混杂的术语。我们已经看到了物质因不同层次而异——在所谓"政治生态学"层次中的物质，与在所谓"技术"或"力量网络"中的物质有所不同。物质并非原始的、不可改变的、与历史无关的，它也有复杂的谱系，并通过漫长而复杂的物源说传递给我们。

我所谓的工业是一种非凡的壮举，那就是将一种更深层次的、我们认为专属于社会的属性拓展给物质。该属性是一种与同类中的他者——也可被称为同种个体（conspecific）——进行交往的能力。当非人类成为行动素装配中的一部分时，它就拥有了这种能力。我们将这种行动素装配称为机器（machine），即一种被赋予某种自治权的自动机，它服从于可用仪器和会计程序进行度量的常规定律。历史的转变就在于，从人类工人手中的工具到机器组装的变化，工具在机器中相互关联，在工厂中创造了大量的劳动和物质关系。马克思将这些工厂描述为地狱圈。在这一阶段的关系中，人类与非人类之间存在一个"异化"或去人化的悖论，就像贫穷与被剥削的人类的弱点首次在一种全能的客观力量面前显露无遗。然而，使非人类在机器装配中相互联系，使之受制于法律并由仪器进行解释，这就意味着赋予它们一种社会生活。

事实上，现代主义方案创造了这种奇特的混杂体：没有任何社会与政治特征的构造性非人类，却能更有效地建立起整个政治体，因为它看起来完全脱离了人性。这种著名的无定形物质在18和19世纪受到热烈追捧。它是由男性——而很少有女性——的聪明才智来塑造并流行开来的，这只是使非人类社会化的众多方式之一。非人类已社会化到这样的程度，即它们现在有能力创造自己的自动机装配，能够检查、测量、推动和触发其他自动机。看起来，它们拥有了完全的自治性。然而，实际上"巨机器"（megamachine）（参见层次7）的属性已经拓展至非人类之上。

只是因为没有对我们的现代世界进行人类学研究，我们才忽视了物质的奇怪而杂合的性质——工业已经掌握和运用了这种性质。我们将物质视为机械性的，忘记了机械论占据着社会[*]的现代定义的半壁江山。一个机器社会？是的，尽管"社会技术的"一词的第8层意义似乎指定了一个没有问题的工业，通过机械来支配物质，但这是迄今为止最奇怪的社会技术难题。物质不是给定的，而是新近历史的创造。

—

层次 7：巨机器

但工业又来自何处？工业既非天赐，也非资本主义客观物质规律的突然发现。我们必须通过"社会技术的"术语更早、更原始的意义来想象其谱系。刘易斯·芒福德（Lewis Mumford）曾提出了一个有趣的观点：巨机器通过指令链、深思熟虑的计划、会计程序组织起大量的人类，它表征着在开发出车轮和齿轮之前必须进行的规模变化（Mumford 1966）。在历史的某个时间点，人类间互动的转义是通过持续追踪的、庞大的、分层的、外化的政治体，通过一系列"智识技术"（主要是书写和计算），以及通过众多嵌套的行动子纲领而实现的。当非人类取代了这些子纲领中的一部分（尽管不是全部）时，机械系统（machinery）和工厂就诞生了。由此看来，非人类进入了一个已经存在的组织，其扮演的角色正是顺从的人类奴仆，在帝国巨机器的征募下，已演练了若干世纪的角色。

在第7层次中，由内在化的生态学（我将在后文简要地对其加以定义）集合的大量非人类已对帝国建筑施加了影响。至少可以说，芒福德的假设在讨论技术史的语境中是有争议的；但该假设在我的物源说语境中很有意义。只有在将行动的一系列子纲领嵌套进另一系列子纲领，而不丢失它们的踪迹时，才有可能给非人类委派行动，并使其在自动机中与另一非人类发生关联。芒福德也许会说，管理先于物质技术的扩张。与我论述逻辑更一致的表述也许是，每当我们学到一些关于人类管理的知识，我们就将其移位至非人类并赋予非人类越来越多的组织属性。到目前为止，我叙述的偶数层次都遵循了这样的模式：工业将从帝国机器学到的人类管理移位至非人类，就像技性科学将从力量网络所学到的大规模管理移位至非人类一样；在奇数层次中发生着相反的过程：再次导入从非人类那里学到的东西以重构人类。

208

层次 6：内在化的生态学

在第 7 层次的语境中，巨机器似乎是一种纯粹的终极形式，它完全由社会关系构成；但随着我们到达第 6 层次并审视巨机器的基础，我们发现了社会关系向非人类（动物的驯化与农业）的最非凡拓展。我所谓“内在化的生态学”是指动植物的高度社会化、再教育与重构——该过程如此强烈，以至于改变了动植物的形状、功能，甚至也经常改变它们的基因构成。与其他偶数层次一样，不能将驯化描述为对某个客观物质领域的突然造访，该领域的存在超出了社会的狭隘界限。为了征募新兴集体中的动物、植物和蛋白质，人们必须先赋予其融合所必要的社会特征。这种特征的移位为社会（村庄、城市）带来了人造景观，这些景观完全改变了以往社会、物质生活的意义。在对第 6 层次的描述中，我们可以谈论都市生活、帝国和组织，但不能谈论社会和技术——或符号表征和基础设施。这一层次所蕴含的改变是如此深刻，以至于我们越过了历史的大门，更深刻地进入了史前的、神话的大门。

层次 5：社会

社会是所有社会解释的起点，也是所有社会科学的先验（条件）。那什么是社会呢？如果我的物源说有所暗示的话，那便是社会不能成为我们终极词汇的一部分，因为必须创造出这个术语本身——"社会建构的"是一种误导性的说法。但根据涂尔干主义的解释，社会确实是自古就有的：社会先于个体行动，它持续的时间比任何互动都长，主宰着我们的生活；我们正是在社会中出生、生活和死亡。它是外化的、具化的，比我们自身都更真实，因此对涂尔干而言，所有宗教和神圣仪式的起源都只是通过形象化（figuration）和神话，对个人互动的超越性的回归。

然而，社会本身也只能通过这些日常互动而建构起来。无论社会变得多么先进、经历多少分化与规训，我们仍在用自己固有的知识和方法来修补社会构造。涂尔干也许是对的，但哈罗德·加芬克尔（Harold Garfinkel）也是对的。或许，根据我的谱系中的生成性原则，解决方案就是寻求非人类。（生成性原则的明确表达是：当某个社会特征的出现令人费解时，那就寻找非人类；当某类莫名其妙的新客体进入集体时，那就考察社会关系的状况。）涂尔干误认为自成一派的（sui generis）社会秩序的效应，仅仅是把如此众多的技术运用到我们的社会关系之中。我们正是从技术（嵌套若干子纲领的能力）中，学到了独特的社会秩序对生存与扩展，对接受角色、履行功能而言意味着什么。通过将这种能力重新引入社会的定义中，我们学会了将其具体化，使社会独立于快速变化的互动。我们甚至学会了如何把将我们归入角色和功能的任务委派给社会。换言之，社会存在着而非社会地建构着。非人类在社会理论的最底层增殖着。

层次 4：技术

到了我们思辨谱系的这个阶段，我们不再谈论人类，不再谈论解剖学意义上的现代人类，而只谈论社会性的前人类（prehumans）。最后，我们终于能够在操作方法的意义上，适当精准地定义技术。我们从考古学家那儿学到的技术，是已被表达的，（时间上）生存而（空间上）拓展的行动子纲领。技术并非意味着社会（发展较晚的杂合体），而是一个半社会性的组织。它将出自不同季节、场点和物质的非人类聚集在一起。弓箭、标枪、锤子、网、衣物都由零部件构成，这些零部件需要按照时空顺序进行重新组合，而它们的原初设置与这些时空顺序毫无关系。当工具和非人行动素通过某个组织进行加工，即提取、重新组合和社会化时，它们身上所发生的正是技术。即使最简单的技术也是社会技术；即使在"社会技术的"意义

210

的最原始层次中，组织形式都与技术姿态（technical gestures）密不可分。

层次 3：社会繁杂性

何种形式的组织可以解释上述的重组？回想一下在该阶段中，没有社会、没有总体框架、没有角色和功能的分配机制；只有前人类之间的互动。雪莉·斯塔姆（Shirley Strum）和我将这第 3 层次称为社会繁杂性（Social Complication）（Strum and Latour 1987）。在这里，为特定目的而征募的非人类标记并追随着复杂的互动。其目的何在？非人类使社会磋商稳定下来。非人类既有可塑性，又是持久的；它们可以被很快地形塑，但一旦成形，将会比构造它们的行动更加持久。社会互动是非常不稳定且短暂的。更准确地说，它们要么是可磋商但短暂的，要么是极其持久但难以再磋商的——例如当它们被编码进基因构成中时。非人类的介入解决了持久性和磋商性之间的矛盾，这让重组高度复杂任务、彼此嵌套子纲领、追随（或"黑箱化"）互动成为可能。复杂的 * 社会动物不可能完成的事情，在前人类那儿就有可能完成——前人类使用工具不是为了获取食物，而是为了固定、强调、物质化和追踪社会领域。虽然社会领域仅由互动组成，但它通过征募非人类（工具，即持久性的某种衡量标准）而变得可见、可获得。

层次 2：基本工具箱

无论工具本身来自何处，它们都提供了代表数十万年的唯一证据。许多考古学家延续着这样的假定：通过从工具到复合工具的演进，（我所谓的）基本工具箱与技术便直接相关了。但是，没有从火石通向核电站的直达路线。此外，也没有许多社会理论家所设想的、从社会繁杂性通向社会、巨机器、网络的直达路线。最后，亦没有一组平行的历史———基础设施的历史和上层建筑的历史，而只有一个社会技术的历史（Latour and Lemonnier 1994）。

那么，工具是什么呢？它是社会技能向非人类的拓展。马基雅维利式的猴子与猿在技术方面掌握得不多，但它们能通过操纵和修改彼此的复杂策略而设计出社交工具（汉斯·库尔默曾这么说；Kummer 1993）。如果你将同样的社会复杂性赋予了我神话学中的前人类，那么你也承认了他们能够生产工具，而他们生产工具的方式是将该能力移位到非人类之上，如把某块石头当作一位社会伙伴，改造它，然后将它作用于第二块石头。前人类的工具与其他灵长类动物的临时用具（ad hoc implement）不同，前者还表征了已在社会互动中演练的技能扩展。

层次 1：社会复杂性

我们终于到达了马基雅维利式的灵长类动物层次，代达罗斯迷宫中的最后一个迂回。在这里，它们为修复不断衰败的社会秩序而参与社会互动。它们为在群体中生存下去而操纵彼此，所有由同种个体组成的群体都处在持续相互干涉的状态（Strum 1987）。我们把该状态、该层次称作社会复杂性。我将把它留给大量讨论灵长类动物学的文献，以表明这一阶段与工具、技术的接触，并不比其他任何后期阶段更少（McGrew 1992）。

不可能而又必要的概括

我知道我不该写这一节。我应当比任何人都明白：剥离"社会技术的"不同意义，并且用一张单一的图表来概括其全部，这是一种疯狂的举动，就像我们一眼就能窥尽世界历史。然而，我们总是惊讶地发现，除了宏大的进步图景，我们几乎没有其他选择。我们可能会讲一个与衰败、颓废相关的悲惨故事，仿佛在科技发展的每一步，我们都在走下坡路，远离人性。海德格尔就是这么做的，他的叙述有着全部颓废故事所具备的忧郁而强大的吸引力。我们也可以放弃讲述任何主叙事（master narrative），以物总是地方性的、历史的、偶然的、复杂的、多视角的为借口，把所有这些放入一个极度悲伤和落魄的方案中是一种犯罪。但这种明令禁止从来都不那么有效；因为在我们的内心深处，不管我们对存在的极端多样性有多么坚定的信念，总有什么东西会偷偷把一切都聚集在一个小包裹（bundle）里，这个包裹可能比我的图表还要简略——包括后现代的多重性和多视角的场景设计。这就是我反对禁止主叙事的原因，我坚持讲述"仆役"叙事的权利。我不指望成为一个理性的、受人尊敬的、通情达理的人。科学因政治目的而被绑架、被藏匿，我不认同这种政治目的。我所做的就是找出科学的藏匿之所，以便同现代主义相对抗。

我的另一个借口是，涵盖了长达数万年的调查竟如此简短！如果将我简要介绍概括过的不同层次聚集在一张表中，我们可能会给予这样的故事以某种意义：我们走得越远，我们所生活的集体就越能被表达（参见图6.9）。可以肯定的是，我们没有朝着一个有着更多主观性或客观性的未来向上攀登。但我们也不会走下坡路，被逐出人性的伊甸园，同诗性渐行渐远。

即便我概述的思辨理论是完全错误的，但它至少表明了，想象一种二元论范式的替代性谱系是有可能的。我们不会永远被困于客体（物质）与主体（符号）之间无聊的更替中。我们没有局限于"不仅……而且……"式的解释。我的起源神话表明，不可能有不包含任何社会关系的人工物，也不可能在不解释非人类在其中扮演的重要角色的情况下，对社会结构进行定义。

此外，更为重要的是，该谱系表明许多人所主张的观点是错误的。该观点认为，一旦我们放弃社会与技术的二分，我们就会面临一个囊括所有因素的无缝之网。人类属性和非人类属性不能随意互换。不仅属性的交换有一定的次序，而且如果我们考虑了交换，那就需要阐明"社会技术的"一词11个层次

213 的全部意义：那些从非人类那里学来的东西再次输入社会领域；那些在社会领域中演练过的东西重新进入非人类。非人类也有历史，它们不是物质客体或制约因素。"社会技术"的第1层意义（社会技术 [1]）与它其他层次的意义（社会技术 [6]、社会技术 [7]、社会技术 [8] 或社会技术 [11]）不同。对于那些直到现在

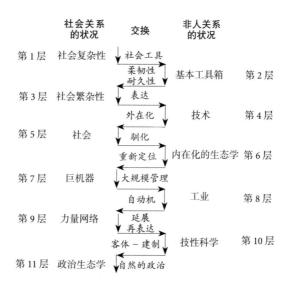

图 6.9　如果要总结连续的交换过程，就会得到这样的模式：人类关系是由先前使非人类彼此联系的关系集合制造而成的；然后，这些新技能、新属性被重新使用，构成非人类之间新的关系类型，以此类推；在每一个（神话的）阶段中，规模和纠缠都有所增加。该神话的关键特征是：在最后一个阶段中，我们对人类与非人类的定义应该概括了先前历史的所有层次。我们走得越远，人类和非人类的定义就越不纯粹。

仍被无可救药地混淆着的术语，我们可以通过添加上标来限定
该术语的意义。可以想象（事实上，现在已可获得）在社会技
术杂合体的诸多不同意义之间有一系列的横向区别，以此替代
社会与技术之间巨大的垂直二分。鱼和熊掌兼得也是可能的，
即既是一元论者，又能有所区别地对待。

214

所有这些并不是说以前的范式——旧的二元论，没有什么
可以为自己辩解的。我们确实在社会状态和非人类关系状态之
间交替，但这与在人性和客观性之间的交替是不同的。二元论
范式的错误在于其对人性的定义。在很大程度上，甚至连人类
的形态（我们的身体）都由社会技术磋商与人工物所构成。想
象人性和技术的对立，实际上是企图远离人性：我们是社会技
术的动物，每一次人类的互动都是社会技术的。我们从未受限
于社会的束缚；我们从来不会只面对客体。这最后一张图将人
性权利重新定位在我们所属的地方——它位于交换（图 6.9 中
间的一列）、表达与转义者之间进行转义的可能性之中。

但我的主要观点是：在我追踪的 11 个层次的每一层次中，
越来越多的人类和越来越多的非人类混合在一起，以至于在今
天，整个星球都在参与政治、法律的制定，我推测将来还会参
与道德规范的制定。现代性的幻觉就在于相信我们成长得越多，
主观性和客观性就会更加分离，从而创造出一个与我们过去截
然不同的未来。在科技概念发生范式转变后，我们现在明白了
这种幻觉永远都不会成为事实，事实上它从来就不是事实。主

观性和客观性不是对立的，它们不可逆地共同成长着。至少，我希望我已经说服读者：如果要迎接我们的挑战，那么我们将不会通过把人工物视为物的方式来迎接它。它们应得到更好的迎接方式，它们应当作为成熟的社会行动者，安置于我们的智识文化。它们转义了我们的行动吗？不，它们就是我们。我们的哲学、社会理论和道德规范的目标是发明这样的政治建制，它能吸纳这么多历史、这一巨大的螺旋运动、这个迷宫、这般命运。

不幸的是，我们现在要处理棘手的问题：我们没有一个可以回答这个非现代历史规格的政治定义。相反，我们对政治的每一个定义都来自现代主义配置，来自我们已经发现的如此匮乏的、关于科学的争议性定义。每一件用于科学大战的武器，包括科学与政治的区分，都被我们想要反对的一方传递给战斗人员。难怪我们一直失败，还受到将科学政治化的指控！认识论不仅使科学技术的实践变得不透明，也使政治变得不透明。我们很快就会看到：对暴民统治的恐惧、强权与公理的对立，这些众所周知的图景，都是由旧配置整合而来的，它们使我们实现现代化，并绑架了科学实践；这一切都是为了最难以置信的政治方案——废除政治。

7 发明科学大战：苏格拉底与卡利克勒的和解

"如果公理无法获胜，那么强权就会取而代之！"多少次我们听到这种绝望的呼唤？在面对每天目睹的恐惧时，我们以这种方式呼唤理性是多么合情合理。然而，这种呼唤也有历史，一种我想要进行探究的历史，因为这样做可以让我们再次区分科学与政治，同时也许还能解释为什么要发明这种不切实际的、无能的、非法的、天生麻烦的政治体。

说这种集结性呼唤有历史，并不意味着它在快速发展。相反，几个世纪后的它可能都纹丝不动。它的速度类似于费马定理、板块构造或冰川作用的速度。例如，苏格拉底在著名的《高尔吉亚篇》对话中面对智者卡利克勒（the Sophist Callicles）的慷慨陈词，与史蒂芬·温伯格最近在《纽约书评》中所说的具有相似性：

> 自然受客观定律的严格支配，这一发现有力地影响了我们的文明……如果想避免仍困扰着人类的非理性倾向的影响，我们需要确证和强化理性理解的世界愿景。（August 8, 1996, 15）

苏格拉底著名的忠告是不要忽视几何学！（geometrias gar ameleisl！）

事实上，卡利克勒这位专家认为天和地、神和人是由合作、爱、秩序、节制和公理联系在一起的。我的朋友，这就是为什么他们将宇宙视为有序的整体，而非无序的混乱或失控的暴乱。在我看来，尽管你在这个领域富有专长，但你忽略了这一点。你没有注意到几何等式对神和人而言有多么重要，这种忽视使你相信我们应该致力于获得不成比例的事物份额。 (507e-508a)

这两段引文跨越了多个世纪的巨大鸿沟，其共同点在于它们在尊重客观的自然法则和反对非理性、不道德与政治失序之间建立了强有力的联系。在这两段引文中，理性和政治学是同命运、共呼吸的。攻击理性会让实现道德和社会和平失去可能性。公理保护我们不受强权的伤害；理性反对内战。二者共同的信条在于我们需要一些"非人类"——对温伯格来说，是无人建构的自然法则；对苏格拉底来说，是避免人类异想天开（例如，异想天开地要对抗"非人性"）的几何学演示。总结一下：只有非人性才能摒除非人性。政治体随时面临着暴民的威胁，只有无人制造的科学才能保护政治体。是的，理性是我们的壁垒，是我们的中国长城，是我们对抗危险失控的暴民的马奇诺防线。

我所谓"非人性对抗非人性"这一条推理线，在一开始就受到攻击，这种攻击的来源从智者学派（柏拉图对其进行了全方位的抨击）一直延续到那帮被指控为"后现代主义"的形形色色之人。顺便说一句，指控后现代主义与诅咒"智者"都是含糊其辞的。过去和现在的后现代主义者试图打破一种联系，它建立在宇宙自然法则的发现与确保公民在政治体中安居乐业的难题之间。一些人声称在非人性之上增加非人性只会增加痛苦和内乱，所以应当开始与科学和理性进行坚决的斗争，以保护政治不受科学技术的侵害。还有一些人试图证明，暴民统治、政治体暴力随处污染科学的纯洁性，使科学日益人性化以至于太人性化了，也使本应由科学平息的内乱日益成为科学内部的杂质。这些人是当前公开攻击的目标，但很遗憾的是，我经常被错误地归为该类人的一员。其他像尼采这样的人，无耻地接受了卡利克勒的立场而反对堕落的、说教的苏格拉底，声称只有暴力才能让暴民及其随从的牧师和其他愤愤不平之人屈服。很遗憾，这群人中包括像温伯格这样的科学家和宇宙学家。

218

然而，这些批评都没有同时指向科学的定义及其所暗含的政治体的定义。科学和政治体都接受或至少其中一个接受了非人性，争议只在于二者之间的联系或者二者联系的权宜性（expediency）。在接下来的两章，我想追溯所谓公理对抗强权的舞台设计的起源，看看这一幕最初是如何上演的。换句话说，我想尝试巴甫洛夫条件反射式的考古学，这种条件反射使任何科学论的讲座都会引发观众的这些疑问："那么你想让力量独自决定证据问题？那么你是赞成暴民统治而反对理性理解？"真的没有别的办法吗？是否真的不可能建立起其他的条件反射和智力资源吗？

要在这一谱系上有所突破，没有比《高尔吉亚篇》更合适的文本了，因为苏格拉底和卡利克勒之间的唇枪舌剑建立了这方面最出色的谱系，尤其是由罗宾·瓦特菲尔德（Robin Waterfield）生动翻译的版本（Oxford University Press, 1994）。这场争论得到了希腊后来所有智者、罗马和我们这个时代的许多思想家如查尔斯·佩雷尔曼（Charles Perelman）、汉娜·阿伦特（Hannah Arendt）等人的评论。当我读《高尔吉亚篇》时，并没有把自己当成一个希腊学者（不把自己视为希腊学者的原因将变得非常清楚），而是把它当成几个月前发表在《纽约书评》上的一篇为科学大战煽风点火的文稿。与公元前385年一样新鲜，《高尔吉亚篇》所涉及的谜题与困扰当今学术界和当代社会的谜题如出一辙。

这个谜题简单来说便是，希腊人的某项发明太多了！他们发明了民主和数学证明，或者用芭芭拉·卡森（Barbara Cassin）出色的评论来说，他们发明了演讲*（epideixis）和推理*（apodeixis）（Cassin 1995）。直到"疯牛病时代"的我们仍有类似的困窘，即如何将科学和民主相结合。我所谓苏格拉底与卡利克勒之间的和解，使政治体无法同时容纳这两项发明。如果能改写这一和解，那么我们也许最终能同时从两方受益，这比希腊人要幸运一些。

要重温强权与公理这一"最初场景"，恐怕我们需要详细　219
遵循对话的进程。这个故事的结构很清晰。三位智者依次反对
苏格拉底，并被一个个地驳倒：高尔吉亚有点疲惫，因为他刚
做了一次演讲；波卢斯（Polus），有点迟钝；最后是三个中最
难搞定的卡利克勒，他很出名，也很臭名昭著。最终，中断讨
论的苏格拉底自言自语地诉诸来世的阴影（shadow），只有这
些阴影才能理解苏格拉底的立场并作出判断。正如我们将看到
的，这一点有很好的缘由。

我的评论不会总是依照对话的时间顺序，而是主要关注卡
利克勒。在我看来，这场讨论有两个经常被忽视的特征。第一
个是苏格拉底和卡利克勒在任何事情上都意见一致。苏格拉底
对非理性之人援引理性，实际上是效仿卡利克勒对"权力的不
平等共享"的请求。第二个是在四位主人公的发言中，仍有可
能识别出适用于政治的若隐若现的适切条件，而卡利克勒和苏
格拉底（至少作为柏拉图木偶秀中的卡利克勒和苏格拉底）都
尽力消除了它。这将是第 8 章的重点，我将在那一章试图表明
如果赋予科学和民主另一种定义，那么政治体将会有非常不同
的行为。一门终于从政治劫持中解放出来的科学？甚至更棒，
一个终于从科学的去合法化（delegitimation）中解放出来的政
体？这的确值得一试，谁都不可否认这一点。

苏格拉底与卡利克勒 VS. 雅典人民

民众之恶

我们习惯于将强权与公理对立起来，并在《高尔吉亚篇》中寻找两者对立的最好例证，但忽视了苏格拉底和卡利克勒有一个共同的敌人：雅典人民，即聚集在广场上的人群，他们无休止地交谈、随心所欲地制定法律，有着像孩子、病人、动物般的举止言谈，随风向改变而更改观点。苏格拉底指责高尔吉亚和波卢斯是人民的奴隶，指责像卡利克勒这样的人除了愤怒的人群塞进他嘴里的话外无话可说。但当轮到卡利克勒发言时，他也指责苏格拉底是雅典人民的奴隶，忘记了是什么使高贵的主宰者优越于乌合之众（hoi polloi）："苏格拉底，尽管你声称追求真理，但实际上你把讨论引向了不成熟的、不足以有大众吸引力的伦理观念。这些伦理观念完全出自习俗而非自然。"（482c）

两位主人公针锋相对，都试图避免打上致命指控的烙印：这与雅典的人民、普通人民、卑贱的体力劳动者毫无二致。正如我们将看到的，他们很快就在如何最好地打破多数决定原则方面产生了分歧，但都赞成打破人群决定原则。在这场应当与民众保持多少距离的较量和争论方面，似乎是屈尊俯就、疲惫不堪的卡利克勒败下阵来：

卡利克勒：我不知道怎么回事，苏格拉底，但我认为你说得很好。尽管如此，我还是和人们一样，没有被你完全说服的感觉。

苏格拉底：卡利克勒，是你心中的**民众之爱**在抗拒我。

(513c)

显然，人民的爱并没有使苏格拉底窒息！他有办法打破势不可挡的多数决定原则。他的心中所抗拒的如果不是"民众之恶"，又该是什么呢？如果把卡利克勒和苏格拉底给平民人群标记的所有贬义词都列一个清单，你很难看出二者谁最鄙视人群。是因为集会中夹杂了妇女、儿童和奴隶，人群才应该受到这种鄙视吗？是因为他们用双手进行工作，还是因为他们像婴儿一样改变主意，想像免责的儿童一样得到宠溺和过多摄食？所有这些确实都是原因，但在我们两位主人公看来，他们最糟糕的品质是更初级的：人民最大的本质缺陷在于他们人太多了。"那么，修辞学家，"苏格拉底平静而傲慢地说，"并不会在法庭和其他集会中教导人民分辨对错；他只想说服他们。我的意思是，我不认为他有可能在这么短的时间内让这么多人明白如此重要的事情"（455a）。

是的，他们人太多了，问题太重要了 [megala pragmata]，而时间太少了 [oligo chrono]。然而，这些难道不是政治体的常态吗？发明政治的精妙技巧，难道不正是为了应对这些数量众

221

多的人、紧迫性和优先性的特定情境吗？正如我们将在第 8 章看到的，这些问题得到的回答都是"是的"，但这不是苏格拉底和卡利克勒所采取的策略。由于对这些数量众多的人、紧迫性和重要性感到恐惧，他们一致采用了另一个激进的解决方案：打破多数决定原则并逃离它。正是在这个节骨眼上，强权与公理之争被发明出来，这种"喜剧艺术"的舞台设计将长期取悦许多人。

由于柏拉图机智的舞台表演（机智到这一表演甚至在今天的校园阶梯教室里仍在上演），我们必须区分卡利克勒扮演的两个角色，这样就不会把苏格拉底试图使智者陷入绝境的立场归于智者——智者们友好地接受了这个立场，因为柏拉图同时掌握着对话中的所有木偶线。相信柏拉图口中的智者，就好比从科学斗士的传单中还原科学论本身！因此，我把扮演苏格拉底陪衬角色的卡利克勒称为稻草人卡利克勒；把带有智者所创造的精确适切条件的特征，并使这种适切条件在对话中显现出来的卡利克勒称为积极的、历史的或者人类学的卡利克勒。稻草人卡利克勒是民众的强大敌人和苏格拉底的完美对手，而人类学的卡利克勒将使我们重拾政治实话实说的一些特定性。

如何最好地打破多数决定原则

众所周知，卡利克勒的解决方案是一种古老的贵族解决方案，以尼采式金发野兽（blond brute）清晰而天真的方式呈现，金发野兽起源于掌控者种族。但我们不应该被舞台上发生的事情迷惑。卡利克勒并不推崇将其理解为"纯粹力量"的强权；他推崇的是能弱化强权之物。他在寻找一种比强权更强大的强权。我们应该精确地遵循卡利克勒所使用的技巧，因为好苏格拉底不顾坏卡利克勒的冷嘲热讽，他还是效仿了卡利克勒对同一问题的解决方案：对双方来说，除了为暴民制定和由暴民制定的习惯法外，还有为精英保留的自然律，这使高尚灵魂不负有对民众的责任。

222

在对社会生物学某些方面的远见卓识中，卡利克勒将自然置于人类历史之上：

> 但我认为，我们必须通过审视本性来找到下列说法的证据：强者就应当比弱者、越有能力的人就应当比没有能力的人得到更多东西。这一点有广泛的证据。所有动物对公理的定义都与人类社会和国家的一样：强者支配弱者，并拥有比弱者更多的东西……这些人的行为可能违反了我们的人为法则，但肯定符合公理的自然本质 [kata phusin]，甚至可以说符合自然律 [kata nomon ge tesphuseos]。
>
> （483c-e）

然而，这并不是关于强权的充分定义，苏格拉底和卡利克勒随即也明白了这一点。不充分的原因很简单，也很自相矛盾：诉诸自然法则优越性的卡利克勒，却在体格上弱于人群。苏格拉底嘲笑说："想必你不会因为他们比你强壮，你就认为两个人好于一个人，或者说你的奴隶们好于你。"（489d）"当然，"卡利克勒说，"我的意思是更优越的人更好。我不是一直都在跟你说，我眼中的'更好'和'更优越'是同一个意思吗？你觉得我还说了什么？难道我在说法律由陈述所组成——这些陈述来源于奴隶和其他各种人类废物的集会，而这群人如果不是身强体壮就会被完全无视？"（489c）

这里注意不要引入后面的道德争论，我们应该专注于卡利克勒逃离多数决定原则的途径。卡利克勒对超出控制的自然法的吁求，极其类似于我在这一章开头所说的"以非人性摒除非人性"。剥去它的道德维度（这将在后面的对话中加入，而这种加入是出于舞台考虑，而非逻辑的），卡利克勒的请求就成为对某种力量的动人吁求——这种力量比集会人民的民主力量更强大，而苏格拉底在总结卡利克勒的立场时出色地定义了这种力量：

苏格拉底：那么，你的立场是这样的：一个聪明的人几乎注定要优于一万个傻瓜；他应当拥有政治权力，而一万个傻瓜应当成为他的臣民；这样一个有政治权力的人相比于自己的臣民，拥有更多的东西是再合适不过的。我并不是在对你的话断章取义，但我想这就是你的意思——单一的个体优于一万个他者。

卡利克勒：是的，我就是这个意思。在我看来，这就是自然的公理——更好、更聪明的个体应当统治次等人并拥有比后者更多的东西。（490a）

因此，当强权以尼采式卡利克勒的身份出场时，它并不像褐衫队（Brownshirts）那样在实验室里摧毁一切，如同认识论者在思考科学论时便陷入梦魇。相反，它作为精英主义者和专家的强权，打破暴民统治的瓶颈，并强加一种优越于所有传统财产权利的公理。当在舞台上唤起强权时，强权并不是对抗理性的人群，而是对抗人群、对抗无数傻瓜的个人。在尼采有名的忠告里，他巧妙地得出了这一悖论的寓意："应该永久保护强者免受来自弱者的伤害。"没有比强权噩梦更加精英主义的了。

正如我们经常注意到的，卡利克勒走的自然是高贵模式，这种贵族式的教养造就了柏拉图的美德。高贵所赋予的根深蒂固的品质和与生俱来的地位，使掌控者与乌合之众得以区分开来。但通过诉诸优于该法则的法则来补充教养，卡利克勒极大地改变了经典模式。定义精英不仅要看过去和祖先，还要看与自然律的联系程度——这里的自然律与奴隶的"社会建构"毫不相干。当卡利克勒落入苏格拉底设下的所有陷阱时，我们总是笑得前仰后合，却看不到二者在提供超出控制的、非人为的自然律方面是多么相似："该拿我们当中最优秀的、最强壮的人怎么办？"卡利克勒问道。

趁他们还年幼时，我们就把他们像幼狮一样抓来，塑造他们，并通过念咒语将之变成奴隶。这些咒语的内容是他们必须与他人平等，而平等是可敬的、符合公理的。但我确信，如果一个人天生足够强大，他就会摆脱所有这些限制并将其粉碎，从而赢得自由；他会把我们所有的规则、符咒、咒语和非自然的法则扫进垃圾桶；这个奴隶会站起来，使自身成为我们的掌控者；公理之光 [to tesphuseds dikaion] 将从此闪耀前行。　（483e-484b）

224　这类话语败坏了卡利克勒的很多名声，但当击败了他的万名傻瓜时，苏格拉底同样也会有一种"摆脱"非理性、"闪耀前行"的冲动——即使是坏教育也不能破坏这种失控的冲动。如果移除卡利克勒不道德的外衣，使之在台下用安提戈涅（Antigone）纯洁的白布换掉那粗野多毛的假发，那么我们就不得不注意到卡利克勒的请求和反对克瑞翁（Creon）的请求一样优美，许多道德哲学家为后一种请求流下了无数的泪水。两种请求都认为在天性良善者的心中，"社会建构"的畸变（deformation）并不能阻止自然律的"闪耀前行"。长远地看，高贵之心将战胜人为的习俗。我们鄙视卡利克勒这类人，赞美苏格拉底、安提戈涅这类人，只是为了掩盖一个简单的事实，那就是他们无一例外地都希望独自对抗人民。我们不满于公理缺位时所出现的所有人对所有人的战争，但忽视了这场苏格拉底和卡利克勒两个人对所有其他人的战争。

记住这个小小的警告，我们现在就可以换一种视角来看苏格拉底的解决方案。可以肯定的是，当在舞台上嘲笑卡利克勒对无限强权的呼求时，苏格拉底忙得不可开交："不过，你能回到开头再说一下，你和品达（Pindar）所说的自然公理是什么意思吗？不知道我是否记错了，你所谓的自然公理是指强者用暴力抢夺弱者的财产，优者统治劣者，不平等分配好的品行并使高贵者比低贱者拥有得更多？"（488b）

当看到这种强权吞噬普通公民权利的威胁时，所有观众都惊恐地尖叫起来。但苏格拉底自己的解决方案有何严格意义上的不同呢？故技重施，让舞伴们穿着便服而非惊艳的道德外衣，在舞台上待一会儿，仔细听听苏格拉底是如何抵制同一聚集人群的。这一次是可怜的波卢斯遭受了电鳗（numbfish）般的刺痛：

> 波卢斯，问题是你试图用修辞来反驳我，这种反驳对**法庭上的人**来说是成功的。你看，人们也认为如果能有大量德高望重的证人来支持自己的观点，而对手只有一个证人或者根本没有证人，那么他们就驳倒了对方。然而，这种反驳在**真理的语境** [outos de o elegchos oudenosaxios estinpros ten aletheian] 中一无是处，因为完全有可能出现这种情形：驳倒对方靠的是，一群表面上体面的证人在法庭上进行错误的指证。（471e-472a）

225

他的立场常常令人敬佩！多少人颤抖地评论个人在对抗一大群人时所展现出来的勇气，这种场景就像圣吉纳维芙（Saint Genevieve）用她那纯粹美德之光抵挡阿提拉（Attila）的人群！是的，这是令人钦佩的，但卡利克勒对自然律的吁求也值得同等程度的钦佩。他们拥有同一的目标。即使在对力量主宰的最疯狂定义中，卡利克勒也从未幻想过如苏格拉底所要求的知识那般享有的权力地位，即支配性、排他性、无可争议性。苏格拉底吁求的是一种巨大的权力，可与医生对人体知识的权威相提并论，因为它能征服其他所有形式的专业知识和技能（know-how）："他们没有意识到这种专业知识应当占有主导地位，应当自由使用所有其他技术的产品，因为它知道哪些食物和饮料能促进良好的身体状态，哪些不能，而其他知识都不知道这一点。这就是为什么其他知识只适用于奴性的、辅助性的和屈辱的工作，而且它们服从于训练和医学是符合公理的、理所当然的。"（517e-518a）

真理入场，广场清空。个人可以战胜其他所有人。与在"贵族的语境"中一样，在"真理的语境"里，某种力量（是的，某种力量）击败了一大群人，这种力量优于民众的声望和体力，也优于他们无尽而无用的实践知识。如前所述，初登舞台的强权并不是人群的一方，而是对抗人群的个人一方。当真理进场时，它不是作为个人来对抗其他所有人，而是作为一种客观的、超验的自然律，一种比强权更强大的强权。它们的论点压倒其余的一切，因为它们是理性的。这是卡利克勒没有做到的——
几何等式的力量："你忽略了几何，卡利克勒！"这个年轻人
再也无法从这一重击中恢复元气。

　　在这场对话中，柏拉图的英雄们所提出的两种解决方案带
有诸多相似点，表明了卡利克勒和苏格拉底的所作所为好比连
体婴儿。苏格拉底将卡利克勒对民众的奴性依附，与他自己对
哲学的奴性依附相提并论："我爱克里尼亚斯（Cleinias）的儿
子阿尔基比亚德（Alcibiades）和哲学，而你所爱的是雅典民众
和皮里兰佩（Pyrilampes）的儿子德摩斯（Demus）……因此，
请你别对我所说的感到诧异，而是应当阻止我所喜爱的哲学来
表达这些观点。你看，我的朋友，哲学不断重复着我刚刚所说
的观点，而且她远比我的其他相好更加忠诚。我的意思是，阿
尔基比亚德在不同的时间说不同的事情，但哲学的观点永远不
变。"（481d-482a）

　　在反对雅典人民、阿尔基比亚德和其他人的左右摇摆时，
苏格拉底总是立于不败之地。尽管苏格拉底对之冷嘲热讽，但
卡利克勒也是如此看待自然律的——自然律使卡利克勒不受集
会民众左右摇摆的影响。苏格拉底和卡利克勒的立足点当然有
很大不同，但这种差异应有利于真正的人类学卡利克勒，而不
利于苏格拉底：苏格拉底的立足点固定在虚无缥缈的、充满阴
影与幽灵的彼岸世界（afterworld）之中，而卡利克勒至少抓牢
了政治体严实的抵抗物。这两个立足点谁更稳固？虽有些不可

226

思议，但柏拉图成功地使我们相信苏格拉底的更为稳固！

正如经常注意到的那样，这一对话的美妙之处主要在于两个平行场景间的针锋相对：一个场景是卡利克勒嘲笑苏格拉底无法在此岸世界的法庭上为自己辩护，而另一个场景发生在对话的最后，苏格拉底嘲笑卡利克勒无法在彼岸世界的冥界（Hades）法庭上为自己辩护。第一轮交锋：

> 苏格拉底，你忽略了不该忽略的事情。看看自然赋予你的高贵气质！然而你却因为行为举止像一个青少年而远近闻名。你不能在司法委员会上发表一次恰当的演讲，或者提出一个可信的、有说服力的吁求……关键是，如果你或你的同类被抓住并送进监狱，被不公正地指控犯有某种罪行，那么你将无能为力——无法为自己做任何事情。我相信你很清楚这一点。你头晕目眩、目瞪口呆，不知道该说些什么。 (485e-486b)

来自人群的不公平指控使自己哑口无言，这对希腊人来说确实是一种糟糕的情形。请注意，卡利克勒并非指摘苏格拉底过于清高，而是指摘他是一个无能的、卑微的和愚蠢的青少年。卡利克勒从古老的贵族传统中汲取资源——一种与生俱来的演讲天赋，这使他能发出公理的声音并反对"低贱公民"所创造的习俗。

为反驳这一点，苏格拉底不得不等到对话结束，并且放弃有关问题和答案的辩证法，转而讲述了一个英雄迟暮（crepuscular）的故事。最后一轮交锋：

> 我认为这是你的一个缺陷，当你接受我刚才所说的审判和评估的时候，你将无法为自己辩护。当你接受伊齐那（Aegina）之子（拉达曼堤斯 [Rhadamanthys]）的审判，他抓住你并把你带走时，在那个世界的你会头晕目眩、目瞪口呆，不亚于我在这里的表现，而且可能有人会扇你耳光并虐待你，就像你是一个毫无地位可言的无名小卒。

(526e-527a)

毫无疑问，舞台上效果很美，裸露的阴影在纸糊的地狱中来回踱步，空气中弥漫着人造烟雾和雾气。"但有点晚了，苏格拉底，"历史学的、人类学的卡利克勒可能反驳道，"因为政治无关幽灵世界的裸露死者及来自宙斯的半个儿子对该死者的审判，而与在阿提卡（Attica）灿烂的阳光下，穿着衣服的、同其朋友聚集在广场的、有地位的活人试图现场实时决定下一步该做什么有关"。但现在，愉快的巧合使柏拉图终结了稻草人卡利克勒，也终结了辩证法和对"自由发言共同体"的吁求。当面临惩罚时，苏格拉底以一种富有辞藻而又备受鄙视的方式自言自语（465e）。

遗憾的是，对话的结尾是对政治阴影进行可敬但又空洞的呼吁，因为原本卡利克勒能揭示出，苏格拉底也在运用卡利克勒那自私自利的、言过其实的享乐主义主张来定义他与人民打交道的方式。这类主张使卡利克勒备受剧院观众的鄙视。苏格拉底说："然而，我的朋友，我想我最好是成为一个音乐家，拥有一架跑调的七弦琴；或成为一名唱诗班指挥，指挥一个发音不和谐的唱诗班。相比于自相矛盾和冲突，最好是让世界上几乎所有人都发现我的信念是错误的、误导的。"（482b-c）

228　　稻草人卡利克勒声称，"只要我过得愉快，能从低贱的人类废物手中尽可能巧取豪夺"，"那就消灭雅典的人民"。苏格拉底的吁求在何种意义上不这么自私？"只要我和另一个人以及我自己都达成一致"，"那就毁灭整个世界"。这也是苏格拉底早些时候对波卢斯所说的话。柏拉图故意歪曲卡利克勒和高尔吉亚的立场，并把苏格拉底塑造为拥有最后决定权和严肃回应之人。如果这一点得到明确，那谁更危险呢？是患有恐旷症（agoraphobic）的疯狂科学家，还是"作为牺牲品的金发野兽"？公理和强权，谁对民主更有害？两位争论者无可避免地提出了相似的解决方案，贯穿于对话过程始终。

不过，只要我们专注于舞台，二者的相似性仍是彻底隐身的。为什么？因为苏格拉底将自身有关知识的定义强加于卡利克勒的定义之上，打破了对称性，使卡利克勒在一片嘘声中退场，而后来许多尼采主义者都试图把卡利克勒推回舞台。证毕

（QED）；淘汰（TKO）。

苏格拉底、智者和民众的三角较量

在《高尔吉亚篇》的三次对话中，强权和公理似乎从来没有可比性；稍后我们将看到原因。两类专家知识具有可通约的相对性质，而这种可通约性处于争议之中：一类专家知识掌握在苏格拉底手中，另一类掌握在修辞学家手中（"修辞学家"似乎是在《高尔吉亚篇》中被发明的）。毫无疑问，苏格拉底和稻草人智者认为，需要一些专家知识来使雅典人举止得体或使他们走投无路、闭嘴不言。尽管困扰着广场人们的问题仍出现在对话中，至少它作为一个反面教材，但苏格拉底和稻草人智者不再显而易见地去解决它：鉴于政治在数量众多的人、总体性、紧迫性和优先性方面强加的限制，聚集起来的政治体就不能仅仅依赖专家知识而做出决策。我们将在第 8 章探讨这个问题。在不诉诸专家手中的客观自然法则的前提下，做出决策就需要像民众本身那般纷繁复杂的、广泛传播的知识。整体的知识需要的是整体，而不是局部、少数，但这对卡利克勒和苏格拉底来说是一个丑闻——一个有着一以贯之称谓的丑闻：民主。

因此，此时此地的两位同伴相比于彼此的分歧，更需要达成彻底的一致：这场较量事关如何更快、更严实地堵住人们的嘴。在这种情况下，卡利克勒很快就会败下阵来。双方都认为

229

专家需要像家长那般"照看社区及其公民"（513c），但就何为最好的知识展开了争论。修辞学家有一种专业知识，而苏格拉底有另一种专业知识。前一种辞藻华丽，而后一种属于绝对真理。前一种适用于广场的危险境地，而后一种是苏格拉底及其追随者在远程的、平静的一对一对话中所孜孜以求的。乍一看，似乎应该是苏格拉底在这场角逐中失利，因为他的方法本身就是广场恐惧症的，且只能在一对一的基础上进行运转，因而无法用来说服广场上的公民。"如果你能证明我论点的有效性，我就满足了，"苏格拉底天真地向波卢斯坦白，"而且我只想获得你的投票，并不关心其他人的所思所想"（476a）。但政治恰恰是"关心每个人的所思所想"。只拉一张票，犯了比犯罪更糟糕的政治错误。因此，当卡利克勒责备苏格拉底的这种孩子气行为时，他就应该获胜了："避开了社区的核心处和广场的最深处，即使再天生有才也无法发展成真正的人，因为正如荷马所说，那些地方是'崭露头角'之地。相反，他将自己的余生埋没在人们的视线之外，在角落里与三四个年轻人窃窃私语而从不公开表达重要的、有意义的想法。"（485d-e）

因此从逻辑上来说，对话只应该以这样一个场景结束：苏格拉底被送回校园的角落；哲学被限定为一种无用的专业痴迷，与"真正的人"如何以"重要的、有意义的想法"来"崭露头角"毫不相关。这应当是修辞的用武之地。但在一次次地重铸科学（大写的科学，即 Science）权力时，我们并不会这么做。

随着苏格拉底提出"真理语境"，卡利克勒就不再可能获得胜利。这种精妙的诡计足以扭转对话的逻辑进程，使苏格拉底反败为胜。

绝对真理性的推理多了些什么，使这种推理比智者援引的 230
自然律好得多？智者援引的这种自然律用于反对"奴隶和各种人类废物"的习俗。这种绝对真理性的推理则是无可争议的：

> 苏格拉底：但是知识可以既真又假吗？
>
> 高尔吉亚：当然不能。
>
> 苏格拉底：显然，信念 [pistis] 和知识 [episteme] 是不一样的。（454d）

智者的超越性在于超出习俗，但并未越过争议，因为不管投入多少种钟形曲线（Bell Curves），更优越、更自然、更天生、更有教养的问题还是引发了另一波讨论，这种讨论甚至在今天也能看到。卡利克勒设法降低人群的物理重量和数量，但并未完全逃离人山人海的广场。苏格拉底的解决方案则强多了。他掌握了数学证明的秘密，即步步为营地说服和迫使人们认同一切。然而，这种推理方式绝不适用于广场这种极其严苛的状况，用女权主义的老口号来说，这种不适用性就好比自行车之于鱼的无用性。因此，苏格拉底必须做得更多才能运用这一武器。他首先必须迫使其他人放下武器，或者至少让他们相信自身已彻底放下武器："所以我们最好从两种说服角度进行思考：一种是在缺乏理解的情况下商讨信念 [to men pistin parchomenon aneu tou eidenai]，另一种是商讨知识 [epistemel]。"（454e）

知识啊，多少罪行都是以你的名义犯下的！整个历史都指望知识。这种反对意见尤为可敬，使我们可能在这一点上失去勇气，看不出这种论点有多么离奇和不合逻辑，但我们很清楚地看到了受操纵的强权与公理之争。这两种说服的区别就在于两个无伤大雅的单词："without understanding"（缺乏理解）。但理解什么呢？如果苏格拉底指的是理解政治性讨论中的特定适切条件，也就是数量众多的人、紧迫性和优先性，那么他肯定错了。恰恰是因果的绝对推理，即知识才是"缺乏理解"的，这没有考虑到实用状况，即决定那些在广场深处同时发言的万余人下一步行动的实用状况。苏格拉底自身的非情境化的证明知识，无法取代广场的实用知识。他的武器难以置信、缄默不语，但在广场情境中只是无谓的威慑。他需要帮助。谁来帮他一把？帮手就是柏拉图所发明的陪衬者（foils），他们通常就像理想中的稻草人一样容易掉进陷阱。

如果作为木偶的智者们不像苏格拉底那样，厌恶普通人在日常事务中所使用的技巧和花招，那么对话就无法奏效，也不能使苏格拉底克服重重困难而获胜。因此，当苏格拉底区分真正的知识和技能时，稻草人智者们并不会对此有异议，因为他们对实践有着同款的贵族蔑视："在追求快乐的过程中，烹饪绝不涉及任何专业知识；它既不考虑快乐的本质，也不考虑快乐发生的原因……有技术含量的厨师所能做的，就是记住一套由习惯和过去经验而来的、根深蒂固的例行程序，也正是它使我们拥有了快乐的经历。"（501a-b）

　　有趣的是，尽管这种纯实践技能受到了轻蔑，却符合今天的心理学家、实用主义者和认知人类学家对"知识"的定义。但非常关键的一点是，知识和实践技能之间的区分本身只包含了苏格拉底对平民的鄙视。此时的苏格拉底如履薄冰。知识和实践技能之间的区分，不仅使苏格拉底能诉诸一种缄默不语的、优越的自然律，还通过堵住大量民众的嘴来强制执行这一区分，这些民众每天忙着自己的事情却不知道在做什么。如果他们知道自己在做什么，知识和实践技能之间的区分就会消失。因此，如果不是由纯力量来强制执行这种绝对的划界（这是历代认识论的真正任务），那么"真理语境"就无法左右公共争论中极其有害的氛围。历史上很少有运用"纯力量"的案例。我们有什么可以用来强化这种区分呢？我们有的只是苏格拉底对此的言论，以及高尔吉亚、波卢斯和卡利克勒做出妥协，温顺地接受了苏格拉底的定义，它们在柏拉图的戏剧机器中小心翼翼地演出。对无条件诉诸非建构的"客观法则"而言，这些条件是相当多的。

　　正如利奥塔不久前揭示的、芭芭拉·卡森最近有力证明的那样（Cassin 1995），需要一场政变才能实现对两种知识的区分，并确立力量和理性之间的绝对差异。这是一场从哲学中驱逐智者、从严格知识中驱逐平民的政变。如果没有这场政变，那么专家的证明知识就无法取代政治体成员们精确的、微妙的、必要的、广为流传的、不可或缺的知识。这些政治体的成员决定着广场的下一步行动。知识无法取代信念。当然，绝对真理性推理仍很重要，甚至是不可或缺的，但与如何最好地约束众人的问题没有任何关系。如同所有政体的诞生一样，不容置疑的合法性最初也是由血腥政变而来。在这场政变中，流的是苏格拉底自己的血，而这就是戏剧之美。苏格拉底的牺牲使他的行为更加不可抗拒，其合法性也更加不容置疑。到最后，剧院里的人都泪流满面了……

智者无力匹敌这一戏剧性的行为：首先，他们承认有必要用专家知识取代贫穷无知的民众所拥有的知识；其次，他们承认证明知识与平民用的技巧、花招是完全不同的，而不是相对不同的，并且还不得不承认自己拥有的是空洞的专业知识。现在听起来，高尔吉亚的吹嘘是多么愚不可及："难道不能简单一点吗，苏格拉底？修辞学是你唯一需要学习的专业领域。你可以忽略其他方面，但仍然可以得到专业人士的帮助。"（459c）

在下一章我们将看到，这一明显愤世嫉俗的回答实际上精确定义了政治行动的非专业性质。不过，如果我们都忽略这一点，并开始接受较量，使科学家的专业知识与修辞学家的相互竞争，那么诡辩术就会立马变成一种有壳无实的操纵之术。这就好比把赛车引入马拉松；新机器让慢速的跑步者看起来荒唐可笑。

　　苏格拉底：你所提到的这种现象，给人一种超自然的、拥有巨大权力的感觉。

　　高尔吉亚：你知道得太少了，苏格拉底！几乎每一项成就都立足于修辞学……在过去，我和我的兄弟或其他医生经常去找他们的一个病人，这个病人拒绝吃药，也不让医生给他做手术或烧灼伤口以止血消毒。医生无法说服病人接受他的治疗，但我做到了，尽管除了修辞学外，我没有任何其他专业知识可用。（456a-b）

即使是这样的语句，我们也需要数百年巴甫洛夫式的训练才能把它们解读为愤世嫉俗的，因为真正的高尔吉亚在这里暗指的是，专家无法使全体人民共同做出艰难的决策。真正的高尔吉亚提出了一个异常精妙的技巧，苏格拉底不想理解这个技巧但又尤为灵巧地实践它；受人指使的木偶高尔吉亚声称，没有任何知识是必要的。舞台上的失利，使修辞学家们被送上了断头台。在接受修辞是一种专业知识，继而又发现它空洞无物后，修辞学家们现在被完全驱逐出知识的领域，他们的技巧也被贴上了"奉承"（502d）的标签。这种"奉承"是一种流行的、晦涩难解的技能，无法将这种技能与修辞区分开来。"嗯，在我看来，高尔吉亚，它并不涉及专业知识；你所需要的是一个

233

精明的头脑、一些勇气和一种与人打交道的天赋。我称之为'奉承'。它还有许多组成部分，其中之一就是烹饪。我想说的是，烹饪看起来确实像一种专业知识，但它实际上不是：它是一种习惯化的本领 [ouk estintechne, all'empeiria kai tribe]（463a-b）。

最动容的是，即使是在这场著名的政变中，苏格拉底仍在称赞修辞学，这一点值得我们多加关注。我们为何不将"精明的""有勇气的""知道如何与人打交道的"视为正面的品质呢？为何不将这些品质视为苏格拉底所缺乏的，哪怕苏格拉底主张的是其对立面？就此而言，有做厨师的天赋有何不好？相比于众多坏的领导者，我更喜欢主厨！但苏格拉底赢了。最弱的一方战胜了最强的一方。最不符合逻辑的"快乐的少数人"战胜了"所有人都同时关心作为整体的政治体"这一"普遍"逻辑。苏格拉底承认自己最不适合统治人民，但又统治着他们，至少在咫尺天涯的祝福之岛（the Isles of the Blessed）是如此："我认为，"他极其嘲讽地说，"我是雅典目前唯一真正的政治实践家，是真正政治家的典范"（521d）。

事实是，已牺牲的死人对活人而言是最持久的、最不容置喙的统治，拥有最绝对的权力。

稻草人智者的失败无法与雅典平民的失败相提并论，这一点可以从对当前论证的总结中看出来。"人类废物和各种奴隶"是伟大的缺席者，他们甚至没有像经典悲剧那样团结起来捍卫自己的常识。当仔细阅读这段最著名的对话时，我们不仅发现了卡利克勒（强权）和苏格拉底（公理）之间的斗争，而且发现了两个重叠的争端，其中只有第一个争端被无数次地评论过。在这场木偶秀中，睿智的圣人与金发的野兽展开了一场争论，这场争论的表演如此出彩，以至于孩子们都惊恐地尖叫起来，担心强权会压倒公理。（正如我们之前所看到的，即使后来一个尼采式的编剧改写了剧情，使卡利克勒成为掌控者种族的领袖，出色又阳光；使苏格拉底成为牧师和怨恨者的后裔，堕落又邪恶，二者相互竞争，情况也不会发生任何变化。我们这些孩子应该还是会尖叫，只不过这次尖叫是因为公理压倒强权，强权成为软弱而温顺的绵羊。）

但第二种斗争在台下悄无声息地进行着，对阵双方是雅典人民、成千上万的愚者 VS. 苏格拉底与卡利克勒。苏格拉底与卡利克勒这两个盟友在任何事情上都是一致的，只是在让人群闭嘴的最快方法上存在分歧。我们如何最好地扭转力量平衡、让民众闭嘴，并终结这种杂乱无序的民主？是通过诉诸理性、几何、比例，还是通过贵族的美德和教养？苏格拉底和卡利克勒分别独自对抗人群，都想统治暴民以及获得这个或另一个世界的超额荣耀。

强权和公理之争像是一场捉迷藏的游戏，蕴含着卡利克勒和苏格拉底之间的和解，双方都在充当对手的陪衬。稍早的版本是为了避免陷入强权，我们无条件地接受理性的统治。稍后的版本也一样，只是颠倒了过来：为了避免陷入理性，我们无

235 条件地投入强权的怀抱。但与此同时，站在台下的雅典人民沉默不语、困惑不解、目瞪口呆，他们仍然在等着掌控者找到颠覆他们"物理力量"的最好方法——如果他们的人数不是这么多，这种"物理力量"可能会被"彻底轻侮"。是的，这里的人实在太多，不会再有人受到有关强权与公理这一宇宙之争的幼稚故事的迷惑。现在，木偶师的手太明显，而苏格拉底和卡利克勒这对宿敌手挽手的丑闻，对小孩来说是一段富有启迪的经历，就好比看到《哈姆雷特》的演员们在幕布落下后在酒吧里一起开怀畅饮。

这样的经历应该会让我们变得更老练、更聪明。我们将不得不考虑三种不同的力量（或三种不同的理性；从现在开始，语词的不同选择不再具有决定性的微妙差别）——苏格拉底的力量、卡利克勒的力量和人民的力量，而不仅仅考虑力量和理性之间的戏剧性对立。我们必须处理的是这样的三部曲，而不再是一个对话。现在，两场更公开较量的拉锯战取代了苏格拉底与卡利克勒之间的绝对对立：一场是两位英雄之间的较量；另一场是哲学家尚未认识到的较量，对阵双方是站在同一边的两位英雄 VS. 站在另一边的万余名普通公民。在强权与公理之间的激烈选择中，排中律看起来尤为强大——"迅速选择你的阵营，否则一切都会失控"。但现在，作为第三政党而聚集起来的雅典人民打破了这一排中律，他们正位于被排除的中间地带。这一点用法语可能更好理解：le tiers exclu c'est le Tiers Etat!

（被排除的第三方就是第三国！）哲学家没有逃离洞穴，而是把所有民众都送入洞穴，并以阴影为食！

当听到暴民统治的危险时，我们现在可以平静地问："你指的是卡利克勒的一元统治，还是'人类废物和各种奴隶'聚集的沉默统治？"当听到"社会的"这一危险词时，我们能解剖出两种不同的含义：一种是指卡利克勒强权的权力对抗苏格拉底的理性；另一种是在面对苏格拉底与卡利克勒试图施加的一元权力时，人群所进行的、从未被描述过的抵制。一方是两个体弱的、裸露的、傲慢的人；另一方是包含儿童、妇女和奴隶在内的雅典城。这种两个人对抗所有人的奇特战争使我们相信，如果没有这两个人，那将是所有人对所有人的战争。

8 从科学中解脱政治：宇宙政治体

"喜剧伶人！悲剧演员！"，拿破仑的母亲常常这样嘲笑她皇帝儿子的暴怒行径。我们可以用同样的方式嘲笑两族掌控者——其中一族可追溯到苏格拉底，而另一族可追溯到卡利克勒。在喜剧方面，我们拥有的是强权与公理之争；在悲剧方面，我们拥有的是"知识"与"信念"之间的绝对区分，一位殉难者用鲜血洗刷了这场政变的起源。但我们也可以把目光转向平民阶级（the Third Estate），从《高尔吉亚篇》中抽取出另一种声音的痕迹，这种声音不是喜剧或悲剧，而是平淡的散文。在愚昧年代，政治因其本来面目而受到尊重，柏拉图曾非常接近那个年代。它出现在苏格拉底和卡利克勒共同创立的图景之前，我将之定义为"非人性对抗非人性"。就像考古学家在处理德尔菲神庙或处理由卢梭发掘的格劳克斯（Glaucus）雕像一样，我们可以在对话的废墟上重建被毁得支离破碎的原始政治体——但是，我使用与卢梭相同的神话是为了达到完全相反的目标，即解救过度理性的政治。

卢梭在《论人类不平等的起源和基础》（Discourse on the Origin of Inequality）的序言中这样说道："人类的灵魂就像格劳克斯雕像，经受了时间、大海与风暴的摧残。与其说它是一位神，不如说是一头野兽……我们现在从中感知到的，不是一个总是按照必然且永恒的原则行动的存在，不是它的作者给它留下的那种神圣而庄严的简单性，而只是自以为是的激情和神智不清的理解力的惊人对比。"[1]

通过解开理性（Reason）的历险，我们可以想象它在变成一个无法生存的怪物之前是怎样的。即使在今天，它的骚动仍令掌控者们恐惧万分。当然，这是一次虚构考古的尝试：创造一个神话般的时代，政治上的真话在其中得到充分理解；创造一个后来因积累的错误与堕落而消逝的世界。

苏格拉底如何揭示政治宣告的美德

在第 7 章中，我们注意到许多政治辩论的规范。为重构原始政治体的虚拟形象，我们只需正面看待柏拉图所做的一长串负面评论：它们从反面表明，当一个人把此前关于整体的分散知识转化为少数人掌握的专家知识时，会错过什么东西。通过这些虚构考古，我们可以有幸同时目睹两种现象：将适合于政治的适切条件具体化，以及柏拉图对它们的系统性破坏，他将它们变成了废墟。因此，我们同时见证了破坏偶像的姿态：这种姿态摧毁了我们尤为珍惜的相互交往的能力，也摧毁了我们可能对之重构的条件。

1　Rousseau, *Discourse on the Origin of Inequality*, trans. Lester G. Crocker (New York: Pocket Books, 1967).

对话非常明确地表达了这种破坏偶像的思潮，因为苏格拉底素朴地承认："你知道的，在我看来，修辞学是政治学一个分支的幻影（phantom）。"（463d）这正是苏格拉底及其朋友们所做的：他们要求政治体依靠专家知识为生，而没有生物体能在这种方式下存活；就这样，他们把一个多肉的、红润的、活生生的、能踢能咬的政治体变成了"一个幻影"。他们把它变为了一个幻像（didêlon），却没有意识到摧毁它就意味着将我们人性的一部分剥夺。

正如高尔吉亚所正确指出的：政治讲演的第一个规范是公开，它不能发生在安静而隔离的研究或实验室中。 238

> 高尔吉亚：苏格拉底，我说的是没有什么比真理更好。它［修辞］对个人自由负责，它使个体能够在其所处的共同体中获得政治权力。
>
> 苏格拉底：是的，但它是什么呢？
>
> 高尔吉亚：我指的是用言语去说服法庭中的陪审员、议事会的成员、参加公民大会的民众的能力——简言之，就是要赢得任何形式的公民团体的公共集会。 (452d-e)

如我们所见，各种集会形式（法庭、议事会、公民大会、葬礼、庆典：各种私人和公共的集会）在雅典生活中是至关重要的。苏格拉底否认了在这些集会上发言的特定条件，使之成为一种缺陷。而苏格拉底的弱点——他不能生活在广场上——

被吹嘘为他的最高品性，尽管苏格拉底把所有时间都花在广场上，而且似乎非常享受其中：

> 波卢斯，我不是政治家。事实上，去年我非常幸运地参加了议事会。当轮到我的族人组建执行委员会，而我必须把一个问题付诸表决时，我因不知道这件事的程序而丢人现眼。所以请不要告诉我，现在也要求在座的各位进行投票……我的专长仅限于产生一个单一的证人来支持我的想法。我并不在意大量的人；我只知道如何寻求单个人为之投票，我甚至不能对着一大群人演说。（473e-474a）

真遗憾！因为"对着一大群人演说"和"在意"他们的意思、想法和诉求，正是"修辞学"这个受鄙视的标签下所争论的东西。如果苏格拉底为自己"不是政治家"而自豪，那么他为什么去教导那些知道得更多的人？他为什么不囿于自己自私的、专业化的、专家的学科范围内？广场恐惧症患者能在广场上做什么呢？对此，卡利克勒（真正的卡利克勒是历史学家、人类学家，仍可在对话中察觉出他的反面在场）正确地指出：

239

> 事实上，哲学家不理解他们所处共同体的法律系统，不理解如何在政治或私人集会中演说，不理解人们喜欢和渴望何种事物。简言之，他们完全脱离了人类本性。由此，当他们投身于实践活动时，无论以私人的还是以政治的才

能，他们都会出洋相——我认为，这就是政治家在面对你们众多讨论与想法时所出的洋相。（484d-e）

尽管卡利克勒的嘲讽准确地强调了一位领导者所需的品性，但由于卡利克勒自己所诉求的是修辞专家知识，而这些专家知识除了操纵外别无他物，所以他的嘲讽毫无用处。然而，当他明确地定义贵族朋友们的目标时，他准确地描绘了苏格拉底彻底缺失的真正品性："我所说的出众的人不是指鞋匠或厨师：最重要的是，我在考虑的这些人，他们为政治贡献了聪明才智并思考如何使他们的共同体良好运转。但聪明才智只是其中的一部分；他们还具备勇气，这使他们能够在既不丧失勇气，也毫不言弃的情况下，将自身的政策坚持到底。"（491a-b）

正是这种"坚持到底"的勇气，使苏格拉底在用绝对道德的问题来破坏代表的微妙机制时，曲解了它。对苏格拉底来说，无论是与大众共同坚持一项政治方案，还是为了大众去坚持到底，抑或是抛开大众而固执己见，都是异常艰难的，以至于苏格拉底选择了逃避。他非但没有承认失败，没有承认政治的特殊性，反而破坏了实践政治的手段——这是一种焦土政策，其所带来的焦黑残骸至今仍清晰可见。而据说正是理性的火炬点燃了这座公共建筑的火炬。

政治理性不可能成为专业知识的对象，这是从残骸中找回的第二个规范。在这里，由于柏拉图固执地破除偶像，废墟已经变得如此畸形，以至于它们几乎和迦太基（Carthage）的废墟一样难以辨认。然而，正如所有评论者已经注意到的，对话的大部分内容都围绕着这个展开：看来问题的关键在于确定知识修辞学的类型。虽说一开始似乎很清楚，政治无关专业人士告诉人们该做什么：高尔吉亚说，"我假定你应该清楚，是特米斯托克利（Themistocles）或伯里克利（Pericles）而非专业人士的建议，促成了你提及的造船厂、雅典的防御工事和港口的建设。"（455d-e）

主人公们一致认为，需要的不是知识本身，而是整个政治体自身对整个政治体的特别关注。这就是苏格拉底以良好而有序的宇宙之名，所认识到的技术专家（造物主 [demiourgos]）需要的品性："他们每个人都将自己操作的部件，组织进特定的结构并使它们相互适应，直到将整体形塑为组织化的、有序的客体。"（503e-504a）

但每当清楚表达了适切条件时，苏格拉底照常将它歪曲为其对立面。尼采评论到，苏格拉底有米达斯国王之手，只不过是将金子变成了泥巴。民众知识的非专业性把整个世界变成了一个有序的宇宙，而不是"无序的破烂"，通过一个微妙的转变，变成了少数修辞者赢得真正专家的权利，即使他们什么都不知道。智者学派的意思是，没有专家能在公共广场获胜，因为特定的适切条件支配着这里。在苏格拉底的转译下，这个合乎情理的论证变成了荒谬的论证：只懂修辞的无知者能击败任何一个专家。当然，智者们一如既往善意地满足了苏格拉底的要求，说出了他们长期以来被指责说过的话——这就是对话形式的巨大优势，而演讲（epideixis）不具备这一优势：

> 苏格拉底：你不久前声称 [456b]，即使在健康问题上，修辞学家也比医生更有说服力。
>
> 高尔吉亚：是的，我说过，只要修辞学家面对人群演讲，就是这样。
>
> 苏格拉底：你所谓"面对人群"是"面对非专家"的意思吗？我是说，在专家听众面前，一位修辞学家当然不会比一名医生更有说服力。
>
> 高尔吉亚：确实如此。 （459a）

苏格拉底大获全胜。然而，高尔吉亚坚持着至今仍困扰我们的问题，没有人能够解决这个问题，即便是柏拉图和他的《理想国》也不行。政治学是一门与"非专家"打交道的学问，其情形不可能等同于专家与专家在其特殊建制内部打交道。所以，当柏拉图在一群被宠坏的孩子面前开着他的著名玩笑（一个厨子和一位医生恳求选票）时，可以毫不费力地将这个故事歪曲为苏格拉底的窘境。只有当雅典的民众是被宠坏的孩子时，这一有趣的场景才会运转起来。如果仔细阅读这则故事，即便将苏格拉底贵族式的轻蔑置于一边，它也没有声明要将严肃的专家与民粹的奉承者对立起来。相反，它展现了两位专家（厨师

241

和医生）的争论，二者与一群成年男子讨论着或长期或短期的策略，他们都不知道其结果：争论中只有一方会遭受影响，那就是民众自身。

在这里，苏格拉底用一个讨人喜欢的故事掩藏了戏剧性的适切条件。这种适切条件在现实生活中得到了实时的、全方位的讨论，影响着每个人而又没有人确切地知道。苏格拉底没有就如何实现这个实用条件给出一丁点建议，但他粉碎了非专家人士手上的唯一解决方案，即在冒险共同做出具有法律后果的决定之前，在广场上既听取厨师的短期意见又听取医生的长期建议。我们欧洲人不知道该吃哪块牛排，因为我们每天在报纸上看到厨师与医生之间关于朊病毒是否引起疯牛病的诸多争论。苏格拉底轻描淡写忽略了的解决方案，我们要用几年时间才能找回。

第三个适切条件同样重要且同样被忽视。政治理性不仅要应对许多人在恶劣的紧急条件（conditions of urgency）下所处理的重要事务，而且不能将之寄希望于任何先前有关因果的知识。下面这段话我先前已经讨论过，在这段话中，误解已经很清楚了：

> 修辞是一种说服 [peithous demiurgos] 的能动体，其目的在于让人产生确定的信念而非教导民众对错……那么，修辞学家对教导聚集在法庭上的民众关于对错的种种知识

毫不关心；他只想要说服他们 [peistikos]。我的意思是，
我不认为他能在如此短的时间内让如此多人理解 [didaxai] 242
如此重要的事情。 (454e-455a)

"说服的造物主"所做的正是"说教"无法实现的：它应
对着政治面临的紧急条件。苏格拉底想用说教主义来取代信念。
说教主义适用于教授要求学生参加考试，内容是通过训练与死
记硬背的练习而已经预先获得、不断重复的东西；它不适用于
那些不得不当场决定对错的颤抖的灵魂。苏格拉底很容易就认
识到这一点，"我认为这是一种诀窍 [empeirian]，"苏格拉底
这样谈论修辞学，"因为它既缺乏对关注对象的合理理解，又
缺少对它所分配的事物本性的合理理解——所以它无法解释任
何事情发生的原因 [aitian]——并且，我对任何非合理的事情都
涉及专长 [egô de technèn ou kalô o an è alogon pragma] 感到不可
思议"（465a）。

这个被摧毁之物的定义是多么准确！这就像我们同时看到
了庄严的政治雕像和把它砸成碎片的锤子。回到过去，看到这
些希腊人仍是如此接近这种民主的积极本性，我们会多么感动
啊！民主仍是希腊人最疯狂的发明。它当然"不涉及专长"，
当然"缺乏合理理解"；在广场难以置信的严格限制下，所有
人应对所有人的过程必定是黑暗中的抉择，必将由与他们一样
盲目的人领导；该过程中没有证据，没有后见之明与预见，没

有重复性的实验，也没有逐步扩大的规模。在政治中，从没有第二次机会——只有一次机会，即这一场合、这一关键时刻（kairos）。从来没有任何关于因果的知识。苏格拉底嘲笑无知的政客，但也没有其他从事政治的方式；为解决整个问题而创造的彼岸世界受到智者学派的嘲笑，这的确应该嘲笑！耳听为虚，眼见为实（hic est Rhodus, hic est saltus），这就是政治强加的简单而严苛的适切条件。

"我再说一遍，修辞的作用是在法庭举行的各种集体会议中说服民众，它涉及正确和错误"（454b）。在高尔吉亚指出民众需要通过修辞来做出决定的现实生活条件之后，苏格拉底要求从修辞中得到一些它无法传递的东西——一种关于对错的理性专长。如果需要一个绝对的基础，那么便不具备能有效处理好坏之间相对差异的东西，正如苏格拉底所要求的那样："你是否认为……所有活动都以善为目的，善不是达到其他事物的手段而是一切行动的目标？……如今，是否任何人都有能力区分好的快乐与坏的快乐，还是说永远都需要专家来做出这一区分？"（499e-500a）

卡利克勒上钩了！他回应道，"这需要专家"，是一项技术（technicos）。从那时起不再有解决办法，政治体也变得不再可能。如果有一件不需要专家、无法从成千上万愚蠢者手中夺走的事情，那就是决定何为正确、何为错误，何为善、何为恶。但苏格拉底和卡利克勒使平民阶级变成了一群不聪明、受宠溺、病恹恹的野蛮奴隶和儿童，后者急切地等待着他们微薄的道德。如果没有这微薄的道德，他们将"无法理解"该做什么、该选择什么、该知道什么、该期盼什么。是的，"道德是政治才能的幻影"，是其偶像（idol）。然而，在苏格拉底通过向民众询问完全无关的关于原因的知识，致使政治任务无法实现的同时，苏格拉底准确地定义了它："即使对一个相对愚蠢的人而言，也没有什么比我们正在讨论的问题（如何生活？），能让他更严肃地对待了。你推荐我过的生活是真正的人的生活，包括向集会民众发表演说、修辞训练，以及你和你那类人正投身的政治参与。"（500c）

《高尔吉亚篇》中最动人的篇章莫过于，苏格拉底和卡利克勒就政治才能的关联性达成一致后，相继摧毁了在黑暗中摸索的盲人能够获得光明以帮助他们决定何去何从的唯一实践方式："所以无论我们卓越的修辞专家是在说话还是在行动，是在索取还是在给予，这些都是他在应对民众的思想时所追求的品性。他将不断运用自身的智识寻求办法，让正义、自制与善的各种表现形式进入他的公民同胞的头脑之中，让不公正、自我放纵和恶的各种表现形式远离他们。"（504d-e）

这就是他们的共识。我们将会看到，这种对政治的高尚定义是一种常识，但前提是不剥夺使其有效的各种方式方法。这正是苏格拉底要做的，而稻草人卡利克勒也顺从地照做。比波斯人或斯巴达人对雅典的劫掠更糟糕的，是对雅典之美的诋毁，因为它来自城市内部，他们试图说服自己相信，每一种艺术都旨在堕落。和往常一样，他们始终心怀对民众的憎恶，每当谈论起政治，他们就会"爆发出"对大众文化的厌憎："在追求快乐的路途中绝不涉及任何专长；它既未考虑快乐的本性，也未考虑快乐出现的原因。"（501a）

他们如此不逊地谈论着什么？谈论的首先是烹饪术；然后是来自最伟大的剧作家、雕塑家、音乐家、建筑师、演说家、政治家和悲剧作家的技艺。所有这些人都被抛弃了，因为他们并不了解苏格拉底教授想要强加给雅典民众的说教方式。这些最世故的民众被剥夺了表达自我的所有艺术手段，并在失望的老师眼中以这样的方式出现："所以我们在此处面对的是一种面向聚集在一起的男人、女人和孩子们（其中既有奴隶，也有自由人）演讲的修辞，而我们发现不能赞成这种修辞。我的意思是，我们的确将修辞描述为一种奉承。"（502d）

看悲剧、听演说、听诗歌、观看泛雅典娜节的盛典（Panathenean's pageantry）或与自己的部落一起去投票，这些难道只是奉承吗？不，要想民众实现其最不平凡的壮举，即公开向公众展示自己、呈现自己的所是所需，这是唯一的方式。雅典人发明的所有艺术文学和公共空间（神庙、卫城、广场），是使自身作为整体来共同生活和思考的唯一方式，但都受到了苏格拉底接二连三的诋毁。我们在这里看到了戏剧性的两难处境，它将政治体变成了精神分裂的怪物：苏格拉底诉诸理性与反思——然而，在所有艺术、场所抑或场合中，只要这种反身性以整体的特定形式来对待整体，那就被视为不合法。他谴责政治知识无法理解其行为的原因，但他切断了所有能使对原因的了解变得实际的反馈回路。难怪苏格拉底被叫作电鳗（the numbfish）！被他用电击麻痹的，正是生活，也是政治体的本质。雅典民众发明了陶片放逐法是多么明智，通过这种智识方式可以摆脱那些想要摆脱民众的人！

在这段对话中，两位伙伴一个接一个地关闭了数百盏脆弱的灯，将民众置于二人"启蒙"之前更深刻的黑暗之中。这是一场可憎的自我毁灭，我们不能嘲笑它是舞台上发生的一场糟糕的演出，因为并不是苏格拉底和卡利克勒蒙蔽了自己；是街上的我们被夺走了唯一的脆弱光亮。不，我们没有理由嘲笑，因为直到今天，蔑视政治家都是学术圈最广泛的共识。并且，《高尔吉亚篇》写于25个世纪之前，它不是由野蛮的侵略者写成，而是由最久经世故、最开明、最精通写作的作者写成；他一生都在贪婪地享受，他如此愚蠢地摧毁了财富与美好之物，或者愚蠢地认为它们与产生政治理性、政治反思无关。值得我们愤慨的是这种"解构"而非现代智者们迟钝的偶像破坏，因为它将自身标榜为最高美德；如温伯格所说，它是我们对抗非理性的唯一希望。是的！如果曾有一种"高级迷信"（higher superstition）的话，那么我们可以在苏格拉底的对话中读到——苏格拉底愤怒地摧毁了偶像，并召唤着彼岸世界的、地球之外

245

的幻影。

两位相互争吵的伙伴在盲目的愤怒中，不仅开始扼杀使反身性成为可能的艺术，而且开始抨击那些略微不那么盲目的领导者（特米斯托克利和伯里克利），这些领导者的经验对雅典的实践政治至关重要。如果没有苏格拉底的让步，这场灾难性的偶像破坏不会发生：

> 实际上，我并不是在批判他们作为城邦公仆的才能。事实上，我认为他们在服务城邦方面比现在的政治家做得更好……然而，差不多可以这样说，就一个共同体的好成员所承担的唯一职责而言，他们并不比当前的政治家们更好。这个唯一职责就是变更而非顺从共同体的需求，说服甚至强迫他们的公民同胞采取一系列行动以成为更好的人。（517b-c）

但我们将会看到，苏格拉底剥夺了政治家"变更""更好"和"强迫"的所有手段，因此政治家剩下的只有奴隶般地依附于民众所想之事，或疯狂地逃往一个幻想中只有教授与好学生存在的彼岸世界。苏格拉底以自身不充分的基准，承担了一项令人难以置信的任务：对所有那些与他主张相悖、领导着雅典政治的人进行评判。"那你能说出一位修辞家，他从第一次公开讲演起就被视为有助于改变雅典民众，使他们所处的城邦从

过去的糟糕变得更好？"（503b）

该问题唯一具有毁灭性的答案就是没有这样的修辞家："从这一论证中可以得出伯里克利不是一位好的政治家。"（516d）稻草人卡利克勒表示同意，他还带着真正的人类学家卡利克勒、高尔吉亚和波卢斯一起，后面这些人当然会愤慨地尖声反对这种偶像破坏。这种修辞学发明适用于另一种伟大发明（民主）的微妙条件，稻草人卡利克勒没有为修辞学辩护，反而可耻地接受了苏格拉底做出的评判。

在这些冒着烟的建制废墟中，只有一个人取得了胜利："我是当今雅典政治唯一真正的践行者，是真正政治家的唯一典范！"（521d）他一人对抗所有人！为了掩盖这一疯狂结论的自大程度，他又做了一件荒唐事。苏格拉底在嘲笑修辞只提供了"政治才能的幻影"后，给出了一幅更苍白的图景。他确实在统治，但却是作为一个影子，在一个影子的人群中统治："他们 [那些灵魂] 最好赤裸着接受审判，剥去所有的衣服——换言之，他们必须在死后接受审判。如果要公平地评价，法官最好也是赤裸的，即他最好也死了；这样，他就能用自己不受羁绊的灵魂来审查刚刚死去的个体不受羁绊的灵魂。后者周围没有亲朋好友，而且已经把那些身外之物（trappings）留在了世上。"（523e）

尼采把苏格拉底放在他的"怨恨者"（men of ressentiment）排行榜首位是多么正确。这场最后审判的场景确实美丽，但与政治毫不相干。政治不是关乎"刚刚死去"的人，而是活着的人；政治不是关于彼岸世界的食尸鬼故事，而是关于此岸世界的血腥故事。如果说政治有什么不需要的，那便是一个有着"灵魂不受羁绊"的彼岸世界。苏格拉底不愿考虑这些依附品（"亲朋好友""身外之物"），但正是它们迫使我们在雅典的灿烂阳光下，而非地狱的昏暗光亮中做出评判。苏格拉底不想意识到，如果通过某些梦魇般的奇迹，整个雅典都由同他一样的、为了说教知识而献出才智信念的苏格拉底们所组成，那么这座城市的任何问题甚至都不会开始得到解决。如果剥夺了政治体特定的理性形式，即独一无二的、类似于血液的流动美德，那么由一群具备苏格拉底般美德的人所组成的雅典也不会变得更好。

苏格拉底如何误解政治体的自我运作

苏格拉底的方案相当于给一个健康的身体输入其他完全不同物种的血液：可以这样做，但如果没有患者的知情同意就太冒险了。如果我使用反讽和愤慨，那是为了平衡一种旧习性，这种旧习性使我们要么和苏格拉底一样敌视民众，要么欣然接受卡利克勒对政治的定义（政治即"纯粹的力量"）而无需更多纷扰。我想以这种滑稽的方式来将我们的注意力聚焦于中间立场，即平民阶级地带，它不要求理性或愤世嫉俗（cynicism）。为什么有必要在两种立场中做出选择，即使这个选择有可能使政治体陷入瘫痪之中？这是因为偶像破坏和所有这类选择一样，打破了行动的一个关键特征（参见第9章）。对普通人常识至关重要的算子已变为无关紧要的选择——就如第4章中认识论者们不断提出的问题（"事实是真实的，还是构造的？"）。如果我们想让说的话少些争议性，那么我们可以说，苏格拉底对智者派的误解是由范畴错误造成的。他将属于另一个领域的"真理语境"应用于政治学。

《高尔吉亚篇》的绝美之处在于，在苏格拉底不理解如何代表[1]民众的情况下，另一种语境清晰可见。在这里我说的不是很晚才会出现的"代表"的现代概念，该概念本身将注入理性主义的定义；我想说的是一种完全临时性（ad hoc）的活动，它既非超验的又非固有的，更接近于一种发酵，通过这种发酵，人们酝酿着自己的决定——从来没有完全按照自己的意愿，也从来没有来自上层的领导、命令与指导："那么，请你告诉我，你建议我选择这两种方式中的哪一种来照看城邦。是一种类似于医学实践、涉及面对雅典民众并努力确保其完美的方式，还是一种类似于奴仆所做的、让快乐成为行动的重点？卡利克勒，告诉我真话吧。"（532a）

我们现在可以忽略柏拉图在让卡利克勒回答应选择第二种

248

1　re-present，在政治学领域是"代表"之意，在自然科学领域是"表征"之意，二者在拉图尔的语境中是同一的，为便于读者理解，此处翻译为代表。——译者注

方式时，所表现出的孩子气般的快乐，而应该聚焦于这样选择的原因。这个选择既残忍又荒谬：要么就以教师的方式正面对抗，要么就如智者般卑屈奉承。事实上，任何教师或奴仆都未曾这样做过——当然也没有一个智者这样做过。这个选择是如此怪异，只能解释为苏格拉底试图引进外来资源，从而提出了一个完全不相关的问题。我们知道它来自哪里。苏格拉底将几何等式模型运用于政治，几何等式需要与其模型严格一致，因为它所讨论的问题是通过许多不同关系而获得的比例守恒。因此，对表征忠诚度的判断，是通过其在各种形变中传递比例的能力而实现的。它要么在不形变的传递后被认为是准确的，要么在形变中被认为是不准确的。

正如第 2 章所示，在实践中，这种形变的本性恰恰是在其过程中丢失信息，并在一连串再表征或流动指称中重新描述信息，而这些信息的精确本性就像政治的本性一样难以把握。但是，柏拉图等思想家只提供了一种如何进行论证的理论，而没有给出对论证进行实践的理论。因此，他们可以将不同关系之间毫无问题地保持一定比例的理念，用作评判其他所有人的基准。有了这个标准，苏格拉底将会去评判那些可怜智者的每一句话："在我们所设想的共同体中，其所有的年轻成员如果想知道如何获得巨大的权力并避免成为不当行为的受害者，那就必须遵循此种教育。他必须从小训练，使自己有着与独裁者相同的好恶，并且必须找到一种尽可能模仿独裁者的方式。"

（510d）

既然苏格拉底自愿无视我已列出的所有适切条件，那么，当他评估言语的质量时，就以来源（代表被宠坏民众的独裁者）与接收者（渴望权力的年轻人）之间的相似性为基础："你是如此没有能力挑战你所爱之人的决定和断言，以至于如果有人对他们偶尔导致你所说的非凡的事情表示惊讶，那么你可能会在真心实意时做出回应，承认只有当有人阻止他们表达这些观点时，你才会停止附和他们。"（481e-482a）

苏格拉底认为政治是一个回声室，代表与被代表之间除了厄科女神（the nymph Echo）[1] 窄小的带宽（band width）所造成的轻微延迟外毫无差别。对掌控者的顺从也是如此。一旦说出了命令，那么所有人就在没有形变、没有解释的情况下应用它。难怪政治体变成了一种相当不可能的动物：无论它说什么，都是同样的东西。代表性的回声，服从性的回声，减去一点静电干扰。没有发明，没有解释，每一次干扰（perturbation）都被评判为一次错误、一个错误表征、一次不当行为、一种背叛，无论是当卡利克勒重复着人们说过的话，还是当苏格拉底自己重复着他的真爱——哲学——让他说出的话（482a），抑或当政治家迫使民众为了更好的方式而改变坏的方式时，对苏格拉

---

1 希腊神话中的女神，受赫拉诅咒，总跟在别人后面不断重复别人说过的最后几个字，像回声一样。——译者注

底的模仿都是完全有必要的（503a）。有了这个标准就很容易看到，至少在苏格拉底看来，伯里克利从未改进过任何人，而卡利克勒只是追随着平民："当然，你现在非常聪明，但我还是有机会注意到，你无法反对你所爱的人说出的或相信的任何事情。你不断地改变，而不是反驳他们。如果雅典民众拒绝在公民大会上接受你的观念，那么你就改变策略，说出他们想听的话。这样你的行为就和英俊小伙皮里兰佩差不多。"（481d-e）（请记住，苏格拉底在这段文字中将他的两个爱人 [阿尔基比亚德与哲学] 同卡利克勒的两个爱人 [雅典民众与他的仆从]进行了比较。）

然而，即使在这里，真正的而非作为稻草人的卡利克勒的行为完美适应了广场的生态条件。他完全不相信信息的"扩散主义"模型——无论如何都能完全传送信息；而是使用了出色的"转译模型"——人们"拒绝听取他的想法"，迫使他"改变策略"。只有当"说出真理"被定义为在彼岸世界中可得到单独信服时，我们才可以说，卡利克勒在不断改变时没有坚持真理。但如果适切条件正如上文中卡利克勒所恰当定义的，勇敢的政治家"在既不丧失勇气，也毫不言弃的情况下，将自身的政策坚持到底"，那么除了磋商自己的立场，直到每个参与交易的人都被说服之外，没有其他的方法。在民主的城邦中，这意味着每个人。广场上没有任何回音，只有谣言、减缩（condensation）、移位、积聚、简单化、绕道而行、形变——

这是使一个人代表所有人的化学过程，高度复杂；还有另一种同样复杂的化学过程，即（有时）使所有人服从一个人。

苏格拉底误判了代表与被代表者话语之间巨大的正面距离，因为他要么根据奴颜婢膝的相似性，要么根据总体的差异性进行评判，这是他唯一能想象到的两种模式。无论是代表还是顺从都是如此。当公民们重演着何为政治体、何时遵守法律时，他们中没有一人能像奴隶那般不走样地传递信息。苏格拉底的梦想是用一种严格的、说教的理性形式来取代他们所有微妙的转译，就像老师们喜欢在考试中出多选题一样，这表明对于没有人可以给出有明确答案的问题，他完全不了解集体的确信是什么。特别地，智者们想出了许多小技巧和大量的传说，用它们来应对那些不能被视为回声室或教室的特殊事物——但在柏拉图的攻击之后，他们的专长已经荒废了。我给出的证明是：即使在这里，我也用"诡计"和"传说"来描述一种准确的知识形式，不形变的信息概念——作为几何学论证的理论依据而设计的那种传送方式——给政治推理带来的阴影依旧如此强大（参见第 2 章）。

可以说，我们的对话当场抓住了政治距离的具体形式，即正在发生破坏行为的时候。后来，当偶像破坏者赢得了胜利，一切都尘埃落定，民众完全不知道曾经有个巨大的美丽雕像矗立在那里。看看苏格拉底给卡利克勒慈父般的非凡忠告吧，它准确地定义了卡利克勒仍在操作的超越性（transcendence）的适当形式，而苏格拉底当着我们的面摧毁了它：

251　　　　　卡利克勒，如果你觉得任何人都会向你提供这种专长，这种专长将使你成为这里的一支政治力量，同时不会被我们的治理体系同化（不管它是否意味着你比它更好或更糟），那么我认为你已经被误导了。如果你想与雅典民众建立任何有意义的友好关系……那么这就不仅仅是模仿（impersonation）的问题了：你必须在本质上与他们相似。换言之，那些人能废除你和他们的差异 [ostis ouv se toutoi omoiotaton apergasetai]，能把你变成一个你渴望成为的修辞家、政治家，因为每个人都喜欢在演讲中听到自己特有的观点、讨厌听到任何不熟悉的观点——除非你告诉我其他情况，我的朋友。（513a-c）

如果柏拉图没有提笔把卡利克勒变成一个稻草人，那么作为真正人类学家的卡利克勒就会告诉他其他情况。"模仿艺术不仅是充分的，而且是对人类本性完全而彻底的同化 [ou gar mimeten dei einai all' autophuos omoin toutois]。"使政治推理变得不再可能的那些人，给政治推理下了最精确的定义。自动（或自发 [Autophuôs]）这个词说出了一切，以难以置信的精确定义了奇特的超验性形式和一种更奇特的完全内在的反身性。因为苏格拉底远离了透明代表的愚蠢梦想，赋予了智者"提升自己"的力量，使之成为其他人正在做和愿意做的事情。是的，这就是政治的神秘品质——对我们来说，这已经成为一个谜，但幸运的是，政治家们以高超的技巧保存了这种品质，将之隐藏在他们被鄙视的诡计和传说中。

将卡利克勒的呼唤解读为内在性，解读为"消除差异"的"同化"，便忽视了非常特定的超验性形式。该形式是通过把他（或她）自己当成其他人的转义，在整体反身性地向整体呈现自己时出现的——这正是苏格拉底无法做到的事情，他带着一两个年轻男性离开了广场，在地狱般（Hades）安全而不存在的立场上强烈谴责雅典。如果我们将这种炼金术解读为代表，我们就会和苏格拉底一样错过它——这就是智者们的巨大优势。智者们为政治体的"发酵"提供了一个黑暗的定义，取代了现代主义时期所发明的神话般清晰的自我代表。操纵、差异、组合、诡计和修辞造成了政治体与政治之间细微的差别。这既非有机的幸福也非理性主义的透明：这是智者们的知识，他们被哲学王驱除出理想国。

在这里，我们面对的不是超验性（即理性，对抗民粹主义领袖们的内在性），而是两种超验性。其一肯定是令人敬佩的、几何论证的超验性，而第二种超验性则迫使整体在没有受保障信息的情况下应对自身。尽管二者完全不同，但都令人钦佩。从苏格拉底的边缘立场来看，政治的目的就和敏豪森男爵

252

（Baron von Munchausen）的拔靴带 [1] 一样不可能。被剥夺了知识和道德的民众需要外界的帮助才能站立起来，而苏格拉底非常慷慨地伸出援手。但民众即使接受了这种帮助，也不会有一丁点提升。因为它所需要的超验性源自自己的拔靴带，而非外部的杠杆；这更像是揉面团——只不过民众同时应对着面粉、水、面包师、发酵剂和揉捏的行动。是的，这是一种发酵，一种对强者而言总是如此可怕的骚动；尽管如此，它却总是超越一切，足以使民众感动并被代表。

正如我在前一章所说，希腊人的发明（要么是几何学，要么是民主）太泛滥了。但是，我们已经历史地、偶然地继承了这个不可能的政治体。原则上，除了缺乏勇气外，没有什么东西能迫使我们在民主与几何学之间做出选择，并放弃我们的部分正当遗产。如果苏格拉底没有错误地用一种论证（几何学）来替代群众论证（mass demonstration），那么我们将能够尊敬科学家而不鄙视政治家。的确，掌握政治技巧是如此困难、如此费力、如此反直觉，需要如此多的工作与介入，借用马克·吐温（Mark Twain）的话就是，"为了避免政治思虑的艰苦工作，人可以走到任何极端"。但是，我们先人的错误并不妨碍我们去整理他们的事迹，并从中扬长避短。

---

[1] 在西方神话中，敏豪森男爵掉入湖底，他试图通过拎自己的鞋带将自己提起来。——译者注

为同时总结并修复两种超验性，我们采纳了这种虚构考古的脆弱可信性。在此之前，我们还必须了解关于对话的最后一点。为何对话常被用于道德讨论？我想表明，尽管道德哲学家们发表了动人的评论，但苏格拉底和卡利克勒所争论的伦理问题仍有如此多的题外话（red herrings）。每当修辞家们发言证明苏格拉底提出的要求与手头的任务完全无关时，苏格拉底就把它解读为智者们对道德立场不感兴趣的证据。例如，他以令人钦佩的讽刺口吻提出了如下疑问："有没有来自这里或那里、来自生活任何方面的人，他以前是一个坏人（即不公正、自我放纵且轻率的人），如今因卡利克勒成了美德的典范？"（515a）

当然，我们不应急于回答说，政治和道德是两个不同的东西，而且自然也没有人要求卡利克勒让所有公民都成为"美德的典范"——因为如果我们承认这一点，那么这就意味着我们接受了政治的马基雅维利式定义，即政治与道德毫不关涉。这将是在卡利克勒和苏格拉底的配置之下生活，把政治视为一种使权力保留更长一段时间的堕落运动，而没有任何改善的希望。这正中苏格拉底的下怀，因为苏格拉底希望除了自己以外的所有雅典人都漠视道德，而对道德的漠视也是马基雅维利对后世过分推崇的政治智慧的正面定义——当然，马基雅维利自己的立场并不是完全不道德的。

事实上，柏拉图的刚愎远不止此。若我们所说的道德是指努力为平民阶级提供自我代表的方法和手段，以便在没有确切知识时决定下一步该怎么做，那么苏格拉底确实就如卡利克勒一样不道德，因为如我先前所表明的，双方彼此竞争着如何最好地打破多数决定原则。如果二者有何不同，那就是苏格拉底更恶劣一些，因为如我们刚刚所见，他系统地破坏了使代表更有效的东西；然而，尽管经过了柏拉图的改写，卡利克勒还是表现出对适当政治技巧的模糊回忆——真正的智者学派在其稻草人对手那里隐约可见。

实际上，苏格拉底的罪行是令人难以置信的，因为通过些许移位，他成功剥夺了平民阶级中所有人都认同的道德行为，然后将这种行为变成不可能完成的任务，除非遵循苏格拉底自己不可能实现的要求——正如我们所知，整件事在彼岸世界的阴影中结束。真了不起！在我看来，民众对此应当咬牙切齿而非欢呼赞赏。

作为第一个进入现场的人，高尔吉亚很容易被回声室中的争论所麻痹。可怜的高尔吉亚离场，然后波卢斯就成为掉入伦理陷阱的第一人。苏格拉底所提出的问题看起来如此无关紧要，以至于他完美地转移了民众关于苏格拉底错误理解政治代表的注意力："由此可见，作恶是可能发生的第二糟糕之事；世界上发生的最罪恶之事或至上诅咒，那就是做了错事而不受惩罚"（479d）；"我还宣称，相较于不法者，偷窃、奴役、盗窃等对我和我的财产做出的任何不法行为，不仅对我（他们不法行为的目标）而言更糟糕，而且更可鄙"（508e）。

我们需要长时间的适应才能看清这个至关重要的问题。即便道德仅仅被视为灵长类动物群体的一种基本行为能力，但它仍非常接近这样一种评估。要把这个问题变成一个"大问题"，苏格拉底唯一要做的就是在遭受恶行和实施恶行之间添加严格且绝对的优先次序。正如知识与技能（know-how）之间的绝对差异是通过政变武力（对于这场政变，我们有的只是苏格拉底的原话，参见第7章）而强加的，所有道德动物所相信的与苏格拉底所要求的更高道德之间的绝对差异也是通过武力（force）强加的。

事实上我们还需要其他东西，也就是稻草人智者们一如往常的奴性行为。正是波卢斯让我们相信此时的自己正应对着一个革命性的声明："如果你是认真的，你所说的都是真理，那么人类的生活肯定会发生翻天覆地的变化，不是吗？我们所做的每一件事都与你暗示我们所应该做的相反。"（481c）对苏格拉底而言，很幸运的是，柏拉图将这样的一个陪衬（foil）递给了他，因为如果没有智者学派的愤怒，那么苏格拉底所说的话将无法与一般人所说的区分开来。这与通常的革命演讲一样，革命最安全的方式就是声称你正在革命！

特别之处在于，在这段对话的很后面，苏格拉底意识到他花了这么大力气去证明的东西，正是显而易见的常识："所有我正在说的，都与我平时说的一样：我自己不知道这些事的事实，但我从来没有遇到过这样的人——包括在座的民众，即既不同意我的观点又能避免让自己荒谬的人。"（509a）难道这不是一个清楚的供认：所有这些同波卢斯进行的关于如何排序道德行为的漫长争论，从来没有被任何人在任何时间质疑过？每个人都相对地受到黄金法则的约束。只有当你想要将它变为受恶与行恶之间的绝对界限时，它才无法启迪你。波卢斯退场了。

同样使人麻痹的伎俩也会在可怜的卡利克勒身上起作用，正如我们所见，卡利克勒在用自然律对抗习俗法则之后，立即变成了一个追求无限享乐主义的人。这个障眼法非常有效地掩盖了苏格拉底的解决方案与卡利克勒的接近程度。在一场漫长而激烈的争论之后，卡利克勒趁势扮演了不受约束的猛兽（beasts of prey）——就像猛兽本身是不受约束的！就好似狼像狼一样表现，鬣狗像鬣狗一样行为举止！——苏格拉底坦率地承认了道德的基本行为本性，他就像每个奴隶、孩子一样；或者，就此而言，黑猩猩也是如此（De Waal 1982）。"我们不应该拒绝克制自己的欲望，因为那会使我们陷入无休止地试图满足欲望的生活。这是掠夺成性的不法之徒所过的生活，从这个意义上说，任何这样生活的人都不会与其他人和睦相处——更不必说神了，因为他无法合作，而合作是友谊的先决条件。"（507e）

我不了解诸神，对他们行为知识的了解很薄弱；但我相信，如果雪莉·斯特姆（Shirley Strum）的狒狒与史蒂夫·格里克曼（Steve Glickman）的鬣狗能读懂柏拉图，它们也会为这种社会群体中相对道德的描述鼓掌（Strum 1987）。有意思的是，除了柏拉图所描绘的稻草人卡利克勒之外，没有人曾说过相反的话。如果道德得不到强制执行，那么所有人对抗所有人的战争就会带来吞噬文明的威胁。只有那些人，从民众那里收回社会性强加给群体动物几百万年的基本道德的人，才会讲述这种神话。这应当是显而易见的，但事实上不是——很遗憾，因为道德哲学和认识论一样，是一种容易上瘾的致幻剂，而我们无法轻易地改掉这样一种习惯，即认为民众像缺乏认知知识那般缺乏道德。哪怕苏格拉底承认他所说的是常识，而绝非革命性的，这也是不够的；哪怕卡利克勒讽刺地评论到，对道德问题与政治修辞的讨论毫不相干，这也是不够的："我一直在思考，当你抓住别人对你的让步，即使他只是在开玩笑，你也会表现出青少年般的喜悦。你真的认为我或者其他人会否认有更好的和更坏的快乐吗？"（499b）

没人否认苏格拉底的话！无论证据是什么，道德哲学家们都把《高尔吉亚篇》描绘成高尚的苏格拉底所进行的壮丽斗争，而高尚的苏格拉底为民众提供了一个后者无法实现的过高目标。是的，这是一场斗争，但苏格拉底发起的斗争是为了给民众强加一种他们一直拥有的道德定义，同时消去运用该道德定义的方法（Nussbaum 1994）！苏格拉底对雅典民众的所作所为与以下列举的做法一样，是这般公然而荒谬。比如，有一位

256

从美国来到中国的心理学家，在工作中带着沙文主义的自负，认为"所有中国人都长得差不多"，于是决定在中国人身上画下大大的彩色数字以便区分辨认他们。当他带着画笔、油漆桶和率直的心理学解释来到中国时，他会受到什么样的怒视呢？我们能认为上海这座大城市的居民会因为若干世纪以来始终无法区分彼此，而欢迎这种新的辨认方式吗？当然不能。他们会嘲笑这位心理学家，而这样的嘲笑是正确的，此外"在那个世界里，他头晕目眩、目瞪口呆"！然而，在《高尔吉亚篇》中，苏格拉底对道德问题的运用正是基于同样的巨大误解。就像中国人不需要用大大的彩色数字就能相互辨认，为了举止得体，民众早已被赋予了其所需的全部道德与反身性知识。

总结：苏格拉底的交易与死亡

如果将柏拉图让苏格拉底在舞台上表演的连续动作整合起来，我们就有了一个非常棘手的杂耍行动：

在第一步运动中，苏格拉底将雅典民众从他们基本的社会性、道德、技能中剥离出来，而先前没人否认雅典民众具备这些。

然后，在第二步运动中，民众被剥夺了所有的品性，被描绘成孩子、猛兽和被宠坏的奴隶；他们只要一时兴起，就会随时相互攻击。他们被遣送至洞穴里，只抓住了影子，开始了一场所有人对抗所有人的战争。

第三步运动：需要采取一些措施来阻止这些作困兽之斗的

可怕暴民，并建立起秩序来对抗他们的无序。

就在此时，解决方案——理性和道德——在盛大的号角声中到来。这就是第四步运动。但当苏格拉底从独特的几何学论证领域中将这些交还给民众时，他们无法辨别出什么是从自己那里剥离出去的，因为在少了一件东西之后又增加了一样东西！在谈及影子领域的段落中，增添的是一项绝对的要求，它使道德和技能低效化；而减去的是所有的实践转义——通过这些实践转义，民众可以在广场的特定条件下，有效使用他们的相对知识和道德。

第五步运动：苏格拉底教授在黑板上写下了他胜利的方程式——政治加绝对道德减实践手段等于不可能实现的政治体。

第六步运动，也是最具戏剧性的一步：因为政治体是不可能实现的，那么就让我们把一切都送入地狱吧！救星（deus ex machina）降临了，地狱的三位法官判决所有人死刑——除了苏格拉底和"其他少数灵魂"！[1] 法庭中掌声此起彼伏。

让我顽皮地（我保证这是最后一次）解释一下第七步运动，也是这场表演的尾声。在人们回家之后，第七步就上演了。最终，雅典民众迫使苏格拉底服毒自杀。对这场著名而公正的审判，还有别的解释吗？可以肯定的是，这是一个政治错误，因

---

1 "然而，[拉达曼提斯] 偶尔会遇到一种不同的灵魂，一种过着虔诚道德生活的灵魂。这个灵魂属于一个不参与任何公共生活的人，或者说……属于一位终生只关心自己的事情而超然物外的哲学家。"（526b-c）

为它把一位疯狂的科学家变成了殉道者——这至少只是一种反对民众对苏格拉底最不公正审判的正常反应。一个想要在永恒正义的至高宝座上审判赤身裸体的影子的人，被活着的、衣着光鲜的雅典公民送到祝福之岛上，这难道不公平吗？但是，正如我们现在所看到的，这出悲喜剧相较于后来的那些，有一个大优势：只有一个角色流血，并且他不属于公众的一部分。

258　科学大战？那和平呢？

现在，让我们放弃那些讽刺和愤怒吧，这些都只用于去除毒素、提取蜂蜜。我们可以从《高尔吉亚篇》中打捞出关于真正政治（real politics）的有力定义，显然它与认知知识、绝对道德无关。范畴上的错误现在已经很清楚了。苏格拉底与卡利克勒的配置不再妨碍我们像喜欢政治家一样喜欢科学家。与柏拉图之后的温伯格所断言的相反，除了我所描述的"以非人性镇压非人性"外，还有许多可能的配置。只要稍稍改变我们对科学和政治的定义，就足以在本章结尾表明我们现在有许多条路可走。

从废除政治的政治学中解放科学

首先，让我们简要讨论下，如何能够使科学从这样的一种负担中解放出来，即制造一种使政治走捷径的政治学。如果我们现在冷静地阅读《高尔吉亚篇》，我们就能从中看到推理的某种特殊形式——知识（epistèmè）——被一个不可能实现的政治目的绑架了。这导致了糟糕的政治，也导致了更糟糕的科学。如果我们能让被绑架的科学逃脱，那么形容词"科学的"所具有的两种不同意义，在经历长时间的混淆后将重新变得可区分。

第一个意义表示首字母大写的科学（Science），即未经过讨论与形变的信息传递。这种首字母大写的科学不是对科学家工作的描述。用一个老派的术语来说，它是一种认识论者手里的意识形态，除了提供公共讨论的替代品外别无他用。它始终是一种政治武器，用于消除政治限制。就像我们在对话中见到的那样，它从一开始就是为这个目的而量身定制的，而且这么多年来始终以这种方式进行运用。

这种科学概念一直是温伯格所执着坚持的。由于是刻意制造的武器，它既不能"减少人类的非理性"，也不能使科学变得更好。它只有一个用途："让你闭嘴！"——有趣的是，这里的"你"指的是和普通人一样卷入争议的其他科学家。"用首字母大写的科学来替代政治非理性"只是一句战争口号。正如我们近来在科学大战中所目睹的那样，它在且只在此意义上有用。然而，这个"科学1"（Science No.1）的定义恐怕和马奇诺防线一样无用。如果"科学的"只有这第一种意义，那么我也很乐意被贴上"反科学的"标签。

但是，"科学的"还有一种更有意思的意义。它没有忙着废除政治，这不是因为它是非政治的或政治化的，而是因为它应对着截然不同的问题；无论是朋友、敌人还是所有谈论科学的人，只要他们持有"科学1"，就永远不会尊重二者的差异。

形容词"科学的"的第二种意义是通过实验与计算，获得起初不具有与人类相同特征的实体。这个定义可能看起来很奇怪，但这正是温伯格感兴趣的"不带个人色彩的定律"（impersonal law）所暗指的东西。"科学2"（Science No.2）应对着非人类，它们最初在社会生活之外，逐渐通过实验、探险、建制等渠道，在我们之中实现社会化。这正是最近科学史家们所经常描述的。科学家们在工作中想要确定的是，他们不会用自己的全部行动本领来编造能获得的新实体。他们希望每一个新的非人类都能丰富他们的行动本领和本体论。例如，巴斯德并未"建构"他的微生物；相反，微生物与法国社会在他们的共同行动中发生了变化，从一个由"x"实体组成的集体变成了一个由更多实体（包括微生物在内）组成的集体。

因此，"科学2"的定义暗示了在尽量不同的立场之间的最大可能距离，以及与尽可能多的人类日常生活与思想紧密融合。要想公正地对待科学事业，仅有"科学1"是完全不够的，因为"科学2"与"科学1"相反，前者需要的是争论、解谜、承担风险、想象，以及让集体的其他部分尽可能丰富和复杂的"血管化"。如果我们所说的"社会的"是指卡利克勒式的纯野蛮力量，或者，如果我们所说的"理性"指的是让"科学1"闭嘴，那么人类与非人类之间的许多联系点自然是无法想象的。顺便说一下，我们在这里认识到科学论试图在相互敌对的两大阵营之间取得立足点，其中一个阵营是认为我们给予非人类过多关注的人文学科，另一个阵营是指责我们给予人类过多关注的少数"硬科学"群体。这种对称性的指控非常精确地测绘出我们在科学论中所处的位置：在追随科学家们的日常科学实践时，我们站在"科学2"而非政治化的"科学1"定义之上。理性（即"科学1"）所描述的科学并不比犬儒主义所描绘的政治更好。[1]

因此，很容易将科学从政治中解脱出来，只需要尽可能将"科学2"从与"科学1"相伴而行的、由苏格拉底引入哲学的政治规训中解放出来，而不像过去做的那样——试图尽可能将科学的自治核心与社会的有害污染隔离开来。第一种解决方案是非人性对抗非人性，这过于依赖异想天开的社会定义——暴民必须闭嘴并受到规训，也依赖于更为异想天开的"科学1"定义——"科学1"被视为一种旨在引入"不带个人色彩的定

---

[1]　这里可以加上"科学的"第三个意义，我将之称为物流学（logistics），因为它与人类想要获得并社会化的实体数量直接联系在一起。这就好比，如果两万名球迷同时想在棒球场附近停车，就需要像解决物流问题一样；如果大量数据需要从远距离传送过来，并得到处理、分类、"停放"、概括与表达，也需要解决物流问题。形容词"科学的"许多常用用法都是指这个物流问题。但它不应该与其他两种意义相混淆，尤其是不能与通达非人类的科学相混淆。"科学3"（Science No.3）确保了快速、安全的数据通信的建立，它并不能确保某些合乎情理之物得以保留。"输入垃圾，胡乱输出垃圾"是计算机的座右铭。

律"来阻止争论爆发的论证。第二种解决方案是使科学从政治中解脱出来的最佳且最快的方式。让"科学2"公开呈现其所有美丽的独创性，也就是说，它在人类与非人类之间建立起新的、不可预见的联系，从而深刻地改变了集体的构成。谁最清晰地界定了它呢？是苏格拉底！在这里，我想回到开头的段落，来弥补对这位讽刺大师所进行的讽刺："事实上，卡利克勒，专家们的观点实际上是合作、爱、秩序、自律和正义，这使天与地、神与人联结在一起。这就是为何他们称宇宙为有序的整体而不是无序的混乱或难以掌控的废墟 [kai to olon touto dia tauta kosmon kalousin, o etaire, ouk akosmian oude akolasian]。"（507e-508a）

261

一旦"科学2"明确地从科学（Science）的不可能议程中分离出来，那么它非但没有把我们带离广场，反而将政治秩序重新定义为聚集了星星、朊病毒、奶牛、天空和人类的秩序，其任务是把这个集体变成一个"宇宙"而非"难以掌控的混乱"。对科学家而言，相比于用"不带个人色彩的定律"的大棒来无聊地、重复地击打那些可怜的、不受规训的民众，这样的努力似乎更生动、更有趣，更符合科学家的技能与天赋。苏格拉底、卡利克勒所一致同意的配置是"诉诸某种非人性形式来避免非人性的社会行为"，而新的配置与之不同，可以被定义为"共同确保由越来越多的人与非人所组成的集体成为一个宇宙"。

然而，对于另一个可能的任务，我们不仅需要科学家们放弃"科学1"的旧特权，并最终从事一项将"科学2"从政治中解脱出来的事业，还需要一种对称形变的政治学。我承认这更为困难，因为在实践中，很少有科学家乐意受到苏格拉底式立场的人为限制，他们热衷于应对他们擅长的"科学2"。但政治该怎么办？说服苏格拉底是一回事，但又如何说服卡利克勒呢？把科学从政治中解脱出来是容易的，但我们该如何将政治从科学中解脱出来呢？

将政治从使政治不可能的权力 / 知识中解放出来

那些指责科学论将科学政治化的人总是忽略了一个悖论，即科学论所做的恰恰与之相反，但在这样做的过程中遇到了另一种反对，这比认识论者或一些对之不满的科学家的反对更加强烈。如果以一种看似合理的方式划定所谓"科学大战"的战线，那么像我们这种所谓"对抗"科学的人将会得到社会科学或人文学科阵营的衷心支持。然而，这里的情况也恰好相反。对社会学家和人文主义者而言，"科学2"是一桩丑闻，因为它完全颠覆了他们所研究的社会定义——但"科学2"是科学家们的常识，当然，他们只有在看到自己笨拙的"科学1"被去除时才会担心。相比于我们与科学界中的反对者（总体上）的友好交流，相信"社会"的人则更为激烈地予以反对。这怎么可能呢？

在这一点上，苏格拉底和卡利克勒之间的和解也能给我们

262

以启示，尽管这更难理解。我们先前看到，在破解一边是理性与力量、另一边是民众的拉锯战时，有两种"社会的"意义。其一是"社会1"（Social No. 1），它被苏格拉底用于反对卡利克勒（被稻草人卡利克勒接纳为对力量的良好定义）；其二是"社会2"（Social No. 2），它被用于描述代表自己的民众特定的适切条件。尽管苏格拉底将这些条件撕成碎片，《高尔吉亚篇》还是很好地揭示了它们。

我想在这里指出，正如我在第3章所说，"社会的"两种意义之间的差异类似于"科学1"与"科学2"之间的差异。难怪社会的日常概念与首字母大写的科学概念都以相同的理性主义论证模式为基础——该模式是一种不变形的、不灵活的定律传递。这是所谓的"权力"而非"知识"，但这不会带来什么差异，因为当认识论者说出"论证的权力"时，社会学家们也很乐意使用他们最近最著名的座右铭："知识／权力"（Knowledge/Power）。社会科学极为讽刺之处在于，当他们用这种福柯式的表述来发挥自己的批判技能时，他们实际上是在尚未意识到这一点的情况下进行表达的："让苏格拉底（知识）和卡利克勒（权力）所达成的一致屹立不倒，并用它来战胜平民阶级吧！"没有比这更为批判的批判口号了，没有比这更为精英主义的流行旗帜了。让这一论点难以理解的是，自然科学家和社会科学家都表现得好像权力完全是由另一种物质而非理性构成的，因此他们将其分开，然后用一道神秘的斜杠将它们重新组合，这就是所谓的独创性。苏格拉底与卡利克勒的表演吸引了批评家们。权力与理性是同一的，由权力或理性建立起的政治体都是用同一种黏土来塑形的；因此，那条斜杠是没用的，它仅仅激发着表演者与包厢座中评论家的兴趣，同时让观众无聊到流泪。

似乎在《高尔吉亚篇》之后，政治哲学再也没有重获它曾经拥有的全部权利，这些权利可被用于仔细思考特定的适切条件，并用自身的血肉之躯建立起政治体。实像*一旦被击碎，就只能修补而无法进行完整的修复。可以肯定的是，芭芭拉·卡森已经出色地表明了第二种诡辩（the second Sophistics）是如何战胜了柏拉图并在哲学之上重建起修辞学的。但是，一旦到了17世纪，另一个条约再次将科学与政治联系在一起，并形成了一个共同的配置——尤其是在马基雅维利掉进苏格拉底的陷阱，将政治定义为一种完全脱离了科学美德的智慧之后，如此一来，这上千年来付出极大代价而获得的胜利（Pyrrhic victories）将得不偿失、毫无意义。霍布斯的利维坦是一头彻头彻尾的理性主义野兽，它由论据、证明、齿轮和转轮组成。它是一种笛卡尔主义的*动物 – 机器*，无需讨论与变形就能传递权力。

再一次，霍布斯被当作反对理性的陪衬，就像卡利克勒被用来反对苏格拉底一样。但是，17世纪的共同配置比20世纪早期的更清楚：自然律与毋庸置疑的论证促成了基于理性的政

263

治。在广场的严苛条件下缓慢达成共识的适切条件消失不见。就政治的真诚性而言，霍布斯著作里的东西不及苏格拉底从彼岸世界所吁求的。二者唯一的区别在于，苏格拉底的政治体死而复生并成为此岸世界的利维坦，它是一只半怪物，由半死半活的、"没穿衣服、没有亲朋好友"、"不受羁绊"（523c）的个体组成——这幅图景比柏拉图所想象的更吓人。

当卢梭及其后来者为政治体注入理性，以便逃避霍布斯的犬儒主义时，事情并没有发生好转。苏格拉底所开创的不可能的手术以更大规模持续着：尽管注入了更多的理性、更多的人工血液，但这种特殊形式的循环液体越来越少，而这种循环液体是政治体的本质，智者给出足够多的精妙术语来形容它，而我们却几乎没有。现在的政治体应当对自身透明，摆脱智者学派的操纵、暗黑秘密、聪明与诡计。代表已经占据上风，但这种代表是在苏格拉底所论证的意义上理解的。通过假装清除了格劳克斯雕像后来的所有变形，卢梭使政治体更加怪异。

我是否应该继续讲述这个悲伤的故事，讲述如何将一个曾经健康的政治体变成一个更加行不通、更加危险的怪物？不，没有人想听到更多以理性之名发生的骇人故事。我只想说，当"科学的政治"被最终发明出来时，更糟糕的怪物们便会接踵而至。苏格拉底仅仅威胁要离开广场，而在他结束合理化政治的奇特尝试的最后，只有他流了血。在我们这个世纪的孩子看来，这是多么无辜！苏格拉底无法想象，后来发明出的科学纲领会把全体民众送往彼岸世界，用一门科学——而且是经济学的铁律来取代政治生活！社会科学的绝大多数实例都代表着苏格拉底与卡利克勒的最终和解，因为后者所提倡的野蛮武力已经变成了一种论证——当然，这种论证不是通过几何等式来实现的，而是通过统计学等新工具得以实现。我们现在对"社会"的定义，其每一个特征都来自苏格拉底与卡利克勒的立场，每一个特征都融为一体。

为什么"权力／知识"不是一种解决办法，而是又一种麻痹剩余政治体的企图？我对此已经说得很清楚了。以卡利克勒对权力的定义为例，将其用于解构理性可以表明：理性不是对真理的论证，而是对力量的论证。这只不过是颠覆了人们为使政治变得不可想象而设计的孪生定义。没有取得任何成果，也没有什么得到了分析。它是用黑色与白色，取代了白色与黑色。强壮的卡利克勒，只是从虚弱的苏格拉底手里，接过了拔河比赛中用于对抗民众的绳子，然后，如那条斜杠所示，苏格拉底又会从疲劳的卡利克勒那里接替过来！的确，这是令人钦佩的合作，但这种合作不会用于强化平民阶级，即在另一端拉绳子的民众。再总结一下这个论证，在理性的定义中，没有一个特征是力量的定义所不具备的。因此，试图在二者之间交替，或以牺牲其中一方为代价来扩展另一方，是一无所获的。然而，如果我们将注意力转向设计这对孪生资源（力量／理性）的场点与情境——广场，我们将获得一切。

人们常说，生活在 20 世纪的人痴迷于糖，慢慢受毒害于难以置信的过量碳水化合物。那些在长期缺乏糖的饮食中进化而来的有机体，对这些碳水化合物并不适应。这是一个关于政治体的好隐喻，政治体已被难以置信的过度理性所毒害。我希望大家现在能清楚，苏格拉底教授给出的疗法是多么不合适，但温伯格医生，凭借物理学家的身份，给出的治疗则更加糟糕，他想通过引入更多的"不带个人色彩的定律"来治愈民众所谓的非理性，从而彻底消除暴民们讨论与违抗的可恨倾向。在过去，甚至在最近，旧的配置有着极大的吸引力；因为它似乎能最快地将神、天堂与人类的混乱无序，转化成一个有序的整体。相较于通过政治手段产生政治的缓慢而微妙的政治学，它似乎提供了一条理想的捷径、一个惊人的加速。这是我们从雅典人民那里学到的方法——唉，然后又没有学会。但如今很明显的是，这个旧的配置非但没有增加秩序，反而增加了无序。

苏格拉底用厨师与医生争执的故事取悦公众。在这一故事中，一些想法有一定的合理性，比如把厨师赶出去，让医生告诉我们应该吃些什么、喝些什么。在我们这个"疯牛病"时代，这个想法不再适用，厨师和医生都不知道应该对议会说些什么，而议会也不再由宠坏的孩子和"各式各样的奴隶"组成，而是由已经成年的公民组成。这是一场科学大战，但它不是令人厌烦的老节目（苏格拉底的后人对抗卡利克勒的后人）的重播，而是一场"难以控制的混乱"与"宇宙"之间的战争。

我们该如何使"科学2"与"社会2"相混合？前者将越来越多的非人类带至广场；后者处理着非常特定的适切条件，这种适切条件并不满足于不变形地传送力量或真理。我也不知道这个问题的答案，但我可以肯定一件事：不可能有捷径或短路（short-circuits），也不可能有加速。我们的知识可能有一半掌握在科学家手中，而另一半缺失的知识却掌握在那些所有人都瞧不起的政客们手中。政客们冒着自己与我们的生命风险，投身于科学－政治争论之中——这些争论如今构成了我们大部分的日常生活（daily bread）。为了解决这些争论，必须再次在政治体中毫不费力地实现一种"双重循环"：一种科学（"科学2"）从政治中解脱出来，一种政治从"科学1"中解脱出来。当下的任务可以用下面这句奇特的话来概括：我们能否学会像喜欢政治家一样喜欢科学家，以便在最后我们可以从古希腊人的两项发明——论证与民主——中获得裨益？

9 行动的小惊喜：事实、拜物、实像

真是一个惊喜！我似乎已经完成了我的任务，拆除了支配我们的旧配置。绑匪的藏身之处已经暴露，非人类被释放，也就是说，它们摆脱了为反对民众的政治战争充当炮灰的肮脏命运，同时摆脱了穿着单调的"客体"制服。这确实是一种反常的政治，其目的在于消除自身的适切条件，并使身体政治永远不可能。

然而，我仍然一无所获。在前面的章节中，我增加了不遵循理性的直线路径的运动。我提出了许多术语来映射迂回的动作：迷宫、转译、移出、下移。我充分利用了血管化、输液、连接和纠缠的隐喻。可以肯定的是，每当我提出一个例子，我的描述似乎都是合理的，因为它遵循了由准确的事实、有效的人工制品、良性的政治所带来的复杂的迂回。然而，每当我在关键时刻寻找一个能让我一跃而过、超越建构和真理的词语时，我都失败了。这不仅仅是一般性的词语对经验特殊性描述的不足。就像科学实践、技术实践和政治实践进入了与科学理论、技术理论和政治理论完全不同的领域一样。为什么我们不能轻易为我们的日常言语找回实践所提供的如此诱人的东西？为什么人类和非人类的关联一旦被澄清、纠正和理顺，就会变成完全不同的东西：成为主体和客体战争中的两个对立面？

　　这里缺少一些东西。一章又一章，我们一直在逃避什么？一种在客体和主体之间进行和平谈判的方式，一种结束这场战斗而不使火力进一步升级的方式。我们需要一种完全绕过此般对峙的手段、一种工具、一种修辞手法，来提供一个不同的动作、一种不同的实践方式，而不是用令人生畏的选择，诸如"它是真实的还是构造的？你们必须选择，你们这些傻瓜！"来打破实践的微妙语言。有一件事是肯定的：一旦理论进行了分析性的切割，一旦听到骨头断裂的声音，就不再可能解释我们如何认识、如何建构、如何过上美好的生活了。因此，我们只能尝试将主体和客体、语词和世界、社会和自然、心灵和物质——这些被制造出来的碎片重新拼凑，使任何和解都变得不可能。我们如何才能恢复我们的通行自由？我们怎样才能再次被训练成具备网球运动员所说的那种迅速、优雅、高效的"传球"能力？为什么它在任何地方看起来都那么容易、那么普遍，却又如此困难？当我们聆听实践的教训时，它似乎是如此合情合理；而当我们听到理论的讲座时，它又是如此矛盾、扭曲和晦涩难懂。

　　解决方案在哪里？就在断裂点本身。我试图在本章让我们意识到把实践砸成碎片的行为本身。与实用主义者所相信的相反（在我看来，这也是他们的哲学从未在公众心目中占据一席之地的原因），理论与实践之间的差异并不像内容与背景、自然与社会之间的差异那样是一个既定的事实。这是一个被制造的鸿沟。更确切地说，它是一个被强有力的锤子击碎的统一体。

在图 1.1 所示的解决方案中，有一个盒子我们还没有触及，那就是标有"上帝"的那个盒子。我这里指的不是现代人可悲的"超越之神"概念——为那些没有灵魂的人提供灵魂的补充——而是指"上帝"作为行动、主宰和创造理论的名称，是旧的现代主义定居的基础。我们已经询问了事实和人工制品，我们已经看到将它们理解为被主宰或被建构是多么困难，但我们还没有探究主宰和建构本身。这就是我现在想做的，因为我清楚地知道，如果不这样做，无论我们多么善于描述实践的复杂性，我们都会立即被攻击为想要破坏科学和道德的偶像破坏者。我是一个偶像破坏者？！没有什么比被说成是挑衅者甚至是批评者更让我生气的了。特别是当这样的指责——或者更糟糕的是，这样的赞美——来自那些打破了我们所有修辞格的人，来自苏格拉底的所有后裔，在使我们成为现代人的冗长的砸毁偶像的谱系中，他们是第一批破坏偶像者之一。具有讽刺意味的是，像我这样的偶像崇拜者被迫为自己辩护，以免受偶像破坏者的侵害。如何才能做到这一点呢？通过摧毁他们并加以报复，在批评者留下的碎片中增加更多的碎片？不，通过另一种手段。通过暂停锤子的粉碎性打击。

让我们开始吧，不是像我们刚才对苏格拉底所做的那样，从这个漫长的历史开始，而是从它的尽头开始。我们将把一个后世的偶像破坏者作为我们的榜样，他是现代人派往世界各地的勇敢的批评家之一，目的是扩大理性的范围，他们从中学到了为什么应该暂停批评的姿态。

不可知论的两种含义

他的名字叫贾格纳特（Jagannat），他决定打破种姓和贱民的魔咒，向贱民们揭示神圣的萨利格拉姆（saligram）——保护他的高种姓家族的强大石头——并不可怕（Ezechiel and Mukherjee 1990）。当贱民们聚集在他家族庄园的院子时，这位好心的偶像破坏者，在他姑姑的惊恐之下，夺取了石头，穿过婆罗门和贱民共同居住的院子里的禁地，拿着这个东西让那些可怜的奴隶去亵渎。突然，在院子中间，在炽热的阳光下，贾格纳特犹豫了一下。我想把这种犹豫作为我的出发点：

话语卡在喉咙里。这块石头不算什么，但我已经把我的心放在它上面，我正在为你伸手去拿它：触摸它；触摸我心灵的脆弱点；这是晚上祈祷的时间；触摸；**南达迪帕**（nandadeepa）仍在燃烧。站在我身后的人 [他的姑姑和牧师] 正用许多义务的束缚把我拉回来。你在等什么呢？我带来了什么？也许是这样的：这已经成为一个萨利格拉姆，因为我把它当作石头来供奉。如果你触摸它，那么它将成为他们的石头。我的恳求变成了一个萨利格拉姆。因为我已经给了它，因为你已经触摸了它，因为他们都见证

了这一事件，就让这块石头在这漆黑的夜幕中，变成一个萨利格拉姆。并让萨利格拉姆变成一块石头。（101）

但是，贱民们惊恐地退缩了：

贾格纳特试图安抚他们。他用老师的日常语气说："这只是石头，摸一摸就知道了。如果你不这样做，你将永远保持愚蠢。"

他不知道他们发生了什么事，但发现整个团队突然退缩了。他们在狡黠的面孔下畏缩着，不敢站立，也不敢逃跑。他一直渴望着这个吉祥的时刻——这个贱民们触摸上帝形象的时刻。他用一种快被巨大的愤怒窒息的声音说："是的，触摸它！"

他向他们前进。他们缩了回去。某种畸形的残忍笼罩在他心中。这些贱民看起来就像在肚子上爬行的恶心的生物。

他咬着下唇，用坚定的低沉声音说："皮拉（Pilla），摸它！是的，摸它！是的，触摸它！"

皮拉[一位贱民领班]站在那里眨眼。贾格纳特感到疲惫和失落。这些天他一直在教他们的东西都白费了。他可怕地嘎嘎叫着。"触摸，触摸，你触摸它！"就像一些被激怒的动物的声音，撕裂了他。他是纯粹的暴力本身；他没有意识到别的东西。贱民们发现他比布塔拉亚

(Bhutaraya)［当地神的鬼魂］更有威胁性。空气中弥漫着他的尖叫声。"触摸，触摸，触摸。"这种压力对贱民们来说太大。他们机械地走上前去，刚摸到贾格纳特拿给他们的东西，就立即退了出去。

因暴力和痛苦而筋疲力尽，贾格纳特把萨利格拉姆扔到一边。一场翻滚的痛苦已经走到了一个怪异的尽头。即使他的姑姑将贱民视为不可触碰的，但她也是有人性的。萨利格拉姆则在一瞬间失去了人性。那些贱民对他来说是毫无意义的东西。他垂下了头。他不知道那些贱民是什么时候离开的。当他意识到自己是一个人的时候，黑暗已经降临。他对自己感到厌恶，开始四处走动。他问自己：当他们触摸它时，我们失去了人性——他们和我的人性，不是吗？而我们也死了。这一切的缺陷在哪里？在我身上还是在社会上？没有答案。走了很久之后，他回到家，感到头晕目眩。（98-102）

反偶像主义是任何批判的一个重要组成部分。但批评家的锤子砸的是什么？一个偶像。一种拜物。什么是拜物*？它本身什么都不是，只是一个空白的屏幕，我们错误地把我们的幻想、我们的劳动、我们的希望和激情投射在上面。正如贾格纳特试图说服自己和那些贱民的，它是一块"单纯的石头"。当然，困难在于如何解释一个拜物能同时成为一切（信徒所有力量的源泉）、什么也不能成为（一块简单的木头或石头）以及成为一点点东西（可以扭转行动的起源，使人相信，通过颠倒、物化或对象化，对象不仅仅是自己双手的产物）。然而，不知何故，拜物在反拜物者的手中获得了力量。你越是希望它什么都不是；由此产生的行动就越多。因此，善意的偶像破坏者感到不安："这已经成为一个萨利格拉姆，因为我把它当作石头来供奉。"

勇敢的偶像破坏者摧毁了什么？我认为被破坏的不是拜物，而是一种争论和行动的方式，这种方式曾经使争论和行动成为可能，而我现在想要恢复它（"当他们触摸它时，我们失去了人性——他们和我的人性，不是吗？而我们也死了。"）。这是反拜物主义最痛苦的一面：它总是一种指责。一些个人或一些人群被这样指责，他（们）被一个肯定能从这个幻觉中逃脱并想把其他人也从天真的信仰或从被操纵中解放出来的人收买了，或者更糟糕的是，无所顾忌地操纵着信奉者。但是，如果反拜物主义显然是一种指责，那么它并不是对那些信奉者或被操纵的人所发生的事情的描述。

事实上，正如贾格纳特的举动所很好地说明的，是批判性思想家发明了信仰和操纵的概念，并将这一概念投射到拜物扮演的不同角色的情境中。姑姑和牧师从来没有把萨利格拉姆视为任何东西，它只是一块石头而已。通过把它变成必须由贱民触摸的强大物体，贾格纳特把石头变成了一个畸形的东西，并

271

把自己变成了一个残酷的神（"比布塔拉亚更有威胁性"），而贱民则被转化为"爬行的生物"和单纯的"事物"。与批评家们一贯的想象相反，在毁坏偶像的行动中，令"本地人"惊恐的不是打碎他们偶像的威胁性姿态，而是偶像破坏者赋予他们的奢侈的信仰。偶像破坏者怎么会贬低自己以至于相信我们，这些本地人竟然如此天真地相信，或者如此玩世不恭地操纵，或者如此愚蠢地愚弄自己？我们是动物吗？我们是怪兽吗？我们是单纯的事物吗？这是他们羞耻的根源，却被批评家误读为这些天真的信奉者在面对亵渎性的姿态时应该感到恐怖，或者批评家们认为，这种姿态暴露了他们信条的空洞。

在现实中，锤子是从侧面敲击的，落在了其他的东西上，而没有砸到偶像破坏者想要打破的东西。贾格纳特没有把这些贱民从他们的卑微处境中解放出来，而是摧毁了自己和他姑姑的人性，以及那些他认为自己所要解放之人的人性。在某种程度上人性取决于这块"单纯的石头"不受干扰的存在。偶像破坏并没有打碎一个偶像，而是破坏了一种争论和行动的方式，而这种方式对偶像破坏者来说是一种耻辱。唯一把自己的感情投射到偶像身上的人是他，一个拿着锤子的偶像破坏者，而不是那些因他的姿态而摆脱桎梏的人。唯一相信的人是他，所有信仰的斗士。为什么？因为他（我用的是阳性代词，这对他来说是正确的！）相信信仰的感觉*，这确实是一种非常奇怪的感觉，这种感觉可能不存在于任何地方，只存在于偶像破坏者的心中。

正如我们在第 5 章所看到的，信仰，天真的信仰，是偶像破坏者与其他人进行接触、暴力接触的唯一方式——正如认识论者没有其他对比巴斯德和普歇的方式一样，只能说后者相信而前者知道。然而，信仰不是一种心理状态，不是一种把握陈述的方式，而是一种具有争议性的关系模式。只有当雕像被偶像破坏者的锤子猛烈敲击时，它才会成为一个潜在的偶像，天真而虚假地被赋予它所不具备的力量——对批评家来说，证据就是它现在已经支离破碎，什么都没有发生。除了那些热爱雕像的人愤慨困惑，那些被指责为被雕像的力量所迷惑的人也愤慨困惑，以及那些现在从雕像的支配中"解放"出来的人还是愤慨困惑，除此之外，什么都没有发生——但正如小说所显示的，在被亵渎的家庙中间，躺在废墟中的是破像者的人性。

在它被砸成碎片之前，偶像是别的东西，而不是被误认为一种精神或任何这样东西的石头。它以前是什么？我们能否找回一种意义，使破碎的碎片重新组合起来？我们能像考古学家一样，修复时间（这是最大的偶像破坏者）所造成的损害吗？我们可以从清理我们今天在语言中使用的破碎碎片开始，忘记它们曾经被结合在一起。

"拜物"和"事实"可以追溯到同一个根源。事实是构造的，也是非构造的——正如我在第 4 章所讨论的那样。而拜物也是那些被构造和不被构造的东西。[1]这个联合词源没有什么秘密。每个人都在不断地、明确地、痴迷地说着：科学家们在他们的实验室实践中，拜物的信徒们在他们的仪式中（Aquino and Barros 1994）。但我们是在锤子已经把它们敲成了两半之后使用这些词的：拜物已经变成了一块空石头，意义被错误地投射在上面；事实已经成为一种绝对的确定性，可以被用作锤子来打破所有的信念妄想。

现在让我们试着把这两个破碎的符号重新粘在一起，恢复我们新剧目的四个象限（参见图9.1和图9.2）。正如我们在第4章所看到的，被用作坚实锤子的事实也是在实验室里通过漫长而复杂的协商构造出来的。增加它的后半部分、它的隐藏历史、它的实验室环境，是否削弱了这个事实？是的，因为它不再是坚实的锤子（图9.1左下方）。不，因为它现在可以说是线状的、更脆弱的、更复杂的、血管丰富的（参见第3章），完全能够产生流动指称、准确性和现实性（图9.2左侧）。它仍然可以被使用，但不是被偶像破坏者使用，也不是为了粉碎信仰而被使用。抓住这个准客体需要一只更巧妙的手，而且应该用它来实施一个稍微不同的行动方案。

---

1 "拜物"一词的发明者之一将其与另一个词源联系起来：fatum, fanum, fari（De Brosses 1760, 15）。但所有的字典都把它与葡萄牙语"fabricate"（构造）的过去分词联系起来。关于这个词的概念历史，参见皮茨（Pietz 1993）、亚科诺（Iacono 1992）和谢弗（Schaffer 1997）对比较人类学的精彩探究。

273

图 9.1 在事实与拜物的规范划分中，两种被划分功能（知识和信仰）中的每一个都可以通过以下问题暴露出来：它是构造的还是真实的？这个问题意味着构造和自主是相互矛盾的。

　　那另一块碎片呢？拜物会怎样？很清楚地说，它是被构造的、制造的、发明的、设计的。它的实践者似乎都不需要通过对信仰的信念来解释它的功效。每个人都愿意很坦率地说出它是如何被制造出来的。承认这种构造，是否会以任何方式削弱有关拜物独立行动的主张？是的，因为它不再是一个不可抗拒的腹语现象，一种倒置，一种物化，一种回声，在这种情况下，制造者被它刚刚创造的东西吸引（图 9.1 右下方）。不是，因为它不能再被看作一种天真的信念，仅仅是将人类的劳动逆向投射到一个本身并不存在的物体上。它不再像等待偶像破坏者捶打的信仰那样易碎、脆弱。它现在更加坚固，更具有反思性，在集体实践中投入了丰富的内容，像血管一样呈现网状结构（图9.2右侧）。现实，而不是信仰，纠缠在它的细丝中。如果锤子的击打威胁到它的毁灭，它将从这个屈服但有弹性的网络中反弹回来。

如果我们在事实中加上它们在实验室中的构造，如果我们在拜物中加上其制造者的明确和反思性的构造，那么批判的两个主要资源就会消失：锤子和铁砧（我没有说锤子和镰刀！）。取而代之的是被偶像破坏者破坏了的、一直存在的东西；那些总是要重新雕刻的、对行动和争论而言是必要的东西。这就是我所说的实像*（factish）。当我们明确地恢复两者的行动时，我们可以从对事实和拜物的屠杀中找回实像（图9.2顶部）。这两个破碎符号的对称性被放回原处。如果偶像破坏者可以天真地相信存在着十分天真足以赋予石头精神的信徒（图9.1右下方），那是因为偶像破坏者也天真地认为，他用来粉碎偶像的事实可以在没有任何人类能动性的帮助下存在（图9.1左下方）。但是，如果在这两种情况下都恢复了人类能动性（图9.2顶部），那么要被打碎的信念就会和破碎的事实一起消失。我们进入了一个我们从未离开过的世界，除了在梦境中——理性的梦境中——在这个世界里，争论和行动到处都被实像操纵、约束和提供。

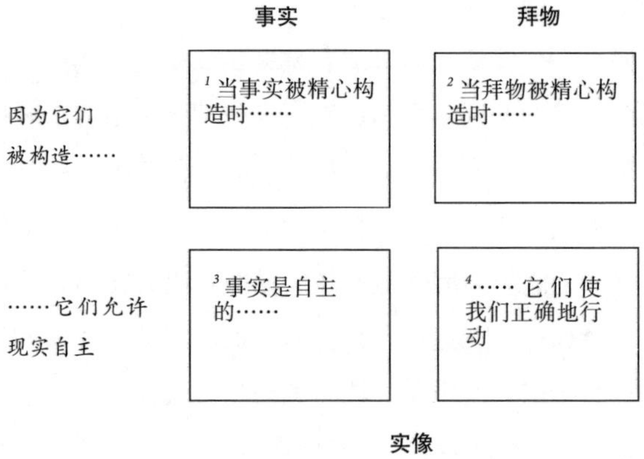

图 9.2　一旦构造被视为事实和拜物的自主性和实在性的原因，图 9.1 中知识和信仰之间的纵向划分就会消失；取而代之的是一个新的横向问题：什么是使自主性成为可能的良好构造？

实像的概念并不是一个分析范畴，可以通过清晰明了的话语添加到他者之上，因为话语的清晰明了来自最深层的晦涩，它被迫在建构主义和实在论之间做出选择（图 9.1 的纵轴和横轴），从而把我们带入现代主义配置希望所有人都沉睡在其中的普罗克鲁斯之床（Procrustean bed）：科学事实是真实的还是建构的？拜物是投射在偶像身上的信仰，还是这些偶像"真的"在行动？尽管这些问题已经足够通俗，而且对任何清晰的分析似乎都是必要的，但恰恰相反，这些问题使人类和非人类之间的所有关联都变得完全不透明。如果有一件事能掩盖萨利格拉姆的功能，那就是询问它是一块"单纯的"石头、一个强大的物体，还是一种社会建构。

　　但如果一个人拒绝回答"它是真实的还是建构的"，就会出现一个严重的问题。用不可知论者的"无可奉告"来回答，很容易被混淆为对所有人类表征的虚假性的冷漠接受。正如我在第1章末尾所说的，这就是科学论与它的极端对立面——后现代主义——危险调情的地方。实像的解决方案不是像许多后现代主义者那样忽视选择，说："是的，当然，建构和实在是一回事；一切都只是幻觉、故事和假象。现如今谁还会如此天真地对这种琐事提出异议？"实像表明了一个完全不同的举动：正因为它是被建构的，所以它才如此真实、如此自主、如此独立于我们自己的双手。正如我们一再看到的那样，依附性并不减少自主性，而是促进它。除非我们理解"建构"和"自主的实在"这两个词是同义词，否则我们会把实像误解为另一种形式的社会建构主义，而不是把它看作修正了整个关于"建构"含义的理论。

　　另一种说法指出，现代主义者和后现代主义者在他们所有的批判努力中，都没有触及信仰，这是他们勇敢的事业中不可触及的中心。他们相信信仰。他们相信人们会天真地相信。因此有两种形式的不可知论。第一种是批评家们所珍视的，包括有选择地拒绝相信信仰的内容——通常是上帝；更普遍的是拜物教和诸如萨利格拉姆之类的东西；最近流行的是文化；最后是科学事实本身。在这个不可知论的定义中，要不惜一切代价

避免被骗。天真是死罪。救赎总是来自揭示隐藏在自主和独立
的假象背后的劳动，即支撑木偶的绳索。但我将不可知论定义 276
为，不是对价值、权力、观念、真理、区别或结构的怀疑，而
是对这种怀疑本身的怀疑，对信仰可能以任何方式成为支撑这
些生命形式的概念的怀疑。如果我们摒弃了信仰，那么我们就
可以探索其他行动和主宰的模式。然而，在我们这样做之前，
我们最后必须快速浏览一下现代批评家。

现代批评家概览

我说起来有一些困难，好像只有偶像破坏者才是一个天真
的信徒，仿佛只有他才会把感情投射到物体上，而忘记了他在
实验室里制造的事实并不是他自己亲手制作的产品。他和他自
己怎么可能是天真的，沉浸在恶意中的，并被虚假意识蒙蔽的
呢？我在这里是不是表现出缺乏仁慈，或者更糟糕的是，没有
表现出反思性？诚然，现代偶像破坏者对他的事实和拜物的双
重构造的相信，并不比其他任何人更天真，后者相信偶像破坏
者为了把他们从枷锁中"解放"出来而去摧毁偶像。在他的执
念中，还有一些别的东西是危险的，那是一种不同的智慧，当然，
它不是实像的智慧，但无论它看起来多么曲折，它都是一种智
慧。让我们最后考虑一下现代偶像破坏者在其本土的非凡力量。
当他没有自我意识的时候，也就是说，在他不再是现代的时候，

当他仍然保有他原始和未受污染的异国情调时，在他试图像贾格纳特一样，把某个东西亵渎为只是一块石头的那一刻，普通人赋予了它不存在的力量！

现代主义批评家是否被他的妄想和混乱的信仰禁锢和束缚？恰恰相反；别人相信的信念是一种非常精确的机制，它使人类获得了非凡的自由度。通过两次消除人的能动性，它使我们有可能不费吹灰之力就腾出行动的通道，通过将实体分解为单纯的信仰，并将观点和立场固化为确凿的事实，又为行动扫清了道路。从来没有人拥有如此多的自由。自由恰恰是允许并证明偶像破坏者行动的原因。但从什么中获得自由呢？从谨慎和小心中，我将在下一节讨论这些内容。

277   我们现在看到，偶像破坏者并没有摆脱实像，因为他无法逃脱在实验室中制造事实的人类能动性；他也无法通过将实体限制在具有想象力和"深度"无意识的头脑内部状态中而自由地消除它们。在这方面，现代主义者和其他人一样：每个人在任何地方都需要实像来行动和争论。只有一种非现代的人类——在这个意义上，是的，我相信一种普遍主义的人类学。但批判现代主义者的主要狡猾之处在于他能够同时使用两套资源：一方面是像其他人一样的实像，另一方面是明显矛盾的理论，它从根本上区分了事实（没有人制造过）和拜物（完全不存在的对象，只是信仰和内部表征）——参见图 9.1 的两栏。这就是使现代主义者成为真正的人类学奇才的原因，这是他独特的、不可比拟的"天才"，使比较人类学能够在所有其他文化中识别这种文化。

如何识别一个现代主义者？让我们快速列出现代主义者的社会心理特征。

现代主义者是偶像破坏者。他们拥有所有的愤怒、暴力和权力，这使他们能够打破实像并产生两个不可调和的敌人：拜物和事实。

借助打破偶像，现代主义者从束缚所有其他文化的枷锁中解放出来，因为他们可以随心所欲地从存在中把限制他们行动的任何实体抽出，并把任何能加强或加速其行动的实体注入存在（至少这是他们过去理解"其他文化"的方式，就像这些文化是"被封锁的""被限制的"或"瘫痪的"）。

在这种偶像破坏者的保护下，现代主义者可以像其他人一样，在他们"实验室"的绝缘子宫里生产他们想要的任何实像。对他们来说，甚至天空也不是一个限制。新的混合体可以无休止地推出，因为它们没有任何后果。现代人的创造力、独创性和幼稚的热情可以不受约束地蓬勃发展。"这只是实践，"他们可以说，"它没有后果；理论将永远保持安全。"现代主义者的行为就像迦太基人，他们在把自己的孩子献给巴力时说："他们只是小牛，只是小牛，不是孩子！"（Serres 1987）。

现代主义者高高在上，像保护女神一样注视着主体与客体、科学与政治、事实与拜物之间的鲜明区别，使所有混合这些类

278

别的复杂又相当诡异的手段永远不可见。在上面，主体和客体是无限遥远的，特别是在科学理论中。在下面，主体和客体混合到极致，特别是在科学实践中。在上面，事实和价值被保持无限远的距离。在下面，它们被混淆、重新分配和无休止地折腾。在上面，科学和政治从未混合。在下面。它们从上到下都被不断地重新创造。

请注意，这种结构使实像三番两次变得不可见：在上面，它们已经消失了，取而代之的是一个清晰而光芒四射的理论，其刺眼的光芒是由事实和虚构之间完整而持续的区别所激发的；在下面，实像是存在的——它们怎么可能不存在？但它们是隐藏的、不可见的、无声的，因为只有无声无息的实践*才能说明上面严格禁止的事情。可以肯定的是，行动者们一直在谈论"那个"——他们所有项目的核心，但却是用一种破碎的、犹豫不决的，只有实地考察才能找回的，并且永远不会威胁到对立的理论话语的语言。最后，一个绝对的区别使设置的顶部与底部分离。当然，现代的实像是实存的，但它们的建构是如此的奇怪，以至于尽管它们到处活跃、肉眼可见，但它们仍然是不可见的，不可能被记录下来。

然而，关于这种三重构造，现代人自然是有意识的、反思的和明确的。我们在这里处理的不是一种理论的"超我"，也不是执着于压制实践的"本我"。如果他们不是有意识的，我们就需要用另一种阴谋论、另一种精神分析来说明对信仰的相信，来解释现代主义者对幻觉的信仰，来否定现代人，而且只有他们有权像其他人一样，也就是说，有权在实像的坚定手掌中，从信仰中解放出来——而我，将被迫成为一个偶像破坏者，揭示理论面纱背后实践的残酷实在。

我们怎么知道现代人意识到他们从来没有现代过？因为他们不仅远没有把事实与虚构分开，也没有把这种分离的理论与调解的实践分开，而是无休止地、痴迷地修补、修复和克服这些破碎的碎片。他们用手边的一切来表明，主体和客体应该被调和、被修补、被超越、被废止。现代主义从来没有停止过修复，再修补，也对无法修补感到绝望，因为尽管进行了所有这些修补工作，现代主义者从未放弃最初这一切破碎的姿态，即创造现代性的姿态。他们是如此绝望，以至于在打碎了所有其他文化之后，他们开始嫉妒它们，并在异国情调的名义下，设计出对整体的、完整的、有机的、健康的、未受污染的、未被触及的、未被现代化的野蛮人的博物馆崇拜！在现代的基础上，他们又增加了一个更奇怪的发明，即前现代*。

我们现在可以勾勒出现代人的理想社会心理类型，即批判的模式。作为一个偶像破坏者，现代人总是猛烈地破坏所有的偶像。然后，在这种姿态的保护下，在为他打开的犹如一个巨大地下洞穴的无声实践中，他可以带着发明家所有的稚嫩热情，从混合各种混合体中获得他的乐趣而不担心任何后果。没有恐惧，没有过去，只有越来越多的组合可以尝试。但后来，他被

279

突然意识到的后果吓坏了，一个事实怎么可能只是一个没有历史、没有过去、没有后果的事实，一个"光秃秃"而不是一个"毛茸茸"的事实呢？——他突然从勇敢的偶像破坏和年轻的热情转变为内疚的良心：这一次，他在无尽的赎罪仪式中摧毁了自己，四处寻找他的创造性所破坏的破碎碎片，把它们重新收集成巨大而脆弱的捆包。

最奇怪的是，这些无神的、无信仰的生物被所有其他人视为拥有可怕的保护者和神灵！而其他文化无法确定现代人何时最可怕：是在他们粉碎偶像并在信仰审判（autos-da-fé）中焚烧它们的时候，还是在实验室里自由创新而丝毫不担心后果的时候，抑或是当他们到处捶胸顿足、撕扯头发，拼命为自己犯下的罪孽忏悔，试图在他们的博物馆、电影、疗养院和自助书籍中恢复失乐园完整性的时候？"贱民们发现他比布塔拉亚更有威胁性"——这意味着自由斗士现在拥有三位神灵的力量，而不是一位：婆罗门大师来势汹汹的头颅、现代化的汹涌力量，以及地方神灵的力量。无论现代化的斗争成功与否，最终失败的似乎总是那些贱民。

是的，现代人的确是有趣的人物，非常值得比较人类学家的关注！

另一种行动和创造的理论

既然我们已经把现代主义剧目从一种资源变成了一个研究的主题，既然我们已经把充满罪恶感的偶像破坏者描绘成一种文化中有趣但奇特的类型，那么是否有可能想象一种政治实践的模式，而不是如此严重依赖批判的模式？这是一个困难的问题，因为行动主义的场景设计是如此有力地建立在偶像破坏的基础上，以至于如果你取消了偶像破坏，你就会立即陷入极少数的反动政治模式中。如果一个人既不是现代人也不是前现代人，那么剩下的唯一选择不就是反现代人吗？如何才能使政治行动模式的数量成倍增加？如何才能消除目前"反动"与"开明"政治的定义？一种方法是修改政治本身的场景设计，正如我在第7章和第8章所尝试的那样。另一条路，也就是我在第6章所采取的方法，是提供一种替代方案，仍然利用传统的时间之矢的进步观念。我现在想概述的可能性要求我们考虑，如果我们再次生活在实像的保护之下——不再夹在事实和拜物之间，我们会过什么样的生活。至少有三件事会发生深刻的变化：行动和主宰的定义；"外面"的物理世界和"里面"的精神世界之间的分界线；小心和谨慎的定义，以及展示这些定义的公共机构。

行动和主宰

反偶像主义打破了什么，实像又让我们恢复了什么？某种行动和主宰的理论。一旦锤子落下，将世界打碎为一边是事实，另一边是拜物，没有什么能阻止双重问题的提出：是你自己建构了这个东西，还是它是自主的？这个无休止的、枯燥乏味的问题早在几个世纪前就使科学论领域陷入瘫痪。当一个事实被构造时，谁在进行构造？科学家？事物？如果你回答"事物"，那么你就是一个过时的实在论者。如果你回答"科学家"，那么你就是一个建构主义者。如果你回答"两者都是"，那么你就是在做那些被称为辩证法的修复工作，这些工作似乎暂时修补了二分法，但只是掩盖了它，让它在更深的层次上发酵，把它变成一个必须解决和克服的矛盾。然而，我们不得不说，显然两者都是，但却没有实在论或相对主义答案中的那种保证、确定或傲慢，或者在两者之间巧妙地摇摆。实验室的科学家制造了自主的事实。我们不得不在这种简单的"已完成"（fait-faire）的两个版本之间犹豫不决，这证明了我们已经被一把锤子击中，把简单而直接的实像分成两个部分。这种批判性智慧的冲击使我们变得愚蠢。

正如我们在第 4 章所看到的，当我们听从实践中的科学家所说的，不增加或删除任何东西时，事情就完全改变了。科学家制造了事实，但每当我们制造出我们无法控制的东西时，我们就会略微被行动超越：每一个建造者都知道这一点。因此，建构主义的悖论在于，它使用的是任何建筑师、泥瓦匠、城市规划师或木匠都不会使用的主宰性词汇。我们被我们所做的事情愚弄了吗？我们是否被控制、被占有、被异化？不，并不总是，也不完全是。由于我们的能动性，由于我们行动的趋向，那些略微超越我们的东西也被略微超越和修改。我是在简单地重述辩证法吗？不，这里没有客体，没有主体，没有矛盾，没有扬弃（Aufhebung），没有主宰，没有重述，没有精神，没有异化。但是有事件*。我从不行动；我总是对我所做的事略感惊讶。那些通过我而行动的事物也对我的所作所为感到惊讶，对变异、改变和分叉的机会感到惊讶，我和我周围的环境为被邀请、恢复、欢迎的事物提供了机会（Jullien 1995）。

行动和主宰无关。它不是一个锤子和碎片的问题，而是一个分岔、事件和环境的问题。一旦偶像破坏已经发生，这些微妙之处就很难找回，因为事实和工具现在已经牢牢占据了位置，这暗示着工具制造者（Homo faber）的模式在那之后永远无法被取代和改造。但是，正如我们在第6章所看到的，没有一个人类行动者使用为工具制造者发明的行动剧目来建造、建构或制造任何东西，甚至连一种石制工具、一个篮子、一张弓都没有。工具制造者是人类的寓言，是一个彻头彻尾的传奇人物（Homo fabulosus），是对我们梦幻般的过去，包括对物质、人性、主宰和能动性定义的一种回顾性投射，这些定义完全可以追溯到现代主义时期。而且只使用了其剧目的四分之一——惰性自主物质的世界。我们不能通过回归技术建构的现代主义定义来解释实验室实践——更不能用社会建构的定义来解释。

282

为什么检索其他行动理论如此困难？因为对现代主义精神来说，要求在你作为一个自由、赤裸的人所构造的东西与外面的事实、由任何人制造的东西之间做出选择，是至关重要的。现代人的全部工作就是要使这两个行动者，人和物，除了相互对立之外，不适合扮演任何其他角色。难怪它们不能被用来做其他事情！这是一个简单的人体工程学问题：它们不适合做任何其他工作。

但是，一旦这两部分再次结合在一起，习语就立即改变了。事实是构造的；我们制造事实，也就是说，有一个"已完成"的事实。当然，科学家不会编造事实——谁曾编造过什么？这是另一个寓言，与工具制造者的寓言对称，这次涉及的是思想的幻想。我不否认人有思想，但思想并不是一个创造世界的专制者，它可以根据自己的幻想编造事实。思想被非人类抓住、修改、改变、占有；反过来，科学家的工作给了非人类改变自己轨迹、命运和历史的机会。只有现代主义者相信，唯一要做的选择发生在萨特式的行动者与外面的一种惰性事物（一种让人呕吐的根源）之间。每个科学家在实践中都知道，事物也有历史；牛顿"碰巧遇到了"重力，巴斯德"碰巧遇到了"微生物。"交融""分叉""发生""凝聚""协商""结盟""成为……情况"：这是一些动词，标志着注意力从现代主义习语转移到非现代主义习语。

这里的关键是主宰。在使世界成为个人思想和幻想的产物，并在谈论其建构时，好像它涉及幻想的自由发挥，现代主义者相信他们按照自己的形象创造世界，就像上帝按照他的形象创造世界一样。这是对上帝的一种奇怪和相当不敬的描述。仿佛上帝是他创造出来的主人！仿佛他无所不能、无所不知！如果他拥有所有这些完美，就不会有天地万物了。正如怀特海所美妙提出的那样，上帝也被他的创造物略微超越了，也就是说，被所有与他相遇而被改变和修改的东西超越。"所有实际的实体都与上帝分享这种自我起因的特性。由于这个原因，每个实际的实体也与上帝共享超越所有其他实际实体的特性，*包括上帝*"（Whitehead [1929]1978，223，楷体强调为我所加）。是的，我们确实是按照上帝的形象制造的，也就是说，我们也不知道自己在做什么。即使我们拥有，甚至当我们相信我们有完全的主宰时，我们也会对我们做出的东西感到惊讶。即使是一个软件程序员在写完两千行软件代码后也会对自己的创造感到惊讶；上帝在把一个更大的软件包放在一起后难道不更应该感到惊讶吗？谁曾主宰过行动？让我看看小说家、画家、建筑师、厨师，谁没有像上帝一样，被她所做的——他们所做的——惊讶、征服、陶醉。

不要告诉我他们被外部力量"占有""异化"或"支配"了。他们从来没有这样确切地说过。他们说，在行动的情况下，在事件的展开中，这些其他人已经被修改、改变、接管了。主宰、支配或重述并不是思考这种情况的方式。没有哪个非现代人愿

283

意与那种上帝或那种人打交道。实像带来了对上帝、对人类能动性、对行动、对非人类的全然不同的定义。没有任何政治行动的模式可以作为批判模式的替代，除非我们修改我们有关创造的人类学，也就是说，除非我们找回现代主义者所实践的人类学，否则即使他们认为自己是现代的，即使他们总是明确地说这一点，但在实践中，他们仍然不是。

信仰的替代方案

就我定义的意义而言，真的有可能成为不可知论者吗？难道不是相信信仰才使"外面"的世界与"里面"的想法、想象、幻想和扭曲的宫殿之间有了区别吗？如果没有这种认识论和本体论问题之间的区别，我们如何生存？如果我们不能再明确区分我们头脑中的内容和我们头脑外的世界，我们会陷入什么样的蒙昧状态？然而，为获得这种貌似常识的东西所付出的代价是非常高的。我们如此习惯于生活在反拜物教的支配之下，如此习惯于把实践的智慧和理论的教训之间的深渊视为理所当然的事，以至于我们似乎完全忘记了这种最珍贵的分析性的清晰度，它以一种极其昂贵的发明为代价：一个"外面"的物理世界与许多"里面"的精神世界。这是怎么发生的？

如果像常识所说的那样，没有实像，只有拜物，只是些木头和无声的石头，那么信徒们所相信的那些东西能在哪里？除了把它们推到信徒的头脑中或推到他们丰富的想象力中，或者把它们嵌入更深的地方，嵌入一个相当变态和歪曲的无意识中，没有任何解决办法。为什么不把它们留在原来的地方，也就是留在非人类的多样性中呢？因为现在已经没有任何非人类或任何多样性的空间。世界本身已经被塞得不能更满了，这要归功于另一个同时进行的将"实像"转化为"事实"的行动。如果在事实的制造过程中没有人类能动性在工作（或一直在工作），如果在事实的生产、扩展和维护方面没有成本、信息、网络或人力的限制，那么没有什么，绝对没有什么可以阻止它们到处扩散，持续不断地填补世界的每一个角落——同时将许多世界统一为一个单一的同质的世界。物质的概念、机械的宇宙、机械的世界图景、自然的世界：这些都是"事实"的两个含义——构造的与并非构造的——之间断裂的简单后果。而信仰、思想、内部表征、幻觉的概念：这些仅仅是将实像一分为二的结果——构造的与并非构造的。

很难决定哪个先出现。内部思想的概念是作为所有从世界中挤出来的实体的存放处被发明出来的，还是对信念的信仰掏空了世界，为"仿真陈述"（factoids）的扩散留下了空间？"事实"像澳大利亚的兔子一样大量繁殖？可以肯定的是，随着使实像成为可能的论证和行动手段的破坏，随着人类能动性从事实的构造和拜物的构造中抽离出来，两个神奇的容器被发明出来：一个用于认识论，一个用于本体论。这些被赋予内部的主体与这些被归入外部的客体一样奇怪。事实上，内部与外部分

285

割的概念就非常奇怪，而且就其本身而言，是一种神话般的创新。偶像破坏者一挥手，就启动了有史以来最强大的抽吸泵。每当实体成为他行动的障碍时，它们就会被抽走实存，清空所有的现实，直到它们变成空洞的信念。每当缺少某些积极的机械实体来使他的行动稳定且无异议时，这些实体就可以大量地被注入实存：现在"外面"到处都是石头，在唯一的世界里，与之相匹配的是"里面"许多天真烂漫的信仰，即在信徒们头脑中的萨利格拉姆。有了这个装置，在认识论和本体论的对立驱动下，偶像破坏者能够通过把世界上的所有居民变成表征来清空世界，同时又用连续的机械物质来填充世界。

但是，当这个泵停滞不前时，当不再有一个内部的头脑，在幻想或信仰的名义下，人们可以把每一个实体挤进去时，当不再有一个由非历史的、非人类的原因构成的"外部"世界时，会发生什么呢？首先要做的事情自然是弄清楚内部和外部之间的区别。这并不意味着现在一切都在外面，而只是意味着外在和内在的整个场景已经消失了。

取而代之的是，正如我们在第 5 章的附录 A 中所看到的那样，起初是一系列令人困惑的实体、神灵、天使、女神、金山、法国的秃头国王、人物、关于事实的争议、有关实存所有可能阶段的命题。舞台上挤满了这些异质的人员，以至于人们可能会开始担心，并怀念那个泵还在工作的美好的旧现代，泵把所有的信仰都吸走，用确定的、安全的、肯定的自然客体来取代它们。但幸运的是，这些实体并不要求相同种类的本体论规范。可以肯定的是，它们不能被排列成信仰和现实，但它们可以被排列，而且是根据它们所声称的实存类型被非常整齐地排列。

例如，贾格纳特的石头并不像拜物教模式那样声称自己是一种精神，也不像反拜物教模式那样声称自己是投射在石头上的精神的象征。当贾格纳特没有亵渎萨利格拉姆时，他清楚地意识到，是这块石头使他、他的家人和贱民成为人类，是它支撑着他们的实存，没有它他们就会死去。根据事实－拜物的二分法来理解，这块石头立即成为一种精神，也就是说，一个超然的实体，除了它是不可见的以外，它与自然界的客体遵守同样的规范。然而，在实践中，石头是一个实像，并没有声称自己是一种无形的精神；即使对姑姑和牧师来说，它也永远是一块"单纯的石头"。它只是要求成为保护人类免遭非人性和死亡的东西，这个东西一旦被移除，就会把他们变成怪物、动物和事物（Nathan and Stengers 1995）。

问题是，这种论证方式——将本体论的内容赋予信念——与社会科学的整个道义论相悖。中国的谚语说："圣人指月，愚人观指。"好吧，我们都把自己教育成了傻子！这就是我们的道义。这就是一个社会科学家在学校里学到的东西，嘲笑那些天真地相信月亮的无名之辈。我们知道，当行动者们谈论圣母玛利亚、神灵、萨利格拉姆、不明飞行物、黑洞、病毒、基因、性等时，我们不应该看这些被指定的东西——现在谁会这么天真呢？——而应该看手指，从那里沿着神经纤维、沿着手臂到达信徒的头脑；从那里沿着脊髓到达社会结构、文化系统、话语形式，或者到达使这些信念成为可能的进化基础。反拜物教的偏见是如此强烈，以至于似乎不可能在不听到愤怒尖叫声的情况下反对它："实在论！宗教信仰！精神主义！反应！"我们现在应该想象一个场景，它将上演贾格纳特的创伤，但反过来：非现代思想家想再次触摸信念的内容，而现代主义和后现代主义的批评者惊恐地尖叫："不要触摸它们！不要碰它们！诅咒！"而我们这些科学研究者却触碰了它们，除了社会建构主义的梦想消失了之外，什么也没有发生！通过一种与贾格纳特完全相反的变形，当我们触摸主体和客体时，它们突然变成了人类和非人类。

287　　　经过几个世纪的分离，我们的注意力现在又转向了指尖，并从指尖转向了月亮。对于人类诞生以来的所有态度，最简单的解释可能是：人们言出必行，当他们指定一个对象时，这个对象是他们行为的原因——而不是一种用精神状态来解释的错觉。在这里，我们应该再次理解，自从科学论出现以来，情况已经完全改变了。当事实可以被用作反对信仰的破坏性武器时，反拜物教是可行的。但是，如果我们现在谈论实像，既不存在信念（要被培养或摧毁），也不存在事实（要作为锤子使用），情况就变得更加有趣了。我们现在面临着许多不同的实践形而上学，许多不同的实践本体论。

通过把本体还给非人类实体，我们可以开始解决科学大战中的主要问题。现代主义的启蒙运动，至少在它的共和理想中，曾一度成为流行的运动。它引起了世界各地所有被压迫者的共鸣。当事实被安排进我们的集体实存时，妄想、压迫和操纵的巨大阴云被驱散了。但从那时起，批判所提供的模式就不再受欢迎了。它们现在违背了人类的本性和信仰的本质。事实已经走得太远，试图将其他一切都变成信念。就像在后现代的困境中，科学本身也被置于同样的怀疑之下，支持所有这些信念的负担变得难以承受。当我们被科学的确定性强化时，攻击信念是一回事。但当科学本身被转化为一种信念时，我们该怎么做呢？唯一的解决办法是后现代的虚拟性——政治、美学、形而上学的最低点（the nadir）和绝对零度（the absolute zero）。然而，虚拟性的引擎在后现代的脑袋里，而不是在他们周围的世界中。当对信仰的信念已经失控时，其他的一切都变成了虚拟。因此在剩下的东西变得苦涩之前，是时候停止小盐磨的研磨了。

我们能不能简单地说，人们已经厌倦了被指控相信并非实存的东西，真主、精灵、天使、玛丽、盖亚、胶子[1]、逆转录病毒、摇滚乐、电视、法律等。非现代知识分子不会采取贾格纳特的立场，日复一日地带来新的亵渎之物，然后把它们扔到一边，沮丧地发现只有他这个亵渎者、偶像破坏者、解放者相信它们，

288

1　一种理论上假设的无质量的粒子。——译者注

而其他人——普通的贱民、普通的实验室科学家——总是生活在一个完全不同的行动定义之下，生活在形状和功能完全不同的实像手中。

小心和谨慎

在被反拜物教的打击打破之前，实像做了什么？说它在建构和自治之间调解行动是一种轻描淡写的说法，而且过于依赖调解*一词的模糊性。行动不是人们所做的事，与"已完成"相反，是正在做的事情，是在事件中与他者一起、在环境提供的特定机会下完成的。这些他者不是观念或事物，而是非人类的实体，或者，正如我在第 4 章所说的，是命题*，它们有自己的本体论规范，并沿着它们复杂的梯度填充着一个既不是心理学家的精神世界也不是认识论者的物理世界的世界，尽管它像前者一样奇怪，像后者一样真实。

实像擅长的是表达谨慎和关注。他们公开宣称，在操纵混合体的过程中应该小心。当他们试图打破拜物时，偶像破坏者反而打破了实像。正如我所说的，这些横冲直撞赋予了现代人神话般的能量、发明和创造力。他们不再受到任何约束，不再有任何责任。实像的断裂部分被钉在现代主义庙宇的门槛上，保护他们不受他们所做的一切的道德影响，而且他们可以更有创造力，因为他们认为自己沉湎于"单纯的实践"。被锤子敲掉的是小心和谨慎。

当然，行动确实会产生后果，但这些后果是后来才有的，确切地说是在事实之后，而且是在意想不到的后果、迟来的影响的伪装之下（Beck 1995）。现代主义的对象是光秃秃的——在美学上、道德上、认识论上——但由非现代人生产的对象总是毛茸茸的、网络状的、根茎状的。人们之所以要时刻提防实像，是因为它们的后果是无法预见的，道德秩序是脆弱的，社会秩序是不稳定的。这正是现代主义事实一次又一次向我们展示的东西，只不过对现代人来说，后果只是一种事后的考虑。直到亵渎仪式之后，贾格纳特才意识到，从来没有人相信萨利格拉姆只是一块石头，而唯一的非人性行为是由他这个自由思想家通过破坏神像而产生的。当姑姑和牧师大叫"小心！小心！"的时候，他们的意思并不是像他想的那样，害怕他打破禁忌，而是害怕他打破在公众的关注下保持谨慎和小心的实像（Viramma, Racine, et al. 1995）。

意识到偶像破坏者锤子的打击总是没有击中目标是多么奇怪啊。我们难道不是历史上所有偶像破坏者姿态的继承者吗？摩西打倒了金牛犊（Halbertal and Margalit 1992）？柏拉图打破了洞穴的阴影，以纪念这个所有偶像中的最高者，理念——伊甸园——本身？保罗把所有的异教偶像送走？拜占庭时代偶像破坏者和偶像崇拜者之间的伟大战争（Mondzain 1996）？路德宗决定什么该画、什么不该画（Koerner 1995）？伽利略打碎了古老的宇宙？革命者推翻了旧的政权？马克思谴责商品拜物

289

教的幻觉？弗洛伊德把拜物变成了一个塞子，阻止了对总是缺失的东西的可怕发现？尼采，这位带着锤子的哲学家，砸碎了每一个偶像，或者更准确地说，轻轻地敲打它们，以听一听它们有多空虚？如果相信相反的说法，放弃这种血统，这种著名的谱系，就等于接受成为古板的、反动的，甚至是异教徒的严重指责。这样一个荒谬的立场怎么可能导致另一种政治模式？

第一，"异教""古板"和"反动"是危险的东西，但只有在被用作现代化的陪衬时才是如此。正如人类学最近告诉我们的那样，不存在一个可以返回的古老的原始文化。这从来都是反动的种族主义的奇异幻想。异教和反动的政治也是如此，它本身就是现代化者的发明。"反动"是一个危险和不稳定的词（Hirschman 1991），但它可以被理解为只是希望将小心和谨慎带回事实的构造中，并使有益的"小心！"在实验室的深处——包括科学研究者的实验室再次响起。在这个意义上，只有现代主义者想把我们拉回更早的时代和更早的定居地，而这种非现代的预防措施似乎很有道理，也许甚至是进步的——如果我们接受进步意味着踏入一个更加纠结的未来，正如我们在第 6 章所看到的那样。

第二，再次变得非现代必然意味着对我们的家谱和祖先的重塑。一直以来，偶像崇拜可能都是一神论的一个错误目标。对拜占庭皇帝来说，反对偶像的斗争可能是一场错误的战斗。新教改革在打击天主教的虔诚方面可能选择了错误的目标。非理性主义可能是科学的错误目标；商品拜物教是马克思主义的错误目标；神性是精神病学的错误目标；实在论是社会建构主义的错误目标。每一次的错误都是一样的，都来自对别人天真信念的天真的相信。现代主义者总是很难理解自己，既因为他们的偶像破坏，也因为破除偶像带来的焦虑感。从人类学的角度来研究偶像破坏，将其作为现代人全部生活方式的一部分，作为他们理想的社会心理类型；必然会改变其效果和影响。刀子不再有锋芒，锤子太重。我们必须重新思考偶像破坏的意愿，这是我们最可敬的美德，因为它的目标不再可行：我们不会使世界现代化，"我们"指的是位于西方半岛顶端的"非信徒"的微小崇拜。

第三，也是更重要的一点，抛开偶像破坏者的锤子，我们可以看到，我们一直都在参与宇宙政治（Stengers 1996）。只是通过对政治意义非同寻常的缩减，它才被限制在孤立的、赤裸裸的人类的价值观、利益、观点和社会力量中。从人类学角度讲，让事实重新融合到它们杂乱无章的网络和争论中，让信念重新获得本体论的重量，这样有着巨大好处，政治就变成了它一直以来的样子：人类和非人类能动性的管理、外交、组合和谈判。谁或什么可以抵御谁或什么？因此，我们提供了另一种政治模式，这种模式不是寻求添加灵魂的补充，也不是要求公民根据事实调整他们的价值观，更不是把我们拖回一些古老的部落聚会，而是一种有多少实像就有多少实践本体论的模式。

291   那么，知识分子的作用不是拿起锤子用事实打破信念，也不是拿起镰刀用信念削弱事实（就像社会建构主义者的卡通式尝试），而是成为实像——也许还有点滑稽的——成为他们自己，也就是说，保护本体论地位的多样性，防止其形变为事实和拜物、信念和事物的威胁。没有人要求贾格纳特满足于他的高种姓等级并维持现状。但是，与此同时，也没有人要求他驳斥神圣的家族石头或者让其他人获得自由。在批判模式的漫长历史中，我们低估了自由的意义，这种自由来自两次增加人类能动性：对拜物的构造和对事实的构造。一路走来，我们似乎错过了一些东西。现在可能是时候沿原路返回了；出现反动的风险可能比在错误的时间和以错误的方式成为现代主义者的风险要小。

主客体二分法已经失去了定义我们人性的能力，因为它不再允许我们对一个重要的小的形容词——"非人的"——有任何意义。什么是非人性？看看它在现代主义时代是多么奇怪。为了保护主体不落入非人性——主体性、激情、幻想、内乱、妄想、信仰——我们需要客体的牢固锚定。但后来客体也开始产生非人性，所以为了保护客体不陷入非人性——冷漠、无灵魂、无意义、唯物主义、专制主义——我们不得不援引主体的权利和"人类仁慈的乳汁"。因此，非人性始终是另一叠牌中不可触及的小丑。当然，这不能算作常识。当然，我们可以做得更好，把非人性放在别的地方：放在首先产生主客体二分法的姿态中。这就是我试图通过暂停反拜物者的冲动而做到的。人类的绿地并不在遥远栅栏的另一边，而是近在咫尺，在实像的运动中。

在特拉维夫侨民博物馆，人们可以看到一幅中世纪的彩饰，其中亚伯拉罕的手势被上帝之手打断，瞄准了站在基座上的无助的以撒；这个孩子惊人地像一个即将被打破的偶像。这座最血腥的城市建立在一场被打断的人类祭祀上。这场流血事件的众多原因之一，不就是在暂停人祭的同时，以自以为是和欣喜的态度破坏偶像的奇怪矛盾吗？我们难道不应该放弃这种对人类的毁灭吗？在我们做出批判的姿态之前，谁的手应该约束我们？可以用来替代批判性推理模式的公羊在哪里呢？如果我们真的都是亚伯拉罕悬刀的后裔，那么当我们也放弃毁灭实像时，我们会成为什么样的人？贾格纳特陷入了沉思："当他们触摸它时，我们失去了人性——他们和我的人性，不是吗？而我们也死了。这一切的缺陷在哪里？在我身上还是在社会上？没有答案。走了很久之后，他回到家，感到头晕目眩。"

结论：以何种计谋解放潘多拉的希望？

我们通过对科学论现实的这种公认的奇怪和颠簸的探索，取得了什么成就？至少，现在应该确定一点：只存在一种配置，它连接着本体论、认识论、伦理学、政治学和神学的问题（参见图1.1）。因此，孤立地追求"心灵如何认识外面的世界？"之类的问题已经没有多大意义了。"公众如何参与到技术专长中？""我们如何才能提升对抗科学力量的伦理壁垒？""我们如何才能保护自然不受人类贪婪的影响？""我们如何才能建立一个宜居的政治秩序？"很快，对这些问题的探究就会被众多困惑绊住，因为自然、社会、道德和身体政治的定义都是一起产生的，目的在于创造出最强大、最矛盾的力量：一种摒弃政治的政治，这种非人道的自然法则将使人类免于陷入非人性。

现在还应该清楚的是，无论科学斗士们如何努力将其限制在现代主义的狭窄范围内，科学论都不会在这个古老的配置内占有一席之地。科学论并没有说事实是"社会建构的"；它没有鞭策大众在实验室里打砸抢；它没有声称人类永远与外部世界隔绝，被锁在自己观点的牢房里；它不希望回到丰富、真实和人道的前现代时期。在社会科学家眼里，最奇怪的是，科学论甚至没有批判性、驳斥性和挑衅性。通过将注意力从科学的理论转移到科学的实践 *，它只是偶然发生在维系现代主义配置的框架上。在理论的层面上，看似众多不同而又互不关联的问题需要认真而独立地对待，但当我们仔细检查日常实践时，就会发现它们是紧密交织在一起的。

然后，一切都很符合逻辑。由于在科学理论上有大量的难题，一旦我们把注意力转移到实践上，所有这些经典的话题都会变得不稳定。因此，自大狂似乎在鼓动着科学论——其中一些可能来自我自己的文字处理器。如果这么多宝贵的价值观——从神学到社会行动者的定义，从本体论到心灵的概念——都被一个科学理论吸引，那么几个月的实证调查就足以提出严重的怀疑，这难道是我们的错吗？这并不意味着所有这些问题都不重要，也不意味着这些价值观不应该被捍卫；相反，这意味着它们必须被更坚固的钉子固定住，并与更高的目标联系在一起。

我很清楚，在这种寻找旧配置的替代方案的过程中，最有争议的是完全取消了主客体二分法。自现代性开始以来，哲学家们一直试图克服这种二分法。我的主张是，我们甚至不应该尝试。所有试图积极地、消极地或辩证地重新使用它的努力都失败了。这也难怪：它是被制造出来的，不可能被克服，只有这种不可能才为客体和主体提供了它们的切割边缘。通过询问、轶事、神话、传说、文本研究，以及更多的概念拼凑，我在本书中试图为这一鸿沟的顽固性提供一个更合理的解释：坐在主体前的客体和面对客体的主体是论战的实体，而不是世界上无辜的形而上学居民。

客体的存在是为了保护主体不陷入非人性的境地；主体的存在是为了保护客体不陷入非人性的境地。但实像的保护罩已经消失了，政治体已经变得无能为力了。人性已经无法挽回，因为它总是在那个不可逾越的鸿沟的另一边被发现。一旦进入这个巨大的、庄严的、美丽的建筑，没有人可以说一个关于客体的词，而不被立即用来阻止其他地方的一些主观性的痕迹：没有人可以说一个关于主观性权利的词，而不被用来贬低科学的力量或抵消自然的无灵魂性。随着现代性的展开，主观性和客观性变成了怨恨和报复的概念。在它们身上再也找不到一丝解放青春的痕迹。科学已经被如此彻底地政治化，以至于无论是政治的目标还是科学的目标都不复存在。甚至它们的共同命运也被抹去。科学大战只是这种对客观性的争论性使用中的最新一幕，恐怕也不是最后一幕。

我试图用另一对范畴——人类和非人类——来代替我没有触及的主客体二分法。我没有克服这个分界线，而是将配置保留在原地，并朝着不同的方向前进，在合适的时候偶尔在巨石下面挖掘：在下面，而不是在上面。我这样做不值得称赞，因为我只是在遵循实践，而不是理论。例如，我怎么可能在没有巨大扭曲的情况下，将巴斯德作为一个主体，去面对一个客体——乳酸发酵物（第4章）？如果我试图将其定位在现代主

295

义的场景中，那么允许巴斯德构造事实的非常微妙的授权过程就会被压扁。我将不得不回答我们在第5章遇到的新的法夫纳和法左特提出的问题："发酵是真实的还是构造的？"

如果我回答"两者都是"，那就更糟糕了，因为真相——非现代主义的真相——是事实既不是真实的，也不是构造的，而是完全摆脱了这种为了使身体政治不可能而发明的折中选择。为了通过这个困难的关口，他们需要从他们的实像那里得到一点帮助；但这些推动者都被批判的现代主义者的反传统姿态打断了。要摆脱旧有困境的束缚，并不是一件容易的事。如果读者发现这本书被粗暴地拼凑在一起，我恭敬地请他们记住数以百计的碎片，在这些碎片中我发现了授权、转译*、表达296 *和我试图恢复的其他概念，它们躺在地板上，被砸得粉碎，被解构得灰飞烟灭！此时让笨拙的策展人对它们进行糟糕的修复，使其又能完全正常工作，总比把它们留在那里破碎无用要好……

所以我们已经取得了一些进展。有一种现代主义的配置，而且至少有一种替代方案，这并不代表它的实现、它的破坏、它的否定或它的结束。这是唯一可以肯定地断言的事情。我不知道这可能是一种多么活泼和可持续的替代方案。但是，如果我们试图更换旧配置的每一个固定装置——图1.1中的框——我们可以注意到一些摆在面前的任务的具体要求。

最容易和最快速的替换将是认识论的整个人工制品。一个孤立的、单一的缸中之心灵看着一个与之完全隔绝的外部世界，尽管如此，它仍试图从那张旋转着穿过危险的深渊，将事物与话语分开的脆弱的文字网络中提取确定性，这种想法是如此不可信，以至于它不能再维持下去，尤其是因为心理学家们已经把认知重新分配得面目全非。外面没有世界，不是因为根本就没有世界，而是因为里面没有思想，没有语言的囚徒，除了逻辑的狭窄路径，没有任何东西可以依赖。对一个沉浸在语言中的孤独的头脑来说，对这个世界说真话可能是一项极其罕见和危险的任务，但对由身体、仪器、科学家和机构组成的血管丰富的社会来说，这却是一种非常普遍的做法。我们说真话是因为世界本身被表达出来，而不是相反。曾经有一段时间，"相对主义者"和"实在论者"之间可能会展开大战，前者声称语言只指自己，后者则声称语言偶尔会与真实的状态相对应，在我们的后代看来，这就像为圣物而战的想法一样奇怪。

第二，显然有一个空间，科学可以在其中展开而不被科学1（Science No. 1）绑架。科学学科生来是自由的，却到处都是枷锁。我看不出科学家、研究人员或工程师还有什么理由喜欢旧的配置。认识论从来就不是为了保护他们，它始终是一台战争机器——一台冷战机器，一台科学大战机器。在我看来，"社会化非人类已对人类集体产生影响"这一表述似乎是一个完全可以接受的解决方案，尽管显然是临时性的，但它为科学的实践提供了庇护，并尊重了它们苗壮成长所需的许多血管。在任

297

何情况下，这肯定比被提交给这种双重束缚要好："要绝对脱离联系"；"要绝对确定你对外面的世界所说的话"。我相信，这两条禁令本来可以使借机与"相对主义"作斗争成为常识，但几年之后，一旦流动指称像煤气、水和电一样被提供给每个家庭，这就会显得很奇怪。

第三，更重要的是，因为它关系到更多的人，政治的适切条件也可能开始显现，现在它们不需要不断地因非人道的自然法则的持续注入，而被打断、走捷径、平息和阻挠了。更确切地说，自然*现在呈现着它一直以来的样子，即有史以来最全面的政治进程，将必须逃避"下面"社会的无常的一切聚集到一个超级大国中。一种文化所面临的客观自然是与人类和非人类的表达完全不同的东西。如果非人类要被集合成一个集体，它将是同一个集体，在同一种建制内，就像科学使非人类分享其命运的人类一样。取代这两极的力量来源——自然和社会——我们将只有一个明确的、可识别的政治来源，对于人类和非人类、对于社会化进入集体的新实体，都是如此。

"集体"这个词本身终于找到了它的意义：它是将我们所有人集合在伊莎贝尔·斯唐热（Isabelle Stengers）所设想的宇宙政治中的那个东西。不同于两种力量，一种是隐蔽的、无可争议的（自然），另一种是可争议的、被鄙视的（政治），我们将在同一个集体中拥有两种不同的任务。第一个任务将是回答这个问题：有多少人类和非人类要被考虑在内？第二个任务将是回答所有问题中最困难的问题：你们是否准备好了，要以什么样的牺牲为代价，共同过上美好的生活？这么多世纪以来，这么多聪明的人提出了这个最高的政治和道德问题，只为人类，而不考虑构成他们的非人类，我毫不怀疑，这很快就会像开国元勋们剥夺奴隶和妇女的投票权一样显得奢侈。

　　第四个也是更难的规范，它与主宰权有关。我们已经交换了很多次主人；我们已经从创造之神转向无神的自然，从那里转向工具制造者，然后转向使我们行动的结构，使我们说话的话语领域，以及一切都被溶解在其中的匿名力量领域——但我们还没有尝试过完全没有主人。无神论，如果我们指的是对主宰权的普遍怀疑，那么它仍是未来的事；无政府主义也是如此，因为它的美丽口号"既非神也非主宰"是虚伪的，它一直有一个主宰，即人！

　　为什么总是用一个指挥官代替另一个指挥官？为什么不一劳永逸地承认我们在这本书中反复学到的东西呢？行动略微被它所作用的东西超越；它通过转译而漂移；实验是一个提供略多于输入的事件；一连串的转义与从因到果的毫不费力的通道不是一回事；除非通过微妙的和多重的形变，信息的转移否则永远不会发生。在技术领域，没有人在指挥，不是因为技术在指挥，而是因为真的没有人；也没有任何东西在指挥，甚至连一个匿名的力量场也没有？指挥或主宰，既不是人类或非人类的属性，甚至也不是上帝的属性。它被认为是客体和主体的属

298

性，只是它从来没有起过作用：行动总是溢出自身，随之而来的总是虬曲的纠缠。对神学的禁止，在现代主义困境的上演中如此重要，不会因为回归创造之神而解除；相反，会因为认识到根本没有主人而解除。宗教也被现代主义者攫取为他们的政治战争机器的石油，神学通过同意在现代主义配置中发挥作用而贬低了自己，甚至背叛了自己，以至于到了谈论"外面"的自然、"里面"的灵魂和"下面"的社会的地步，我希望这将成为下一代困惑的来源。

当然，随着时间之箭的前行，未来的配置可以比现代主义的做得更好。在现代性的房子里，历史从来就没有安逸过。要么，正如我们在第 5 章所看到的，它不得不局限于人类，外面的自然界完全逃脱了它；要么，正如我们在第 6 章所看到的，它不得不出现在极不可能的进步的幌子下，进步本身被设想为一种分离（detachment）的增加，使自然的客观性、技术的效率和市场的利润率从更纠结的过去中解放出来。分离！现在有谁会相信科学、技术和市场会带领我们走向比过去更少的纠缠和干扰？不，进步的括号现在即将结束——但是，与困扰后现代感性的怀疑相反，没有必要绝望，甚至没有必要放弃时间之箭。

有一个未来，而且它确实与过去不同。但是，过去是几百和几千的问题，现在则是几百万和几十亿的问题——当然是几十亿的人，但也有几十亿的动物、星星、朊病毒、奶牛、机器人、芯片和字节。在现代主义中保持时间前进并在后现代主义中使其悬空的唯一特征是对客体、主体和政治的定义，它们现在已经被重新分配了。曾经有十年时间，人们可以相信历史已经结束，仅仅是因为一种民族中心主义——或者更好的是，认识中心主义——的进步概念已经画上了一个句号，这将是（实际上，已经是）最伟大的，让我们期待一种从不缺乏傲慢的外来现代性崇拜的最后爆发吧。

不幸的是，正如我们在 20 世纪所痛苦地了解到的，战争具有毁灭性的影响，因为它们迫使每个阵营屈服于对手的水平。战争从来就不是一个可以思考微妙想法的场合，而是一直为走捷径、抓住手头的任何权宜之计、践踏所有讨论和论证的价值提供许可的场合。科学大战也不例外。就在需要长期深思熟虑的和平来重新组合破碎的实像、重塑人类和非人类团结的政治时，右派和左派都发出了号召，"真理小队"从一个校园被派往另一个校园，以熏蒸科学论的马蜂窝。我并不反对一场精彩的战斗，但我希望能够选择我的地形、我的目击者和我的武器——最重要的是，我希望能够自己决定我的战争目标是什么。这就是我在这本书中试图实现的目标。

如果我没有逐条回答科学斗士的论点——或者甚至没有引用他们的名字，那是因为科学斗士经常把时间浪费在攻击与我同名同姓的人身上，据说他们为我 25 年来所争论的所有荒谬之处辩护。科学是社会建构的；一切都是话语；外面没有实在；一切都会发生；科学没有概念性的内容；一个人越无知越好；

300

反正一切都是政治性的；主观性应该与客观性混合在一起；只要有足够的高位"盟友"，最强壮、最有男子气概、最毛发旺盛的科学家总是会赢；以及诸如此类的其他废话。我没有必要来拯救那个谐音词！让死人埋葬死人，或者像我的导师罗歇·吉耶曼（Roger Guillemin）过去常常轻描淡写的那样，"科学不是一个自动清洁的烤箱，所以你对它内壁上沉积的人工制品也无能为力"。

与其这样推诿，我决定将科学大战表现为一个值得尊敬的智识问题，而不是校园记者在可怜的资金纠纷上推波助澜。的确，根据我自己的制图学，与进步、价值和知识有关的一切都在这里受到威胁。用伊莎贝尔·斯唐热（1998）的话说，如果我们真的要推翻科学对外面世界的认识，每个人都会承认"这意味着战争"，一场世界大战，甚至——至少——是一场形而上学的战争。只有在明确存在两个对立的配置时，这场战争才值得一打。至少在我眼里，现代主义现在显然已经落后于我们（尽管几十年来它是我们最珍视的光源，在它落入侏儒的照料之前由巨人捍卫着），而它的另一个配置仍在酝酿之中。如果有人想发动这场战争，他们现在会知道我站在什么立场上，我准备捍卫什么价值，以及我期望挥舞什么样的简易武器。

但我非常肯定，当我们在前线相遇时，就像我的朋友问我引发本书的问题（"你相信实在吗？"）时一样，我们都将没有武器，身着便装，因为发明集体的任务是如此艰巨，以至于它使所有的战争——当然包括科学大战在内——都变得微不足道。在这个即将幸运地结束的世纪，我们似乎已经穷尽了从笨拙的潘多拉打开的盒子中涌现而来的罪恶。尽管是她无节制的好奇心使这位人造少女打开了盒子，但我们没有理由不对里面留下的东西感到好奇。为了找回寄存在盒子里、位于底部的希望，我们需要一个新的、相当复杂的构思。我已经试过了。也许我们的下一次尝试会取得成功吧。

术语表

行动者（ACTOR），行动素（ACTANT）

科学论的重要兴趣点在于，它通过观察实验室实践提供了许多研究案例，进而展现了行动者的涌现过程。科学论不以作为世界组成成分的实体为起点，而是集中关注行动者得以存在的过程中复杂且具有争议的本性。研究的关键在于，通过行动者在经受实验室考验*（trail）时的所作所为——其述行*（performance）——来对其加以界定。行动者的权能*（competence）便由此推演，并成为某种建制*（institution）的一部分。由于英语中"actor"（行动者）通常限于指代人类，因此，我们有时会使用"actant"（行动素）。这是从符号学中借用的一个词汇，其内涵也涵盖了非人类*（nonhuman）。

潜能的现实化（ACTUALIZATION OF A POTENTIALITY）

这是从历史哲学，特别是吉尔·德勒兹和伊莎贝尔·斯唐热的作品中借用的一个术语。钟摆是它的最佳例证，因为只要知道了钟摆运动的初始位置，其运动就是完全可预测的；钟摆的下落并不会带来任何新信息。如果我们以这种方式看待历史，那么就不会有事件*（event），如此展现历史也不会带来任何裨益。

反 – 纲领（ANTI-PROGRAMS）

参见行动纲领（programs of action）。

推理式证明（APODEIXIS）

参见演讲 / 示范 / 展示（epideixis）。

表达（ARTICULATION）

该术语类似于转译*（translation）。这一术语位于客体（外部世界）与主体（心灵）二分范畴之间所留下的空白地带。表达并非人类言辞的一种属性，而是宇宙的一种本体论属性。我们所要考虑的问题仅仅是，命题*（proposition）是否得到了很好的表达，而非陈述是否指称了某种事态。

联结（ASSOCIATION），替代（SUBSTITUTION）；意群（SYNTAGM），词例（PARADIGM）

这两对术语取代了客体与主体之间的陈旧二分。在语言学中，一个意群是指一个句子中联结在一起的一组语词（句子"渔民带着一个鱼篓去钓鱼"就界定了一个意群）；而词例则是指，所有语词只要处在句子的某个既定位置上，就都可以被其他词取代（"渔民""杂货商""面包师"构成了一串词例）。我们将这一语言学中的隐喻进行推广，用以阐述两个基本问题：联结——哪个行动者能够与其他行动者相联系？替代——在某一既定联结中，哪个行动者能够取代其他行动者？

304

信念（BELIEF）

与知识一样，信念并非一个指代心理状态的显而易见的范畴。它是对建构与实在的人为区分。因此，它与拜物教 *（fetishism）观念相关，总是被用于对他人的谴责。

黑箱化（BLACKBOXING）

这是一个科学社会学领域的表述，用以指代科学和技术工作如何因其自身的成功而变得不可见。当一部机器有效运转时，当一个事态得以确定时，人们就只会集中关注黑箱的输入和输出，而忽视其内部的复杂性。由此，颇为悖论的是，科学和技术越成功，它们就越晦暗不明、模糊不清。

计算中心（CENTER OF CALCULATION）

计算中心是一个场点，铭写 *（inscription）在此聚合，某种类型的计算在此得以可能。它可以是实验室，也可以是统计机构、地理学家的档案、数据库……计算中心使某些特定场点具备往往存在于心灵之中的计算能力。

转译链（CHAIN OF TRANSLATION）

参见转译（translation）。

流动指称（CIRCULATING REFERENCE）

参见指称（reference）。

集体（COLLECTIVE）

社会*（society）是现代主义配置*（modernist settlement）所强加的一个人造物。集体不同于社会，指代的是人类与非人类*之间的联结。宇宙在政治过程中被集合为一个适宜居住的整体，但自然*（nature）与社会的二分遮蔽了这一过程，而"集体"则赋予这一过程以首要地位。其口号可以表述如下："无表征则无实在。"（no reality without representation）

权能（COMPETENCE）

参见行动之名（name of action）。

复杂（COMPLEX）VS. 繁杂（COMPLICATED）

我们使用这组对立的概念，关注两种形式的复杂性，规避传统意义上复杂性与简单性之间的对立。一是繁杂性，它涉及一系列简单步骤（例如，计算机处理 0 和 1 两个二进制数实现运转）；二是复杂性，它所面对的是许多变量同时激增（例如，灵长类动物的互动行为）。相比于传统社会，当代社会可能更为繁杂但不再那么复杂。

305 共生（CONCRESCENCE）

该术语借用自怀特海，他没有在康德意义上使用现象*（phenomenon），而是使用共生来指代事件*（event）。共生并不是某种认知行为，以便将人类范畴运用到无关紧要的外在之物上，而是指代特定事件的所有构成要素或环境因素中的某种改变。

适切条件（CONDITIONS OF FELICITY）

我们从言语行为理论（theory of speech acts）中借用这一表达，描述某一语言行为要获得意义所必须满足的条件。其对立面是非适切条件（conditions of infelicity）。我将该定义延展至对组织机制（诸如科学、技术和政治）的表达中。

语境（CONTEXT），内容（CONTENT）

这一术语借用自科学史领域，旨在于科学论的语境中重新思考我们所熟悉的内在主义*（internalist）解释和外在主义*（externalist）解释的对立。

哥白尼革命（COPERNICAN REVOLUTION）

自康德引入这一概念以来，它已成为哲学著作中的陈词滥调。它原初指代从地心说向日心说的转变。康德对这一术语使用中的矛盾在于，他没有将人类在世界中的位置去中心化，而是将客体围绕人类的认知能力重新中心化。因此，"反哥白尼革命"这一表达，将来自天文学和政治变革的两个隐喻结合起来，用以表明我们远离了包括康德理论在内的所有形式的拟人主义。政治并非必须通过自然*才能形成；客体也可以作为非人类，从切断必要政治进程的义务中得到解脱。

宇宙政治学（COSMOPOLITICS）

该术语拥有悠久的历史。它来自斯多葛学派，意在表明我们与普遍人性而非特定城邦之间的从属关系。伊莎贝尔·斯唐热对该术语的使用方式，赋予其更深层的含义，即新的政治学将突破现代主义配置*中所谓自然*和社会*的框架。现在存在的是全然不同的政治、全然不同的宇宙。

划界（DEMARCATION）VS. 差异化（DIFFERENTIATION）

规范性的科学哲学致力于寻求一种划界标准，以便将科学与超科学（parascience）区分开来。为了将本书所做的工作与上述规范性事业相区别，我转而使用差异化这一概念。差异化并不要求在科学与非科学之间做出一种规范性的区分，它允许差异的存在，进而，现代主义配置*的那些缺点得以规避，一种更加精致的规范性判断得以可能。

语段内容（DICTUM），模态（MODUS）

这是修辞学中的两个术语，二者有所差别，它们分别指代句子中不会发生改变的部分（语段内容）与用以修饰语段内容真值的部分（因此被称作"模态"）。在句子"我相信地球正在变暖"中，"我相信"就是句子的模态。

306　差异化（DIFFERENTIATION）

参见划界（demarcation）。

封套（ENVELOPE）

这是一个特设性术语，提出这一术语旨在取代"本质"（essence）或"实质"（substance），从而为行动者*提供一个暂时性的定义。人们可以描述一个行动者的封套，即其在时空中的述行*，这样也就不会再把实体与历史、内容*与语境*对立起来。因此，所存在的不再是三个术语，分别指向实体的属性、实体的历史、对实体的认知行为，而仅仅存在一个持续性的网络。

演讲 / 示范 / 展示（EPIDEXIS），推理式证明（APODEIXIS）

古希腊修辞学中的两个术语，用于概括发生在哲学家和智者学派之间的全部争论。就词源而言，两者指代的内容相同，即证明；不过，前者已转向指代智者学派所做的工作——华丽的词藻；后者则被用于描述数学论证，或者至少是那些比较缜密的论证。

事件（EVENT）

该术语借用自怀特海，旨在取代发现这一概念及其不可置信的历史哲学（其中，客体保持不变，全部的注意力都聚焦于人类发现者的历史性）。将实验界定为事件，会使所有组成部分都具有历史性*（historicity），其中包括非人类即实验的环境因素（参见共生 [concrescence]）。

实像（FACTISH），拜物教（FETISHISM）

拜物教是控诉者提出的一种责难；它表明，其信奉者不过是将自身的信念和预期投射到一个毫无异议的客体之上。相反，实像指的是某种行动方式，它们不需要在事实与信念之间做出折中选择。这样，一个新造的词将事实（fact）与拜物（fetish）结合起来，它与拜物教一词有着明显共同的构造要素。它不再将事实与拜物对立起来，也不再将事实谴责为拜物，相反，其目的是认真对待行动者*在各种活动中所扮演的角色，进而摒弃信仰*这一概念。

拜物教（FETISHISM）

参见实像（factish）。

历史性（HISTORICITY）

该术语借用自历史哲学，不仅用以指代时间的流逝——1998 年之后是 1999 年，也指代这些事实：某些事情在时间中发生；历史不仅流逝而且会改变；历史不仅由日期构成，同样包含事件*；历史不仅由传义*（intermediary）所建构，同样包含转义*（mediation）。

不变的可移动之物（IMMUTABLE MOBILE）

参见铭写（inscription）。

铭写（INSCRIPTION）

这是一个一般性的术语，用以指代某一实体在经历了各种类型的形变之后，被物质化为一个符号、一件档案、一段文本、一页纸、一条轨迹。尽管并非必然如此，但铭写通常都是二维的、可叠加的、可聚合的。它们一直在移动之中，也就是说，它们可以承受新的转译*和表达*而在某些类型的关系上保持不变。因此，它们也被称作"不变的可移动之物"。该术语关注的是位置的变化以及完成这一任务所蕴含的矛盾性要求。当这些不变的可移动之物被巧妙编排在一起时，就会产生流动指称*（circulating reference）。

建制（INSTITUTION）

科学论格外关注建制，正是建制使事实的表达*成为可能。通常，"建制"指代的是能够历经时间而持续存在的某个场点、某些法律、群体或习俗。传统社会学使用"建制化的"一词来批判科学中过于墨守成规而引发的弊端。在本书中，这一术语的含义是完全正面的，因为建制为行动者*维持其持久的、可存续的实质*提供了各种必要的转义*。

传义（INTERMEDIARY）

参见转义（mediation）。

内在所指（INTERNAL REFERENT）

参见所指（referent）。

内在主义解释（INTERNALIST EXPLANATIONS），外在主义解释（EXTERNALIST EXPLANATIONS）

在科学史中，这两个术语指的是一场旷日持久的争论，争论一方声称更关注科学的内容*，而另一方则集中关注科学的语境*。尽管近几十年来人们一直使用此种区分来处理哲学家与历史学家之间的复杂关系，但科学论将之全然抛弃，因为在语境与内容之间存在着多重转译*。

无形学院（INVISIBLE COLLEGE）

科学社会学家给出这一提法，用以指代科学家之间的非正式联系，其对立面是大学附属机构之间存在的正式结构。

事态（MATTER OF FACT）

主流观点将事态理解为世界上既已在场的东西，科学论与之不同，总体倾向于认为它是漫长的磋商与建制化过程的晚近结果。这一立场并没有弱化事态的确定性；恰恰相反，它提供了所有必要的条件，使事态变得无可争议、不证自明。事态的无可争议性出现在终点，而非经验主义传统所认为的起点。

转义（MEDIATION）VS. 传义（INTERMEDIARY）

与"传义"*完全不同，"转义"这一术语指代的是某一事件或某个行动者无法仅凭借其自身的输入和输出而获得准确的界定。如果说传义者完全由其原因所界定，转义者则总是突破其原因所划定的条件。真正的分歧并不存在于实在论者与相对主义者、社会学家与哲学家之间，而是存在于那些在实践[*]的诸多纠缠中所见皆为传义与所见皆为转义的人之间。

现代（MODERN），后现代（POSTMODERN），非现代（NONMODERN），前现代（PREMODERN）

308

只有将所牵涉的科学概念考虑在内，这些不严谨的术语才能呈现出更加精准的含义。作为一种配置[*]，"现代主义"创造出一种政治学，其中大多数政治活动都通过诉诸自然[*]来为自己辩护。因此，在关于未来的设想中，只要它认为科学或理性在政治秩序中会扮演愈加重要的角色，那么它就是现代主义的。"后现代主义"是现代主义的一种延续，只不过他们不再认为理性可以继续存在下去。与上述两种立场相反，"非现代"拒绝使用自然这一概念来缩短应有的政治进程，转而使用集体[*]这一概念，以取代现代与后现代在自然与社会之间所做的划分。信念[*]这一概念的发明，使"前现代主义"具有了某种异域情调；前现代人对现代性无甚兴趣，因此，人们指责他们所拥有的仅仅是关于世界的文化和信念，而非知识[*]。

模态（MODUS）

参见语段内容（dictum）。

行动之名（NAME OF ACTION）

我们用这一表达来描述某些奇特的情况，例如实验。正是在这些情况中，行动者*从其考验*（trial）中涌现。此时的行动者尚未拥有本质，只能依据其在实验室中的一系列效应或述行来界定。只有在此之后，人们才能从这些述行中推演出某种权能，即能够解释行动者为何依其自身方式而行动的实质（substance）。术语"行动之名"能够帮助我们记住所有事态的现实性原点。

自然（NATURE）

类似于对社会*这一术语的处理手法，我们并没有在常识意义上将自然视为人类行为和社会行动的外部背景，而是将之视为某个配置*的结果。这一配置存在很大的问题，本书自始至终都在追踪这一配置的政治谱系。使用自然概念可以缩短预期的政治进程，也使众多实体承载巨大的政治负担，而"非人类"*和"集体"*概念则将实体从这种重负中解脱出来。

非人类（NONHUMAN）

该概念只有在考虑"人类与非人类"和"主客体二分"之间的差别时才有意义。人类与非人类之间的联结关系指向了一种全然不同的政治体制，它与主客体二分迫使我们不得不面对的那场战争截然不同。非人类是客体在和平时期的表现：如果客体并没有参与缩短预期政治进程的那场战争，那它就表现为非人类。"人类－非人类"不是"克服"主客体二分的一条途径，而是完全绕过这种二分。

词例（PARADIGM）

参见联结（association）。

述行（PERFORMANCE）

参见行动之名（name of action）。

现象（PHENOMENON）

309

在康德的现代主义解决方案中，现象是物自体与理性的积极介入之间的交会点。物自体不可接近、不可认识，其在场却是克服观念论的一个必要条件。现象的这些特征在命题[*]（proposition）这一概念中被丢弃了。

实践（PRACTICE）

科学论并非要将社会解释扩展到科学之上，而是强调科学实践所需要的地方性、物质性和世俗性的场点。由此，"实践"一词所界定的研究风格，不仅与规范性的科学哲学完全不同，也与社会学通常所尝试的截然不同。实践研究并不会像批判社会学一样，用其揭露的内容驳斥科学主张；相反，其目的在于增殖转义者，正是这些转义者以集体的方式共同生产出科学。

物源说（PRAGMATOGONY）

米歇尔·塞尔模仿"宇宙起源学"（cosmogony）一词创造的一个新术语，意指有关客体的一种神奇的谱系。

谓词（PREDICATION）

修辞学和逻辑学中的一个概念。在定义某一术语时，为了避免同义反复，我们必须引入其他术语，这种定义方式就是谓词。这使每一个定义都成为一项转译*，而这种转译需要通过他者的转义*来达成。

行动纲领（PROGRAMS OF ACTION），反纲领（ANTI-PROGRAMS）

这是两个技术社会学中的术语。在技术社会学的语境中，它们赋予技术人工物积极主动但又时常充满争议的角色。每件设备都对其他行动者可能做的事情（行动纲领）有所预期，不管这些行动者是人类还是非人类；不过，这些预期行动可能并不会发生，因为其他的行动者有着不同的纲领——从前者的角度来看，这当然就是反纲领。由此，人工物处于纲领与反纲领之间争论的前线。

方案（PROJECT）

相较于科学论，技术论的巨大优势在于，它所处理的各种方案，显然既不属于客体也不属于主体，更不属于两者的结合。因此，可从对人工物的研究中获得启示，相当一部分启示可被运用于研究事实及其历史。

命题（PROPOSITION）

我没有在认识论层面，即判定句子真假的意义上（我用语词"陈述"来表示这一含义）使用这一术语；相反，我赋予它本体论含义，用以指代某一行动者为其他行动者提供的东西。我的观点是，我们应当承认实体具有通过事件[*]互相联结的能力，相较于此立场，获得分析层面的明晰性——语词先与世界隔绝，进而通过指称和断言将其与世界重新联系起来——所要付出的代价更大，而且，后一立场最终会陷入无以复加的含混境地。怀特海详细阐述了该词的本体论含义。

指称（REFERENCE），**所指**（REFERENT）

310

这两个术语借用自语言学和哲学，在此并非用以表明语词与世界之间的透视性关系，而是用以定义最终表达命题[*]的各类实践。"指称"并不指代某个毫无意义的外在所指（就字面而言，无意义的外在所指，即无须借助任何手段就能实现自身的运动），而是指代形变链或转译链（chain of transformation）的性质，其流动的活力。"内在所指"这一术语来自符号学，意在表明：各个要素不管处在某段文本表意层的哪一层面，都能制造出类似于文本与外部世界之差异的那种差别。它与移位*（shifting）概念联系在一起。

相对实存（RELATIVE EXISTENCE）

相对主义*的积极含义在于，坚持行动者的涌现性，秉承对行动的现实性和关系性定义，重视封套*。既然如此，那么在界定实存时，就不会再将之视为一个要么全然存在要么全然不存在的概念，而是将之视为一个梯度性概念。这就使许多更为精致的差异化*成为可能，而不再停留于实存与非实存之间的划界。不仅如此，它还能规避对信念*这一概念的使用。

相对主义（RELATIVISM）

这一术语所指称的讨论不是各种观点之间的不可通约性——这应该被称作绝对主义（absolutism）——而仅仅是指借由仪器的转义*从而在不同观点之间建立关系的世俗过程。因此，坚持相对主义并不会削弱实体之间的联系；相反，它增进了从某一立场行进至另一立场的可能路径。科学论给出了一个新的解决方案，以此取代对地方性与普遍性的幼稚二分。

配置（SETTLEMENT）

这是对"现代主义配置"的简称。它将几个无法单独解决而只能放到一起统一处理的问题，封存到一些不可通约的难题之中。这些难题具体包括：认识论问题——我们如何认识外在世界；心理学问题——心灵如何维持与外在世界之间的联系；

政治问题——我们如何维持社会秩序；道德问题——如何才能过上一种善的生活。总体而言，这些问题分别对应"外在""内在""底限""上限"。

回位（SHIFTING IN），出位（SHIFT OUT），下位（SHIFTING DOWN）

这三个术语来自符号学，意在指代某种表意行动，某一文本借由它能够将某一参照系（此地、此时、我）与其他参照系（不同空间、不同时间、不同角色）联系起来。读者从一个参照面被带到另一个参照面，这种情况被称作出位；读者被带回原初的参照面，这被称作回位；当表达发生彻底改变时，这被称作下位。这些移位的结果是制造出内在指称*，即一种视觉深度，仿佛人们当下所面对的是一个全然不同的世界。

311

社会（SOCIETY）

该词并非指代某种能凭其自身而存在、由某些全然不同于其他实体领域（如自然）的规律所支配的实体；它是某种配置*的结果，这种配置出于政治考量将万事万物人为区分为自然领域和社会领域。我转而使用"集体"一词，它所指代的并非一个人造的社会，而是人类与非人类*之间的诸多联系。

实质（SUBSTANCE）

该词指代的是"存在于"属性"之下"的东西；科学论并

没有试图将实质这一概念一扫而空，而是要创造出一个历史的、政治的空间。在这种空间中，新出现的实体能够逐步获得其所有的手段、建制*，能够逐渐"实质化"，并变得持久、持续。

替代（SUBSTITUTION）

参见联结（association）。

意群（SYNTAGM）

参见联结（association）。

先天综合判断（SYNTHETIC A PRIORI JUDGMENT）

这是康德提出的表述，其目的是在解决知识能产性难题的同时，坚持人类理性在知识得以成形的过程中至高无上的地位。它既是先验的又是综合的。与之相反，先天分析判断是同义反复且没有实际价值，后天综合判断虽能产但仅停留于经验。在我们应对表达命题*的讨论中，这种分类变得过时，因为不是必须要将能产性（事件*）与逻辑分别分配给主体与客体。

转译（TRANSLATION）

科学论不再将语词与世界对立起来，而是强调实践*的重要性，从而增加了许多传义术语，集中关注科学中那些典型的形变；与"铭写"*"表达"*类似，术语"转译"横跨了现代主义配置*的几个分支。不管从语言学维度还是从现实层面来看，该术语的内涵所指代的都是借由其他行动者才能发生的位移，而这些行动者的转义作用对任何行动的发生都是必不可少的。转译链所指称的不再是情境*与内容*之间不可调和的对立，而是一系列操作，行动者经由这些操作才能改变、替代和转译彼此之间各种各样甚至相互冲突的利益。

考验（TRIALS）

行动者*在其涌现状态，依靠考验来获得定义，考验可以是不同形式的实验，这些实验引发新的述行*。正是通过考验，行动者才得以界定。

参考文献

Alder, K. 1997. *Engineering the Revolution: Arms and Enlightenment in France, 1763–1815*. Princeton: Princeton University Press.

Apter E., andW. Pietz, eds. 1993. *Fetishism as Cultural Discourse*. Ithaca: Cornell University Press.

Aquino, P. d., and J. F. P. d. Barros. 1994. "Leurs noms d'Afrique en terre d'Amérique." *Nouvelle revue d'ethnopsychiatrie* (24): 111–125.

Beck, B. B. 1980. *Animal Tool Behavior: The Use and Manufacture of Tools by Animals*. New York, London: Garland STPM Press.

Beck, U. 1995. *Ecological Politics in an Age of Risk*. Cambridge: Polity Press.

Bensaude-Vincent, B. 1986. "Mendeleev's Periodic System of Chemical Elements." *British Journal for the History and Philosophy of Science* 19: 3–17.

Bloor, D. [1976] 1991. *Knowledge and Social Imagery*, 2d ed. with new foreword. Chicago: University of Chicago Press.

Callon, M. 1981. "Struggles and Negotiations to Decide What Is Problematic and What Is Not: The Sociologics of Translation." In K. D. Knorr, R. Krohn, and R. Whitley, *The Social Process of Scientific Investigation*, 197– 220. Dordrecht: Reidel.

Cantor, M. 1991. "Félix Archimède Pouchet scientifique et vulgarisateur." Thèse de doctorat, Université d'Orsay.

Cassin, B. 1995. *L'effet sophistique*. Paris: Gallimard.

Chandler, A. D. 1977. *The Visible Hand: The Managerial Revolution in*

American Business. Cambridge, Mass.: Harvard University Press.

Conant, J. B. 1957. *Pasteur's Study of Fermentation*. Cambridge, Mass.: Harvard University Press.

De Brosses, C. 1760. *Du Culte des dieux fétiches*. Paris: Fayard, Corpus des Oeuvres de Philosophie.

De Waal, F. 1982. *Chimpanzee Politics: Power and Sex among Apes*. New York: Harper and Row.

Descola, P., and G. Palsson, eds. 1996. *Nature and Society: Anthropological Perspectives*. London: Routledge.

Despret, V. 1996. *Naissance d'une théorie éthologique*. Paris: Les Empêcheurs de penser en rond.

Détienne, M., and J. P. Vernant. 1974. *Les Ruses de l'intelligence. La métis des Grecs*. Paris: Flammarion Champs.

Eco, U. 1979. *The Role of the Reader: Explorations in the Semiotics of Texts*. London: Hutchinson; Bloomington: Indiana University Press.

Eisenstein, E. 1979. *The Printing Press as an Agent of Change*. Cambridge: Cambridge University Press.

Ezechiel, N., and M. Mukherjee, eds. 1990. *Another India: An Anthology of Contemporary Indian Fiction and Poetry*. London: Penguin.

Farley, John. 1972. "The Spontaneous Generation Controversy—1700–1860: The Origin of Parasitic Worms," *Journal of the History of Biology* 5: 95–125.

——— 1974. *The Spontaneous Generation Controversy from Descartes to Oparin*. Baltimore: Johns Hopkins University Press.

Frontisi-Ducroux, F. 1975. *Dédale. Mythologie de l'artisan en Grèce Ancienne*. Paris: Maspéro–La Découverte.

Galison, P. 1997. *Image and Logic: A Material Culture of Microphysics*. Chicago: University of Chicago Press.

Geison, G. 1974. "Pasteur." *Dictionary of Scientific Biography*, ed. C. Gillispie, 351–415. New York: Scribner.

——— 1995. *The Private Science of Louis Pasteur*. Princeton: Princeton University Press.

Goody, J. 1977. *The Domestication of the Savage Mind*. Cambridge: Cambridge University Press.

Greimas, A. J., and J. Courtès, eds. 1982. *Semiotics and Language: An Analytical Dictionary*. Bloomington: Indiana University Press.

Hacking, I. 1983. *Representing and Intervening: Introductory Topics in the Philosophy of Natural Science*. Cambridge: Cambridge University Press.

——— 1992. "The Self-Vindication of the Laboratory Sciences." In *Science as Practice and Culture*, ed. A. Pickering, 29–64. Chicago: University of Chicago Press.

Halbertal, M., and A. Margalit. 1992. *Idolatry*. Cambridge, Mass.: Harvard University Press.

Heidegger, M. 1977. *The Question Concerning Technology and Other Essays*. New York: Harper and Row.

Hirschman, A. O. 1991. *The Rhetoric of Reaction: Perversity, Futility, Jeopardy*. Cambridge, Mass.: Harvard University Press.

Hirshauer, S. 1991. "The Manufacture of Bodies in Surgery." *Social Studies of Science* 21(2): 279–320.

Hughes, T. P. 1983. Networks of Power: Electrification in Western Society, 1880–1930. Baltimore: Johns Hopkins University Press.

Hutchins, E. 1995. *Cognition in the Wild*. Cambridge, Mass:. MIT Press.

Iacono, A. 1992. *Le fétichisme. Histoire d'un concept.* Paris: PUF.

James, W. [1907] 1975. *Pragmatism and The Meaning of Truth.* Cambridge, Mass.: Harvard University Press.

Jones, C., and P. Galison, eds. 1998. *Picturing Science, Producing Art.* London: Routledge.

Jullien, F. 1995. *The Propensity of Things: Toward a History of Efficacy in China.* Cambridge, Mass.: Zone Books.

Koerner, J. L. 1995. "The Image in Quotations: Cranach's Portraits of Luther Preaching." In *Shop Talk: Studies in Honor of Seymour Slive,* 143–146. Cambridge, Mass.: Harvard University Art Museums.

Kummer, H. 1993. *Vies de singes. Moeurs et structures sociales des babouins hamadryas.* Paris: Odile Jacob.

Latour, B., and P. Lemonnier, eds. 1994. *De la préhistoire aux missiles balistiques—l'intelligence sociale des techniques.* Paris: La Découverte.

Latour, B., P. Mauguin, et al. 1992. "A Note on Socio-technical Graphs." *Social Studies of Science* 22(1): 33–59; 91–94.

Law, J., and G. Fyfe, eds. 1988. *Picturing Power: Visual Depictions and Social Relations.* London: Routledge.

Lemonnier, P., ed. 1993. *Technological Choices: Transformation in Material Cultures since the Neolithic.* London: Routledge.

Leroi-Gourhan, A. 1993. *Gesture and Speech.* Cambridge, Mass.: MIT Press.

Lynch, M., and S.Woolgar, eds. 1990. *Representation in Scientific Practice.* Cambridge, Mass.: MIT Press.

MacKenzie, D. 1990. *Inventing Accuracy: A Historical Sociology of Nuclear Missile Guidance.* Cambridge, Mass.: MIT Press.

McGrew, W. C. 1992. *Chimpanzee Material Culture: Implications for Human*

Evolution. Cambridge: Cambridge University Press.

McNeill,W. 1982. *The Pursuit of Power: Technology, Armed Force and Society since A.D. 1000*. Chicago: University of Chicago Press.

Miller, P. 1994. "The Factory as Laboratory." *Science in Context* 7(3): 469–496.

Mondzain, M.-J. 1996. *Image, icône, économie. Les sources byzantines de l'imaginaire contemporain*. Paris: Le Seuil.

Moore, A. W., ed. 1993. *Meaning and Reference*. Oxford: Oxford University Press.

Moreau, R. 1992. "Les expériences de Pasteur sur les générations spontanées. Le point de vue d'un microbiologiste. Première partie: la fin d'un mythe; Deuxième partie: les conséquences." *La vie des sciences* 9(3): 231–260; 9(4): 287–321.

Mumford, L. 1967. *The Myth of the Machine: Technics and Human Development*. New York: Harcourt, Brace andWorld.

Nathan, T., and I. Stengers. 1995. *Médecins et sorciers*. Paris: Les Empêcheurs de penser en rond.

Novick, P. 1988. *That Noble Dream: The "Objectivity Question" and the American Historical Profession*. Cambridge: Cambridge University Press.

Nussbaum, M. 1994. *Therapy of Desire: Theory and Practice in Hellenistic Ethics*. Princeton: Princeton University Press.

Ochs, E., S. Jacoby, et al. 1994. "Interpretive Journeys: How Physicists Talk and Travel through Graphic Space." *Configurations* 2(1): 151–171.

Pestre, D. 1984. *Physique et physiciens en France, 1918–1940*. Paris: Editions des Archives Contemporaines.

Pickering, A. 1995. *The Mangle of Practice: Time, Agency, and Science*.

Chicago: University of Chicago Press.

Ruellan, A., and M. Dosso. 1993. *Regards sur le sol.* Paris: Foucher.

Schaffer, S. 1997. "Forgers and Authors in the Baroque Economy." Paper presented at the meeting "What Is An Author?" Harvard University, March.

——— 1992. "A Manufactory of OHMS, Victorian Metrology and Its Instrumentation." In *Invisible Connections*, ed. R. Bud and S. Cozzens, 25–54. Bellingham,Wash.: SPIE Optical Engineering Press.

——— 1994. "Empires of Physics." In *Empires of Physics*, ed. R. Staley. Cambridge: Whipple Museum.

Serres, M. 1987. *Statues.* Paris: François Bourin.

——— 1993. *L'origine de la géométrie.* Paris: Flammarion.

——— 1995. *The Natural Contract*, trans. E. MacArthur and W. Paulson. Ann Arbor: University of Michigan Press.

Shapin, S., and S. Schaffer. 1985. *Leviathan and the Air-Pump: Hobbes, Boyle, and the Experimental Life.* Princeton: Princeton University Press.

Star, S. L., and J. Griesemer. 1989. "Institutional Ecology, 'Translations,' and Boundary Objects: Amateurs and Professionals in Berkeley's Museum of Vertebrate Zoology, 1907–1939." *Social Studies of Science* 19: 387– 420.

Stengers, I. 1993. *L'invention des sciences modernes.* Paris: La Découverte.

——— 1996. *Cosmopolitiques*, tome 1: La Guerre des sciences. Paris: La Découverte et Les Empêcheurs de penser en rond.

——— 1998. "The ScienceWars: What about Peace?" In Baudoin Jurdant, ed., *Impostures intellectuelles. Les malentendus de l'affaire Sokal*, 268–292. Paris: La Découverte.

Strum, S. 1987. *Almost Human: A Journey into the World of Baboons.* New

York: Random House.

Strum, S., and B. Latour. 1987. "The Meanings of Social: From Baboons to Humans." *Information sur les Sciences Sociales/Social Science Information* 26: 783–802.

Tufte, E. R. 1983. *The Visual Display of Quantitative Information*. Cheshire, Conn.: Graphics Press.

Viramma, J. Racine, and J.-L. Racine. 1995. *Une vie paria. Le rire des asservis, pays tamoul, Inde du Sud*. Paris: Plon-Terre humaine.

Weart, S. 1979. *Scientists in Power*. Cambridge, Mass.: Harvard University Press.

Whitehead, A. N. [1929] 1978. *Process and Reality: An Essay in Cosmology*. New York: Free Press.

索　引

图书在版编目（CIP）数据

潘多拉的希望：科学论中的实在/（法）布鲁诺·拉图尔著；
史晨，刘兆晖，刘鹏译. -- 上海：上海文艺出版社，2023
（拜德雅·人文丛书）
ISBN 978-7-5321-8855-0

Ⅰ.①潘…　Ⅱ.①布…②史…③刘…④刘…　Ⅲ.①科学哲学
Ⅳ.①N02

中国国家版本馆CIP数据核字（2023）第185250号

发 行 人：毕　胜
责任编辑：肖海鸥
特约编辑：邹　荣
书籍设计：左　旋
内文制作：重庆樾诚文化传媒有限公司

书　　名　潘多拉的希望：科学论中的实在
作　　者　〔法〕布鲁诺·拉图尔
译　　者　史　晨　刘兆晖　刘　鹏
出　　版　上海世纪出版集团　上海文艺出版社
地　　址　上海市闵行区号景路 159 弄 A 座 2 楼 201101
发　　行　上海文艺出版社发行中心
　　　　　上海市闵行区号景路 159 弄 A 座 2 楼 206 室　201101　www.ewen.co
印　　刷　上海盛通时代印刷有限公司
开　　本　787×1092　1/32
印　　张　15.125
字　　数　288 千字
印　　次　2024 年 1 月第 1 版　2024 年 1 月第 1 次印刷
I S B N　978-7-5321-8855-0/B.101
定　　价　88.00 元
告 读 者　如发现本书有质量问题请与印刷厂质量科联系　T：021-37910000